MapGIS 与地质制图

主 编 李 红 任金铜 张茂超

重庆大学出版社

内容提要

MapGIS 软件在地质行业中应用非常广泛,是地质类专业学生需要掌握的 GIS 专业软件之一。本书将 GIS 理论知识、地图基本知识、地质制图基础知识,以及 MapGIS 软件的基本功能操作结合起来,形成了较为系统的、适用性较强的理实一体化教材。

图书在版编目(CIP)数据

MapGIS 与地质制图/ 李红,任金铜,张茂超主编. -- 重庆：
重庆大学出版社,2019.9(2025.1 重印)
高职高专煤矿开采技术专业及专业群教材
ISBN 978-7-5689-1784-1

Ⅰ.①M… Ⅱ.①李… ②任… ③张… Ⅲ.①互联网络—地理
信息系统—高等职业教育—教材②地质图—计算机制图—
高等职业教育—教材 Ⅳ.①P208②P285.1-39

中国版本图书馆 CIP 数据核字(2019)第 182877 号

MapGIS 与地质制图

主编 李 红 任金铜 张茂超
策划编辑:周 立

责任编辑:陈 力 版式设计:周 立
责任校对:谢 芳 责任印制:张 策

*

重庆大学出版社出版发行
出版人:陈晓阳
社址:重庆市沙坪坝区大学城西路 21 号
邮编:401331
电话:(023) 88617190 88617185(中小学)
传真:(023) 88617186 88617166
网址:http://www.cqup.com.cn
邮箱:fxk@ cqup.com.cn(营销中心)
全国新华书店经销
重庆市正前方彩色印刷有限公司印刷

*

开本:787mm×1092mm 1/16 印张:12 字数:279千
2019 年 9 月第 1 版 2025 年 1 月第 7 次印刷
ISBN 978-7-5689-1784-1 定价:39.00 元

前 言

  MapGIS 软件是地质类专业学生需要掌握的 GIS(地理信息系统)专业软件之一,目前大多数本科或高职高专院校的地质类专业都开设有相关课程。MapGIS 软件在地质行业中应用较广泛且较为成熟的便是利用 MapGIS 软件进行地质制图,因此,地质类学生在学习 MapGIS 软件时不但需要了解 GIS 的基础理论知识,还需要掌握地图和地质图件制作的基础理论知识。

  《MapGIS 与地质制图》将与 MapGIS 地质制图相关的 GIS 基础理论知识、地图、地质制图的基础知识,以及 MapGIS 软件的基本功能结合起来,并运用实例讲解在 MapGIS6.7软件中进行地质平面图矢量化、图切地质剖面图、绘制地质柱状图等内容,形成较为系统的、全面的、适用性较强的理实一体化教材。该教材不但可作为地质类专业学生的学习教材,也可作为地质行业人员或其他 MapGIS 软件学习者的参考教材。

  本书共 4 个学习情境,其中学习情境 1 为 GIS 理论基础,包括 GIS 的基本概念、GIS 的基本功能、GIS 的数据结构、GIS 工具软件介绍。学习情境 2 为地质制图理论基础,主要介绍地图学的基础知识、地质图件识别与地质制图标准与规范。学习情境 3 为 MapGIS6.7 制图基本功能,主要介绍与地质制图相关的 MapGIS6.7 功能模块的基本操作,包括输入编辑、投影交换、图像校正、误差校正、文件转换、打印输出、DTM 分析。学习情境 4 为 MapGIS6.7 地质制图实训,以具体实例介绍利用 MapGIS 软件进行地质平面图矢量化、绘制地质剖面图、绘制地质柱状图的方法和具体操作步骤。

  本书在编写过程中参阅了大量资料,在此对原作者表示诚挚的感谢。

由于编者水平有限,书中难免存在疏漏之处,欢迎广大读者提出宝贵意见或建议,并及时反馈给我们,在此我们深表感谢。

本书为重庆市级在线精品课程《MapGIS 与地质制图》的配套教材,可配合智慧职教 MOOC 平台中的《MapGIS 与地质制图》在线课程使用,也可单独使用。在线课程网址和二维码如下:

https://mooc.icve.com.cn/cms/courseDetails/index.htm?classId=69e76dfbc1f2f2e7102d65c826a13615

编　者

2019 年 6 月

目录

学习情境 **1**

GIS 理论基础

[情境描述]

MapGIS 软件是地理信息系统(Geographic Information System, GIS)专业的工具软件之一,在学习软件操作之前,需对 GIS 专业的相关理论基础知识有所了解和掌握,其中包括 GIS 的基本概念、GIS 的组成、GIS 的分类、GIS 的数据结构、GIS 常用工具软件介绍。对 GIS 理论知识的学习,有助于学生更好地理解和掌握 MapGIS 软件中的功能模块及操作方法。

[学习目标]

1.掌握空间数据、地理信息、GIS 的基本概念和空间数据的基本特征。

2.了解 GIS 的组成、GIS 的基本功能和 GIS 的分类。

3.掌握矢量数据结构与栅格数据结构的概念、表达方式以及两种数据结构的优缺点。

4.了解国内外常用的 GIS 专业软件。

[知识准备]

一、基本概念

(一)信息与数据

(1)信息

信息是用文字、数字、符号、语言、图像等介质来表示事件、现象等的内容、数量或特征,从而向人们(或系统)提供关于现实世界新的事实和知识,作为生产、建设、经营、管理、分析和决策的依据。

(2)数据

数据是指输入计算机并能被计算机进行处理的数字、文字、符号、声音、图像等。数据是用以载荷信息的物理符号,在计算机化的地理信息系统中,数据的格式往往与具体的计算机系统有关,随载荷它的物理设备的形式而改变。

数据只有对实体行为产生影响时才成为信息。例如"1"和"0",当用来表示某一种实体在某个地域内存在与否时,它就提供了有(1 表示)、无(0 表示)的信息。地理信息系统的建立,首先是收集数据,然后对数据进行处理,即对数据进行运算、排序、转换、分类、增强等,其目的是得到数据中包含的信息。对同一数据每个人的解释可能不同,因而获得信息量的多少与人的知识水平和经验有关。

（3）信息与数据的关系

①数据是信息的载体,信息是数据中所包含的意义。

②数据是信息的载体,但并不就是信息。只有理解了数据的含义,对数据作出解释,才能提取数据中所包含的信息。

③数据是记录下来的某种可以识别的符号,具有多种多样的形式,也可以由一种数据形式转换为其他数据形式,但其中包含的信息内容不会改变。

（二）空间数据与地理信息

（1）空间数据

空间数据是指任何与空间位置有关的数据,可包括地球、月球的数据。通常人们也把与地球有关的数据称为地理数据或地球空间（geospatial）数据。

空间数据具有以下特征:空间位置特征,即表示现象的空间位置（地理分布）;时间特征,即表示现象或物体随时间变化的特征;属性特征,即描述自然现象、物体的质量和数量特征。

空间数据由空间特征数据（又称定位数据或几何数据）、时间属性数据（又称尺度数据）、专题属性数据（又称非定位数据）组成。

空间特征数据记录的是空间物体的位置、形状和大小等几何特征,以及与相邻物体的拓扑关系。这是地理信息系统区别于其他数据库管理系统的标志。位置和拓扑关系是地理或空间信息系统所独有的。空间位置由不同的坐标系统来描述。拓扑关系是指两个对象之间的空间位置关系,人类对空间目标的定位一般不是通过记忆其空间坐标,而是确定某一目标与其他更熟悉的目标间的空间位置关系,这种关系就是拓扑关系。

时间特征数据是以各种数据形式表示的地理实体随时间变化的特征或数据采集的时间。严格来讲,任何空间数据都具有一定的时间特征,因为它们总是在某一特定时间或时间段内存在、采集得到或计算产生的。由于有些空间数据随时间变化相对较慢,因而有时被忽略。

专题属性数据是用来描述对象的专题属性。专题属性是指实体所具有的各种性质,如房屋的结构、高度、层数、使用的主要建筑材料、功能等。专题属性可以用数字、符号、文本和图像等方式表达。专题属性的表达方式主要有两种,即表格和图像。表格表达专题属性是通过固定的表格格式详细列出空间实体的参数和描述数据。一般情况下,表格数据精确、明了,易于理解。如果属性特征是通过属性值的级别来表达的,那么,就可以用图形或图像来表达,即在同一级别的空间范围内充填一定的颜色或图例符号。以图形图像表达的属性数据具有隐含的性质,必须通过图例或有关技术规范才能加以理解。

（2）地理信息

地理信息是表征地理系统诸要素的数量、质量、分布特征、相互联系和变化规律的数字、文字、图像和图形等的总称,是对地理数据的解释。

地理信息属于空间信息,其位置的识别是与数据联系在一起的,这是地理信息区别于其他类型信息的最显著标志。地理信息的这种定位特征,是通过经纬网或公里网建立的地理坐标来实现空间位置的识别;地理信息还具有多维结构的特征,即在二维空间的基础上实现多专题的第三维结构,而各个专题属性与之间通过属性码进行关联,这就为地理系统各圈层之间的综合研究提供了可能,也为地理系统多层次的分析和信息的传输与筛选提供了方便。地理信息的时序特征十分明显,因此可以按照时间尺度将地理信息划分为超短期的(如台风、地震)、短期的(如江河洪水、秋季低温)、中期的(如土地利用、作物估产)、长期的(如城市化、水土流失)、超长期的(如地壳变动、气候变化)等。地理信息的这种动态变化的特征,一方面要求地理信息的获取要及时,并定期更新;另一方面要从其自然的变化过程中研究其变化规律,从而做出地理事物的预测与预报,为科学决策提供依据。认识地理信息的这种区域性、多层次性和动态变化的特征对建立地理信息系统,实现人口、资源、环境等的综合分析、管理、规划和决策具有重要意义。

(三)地理信息系统

地理信息系统由两个部分组成:一方面,地理信息系统是一门学科,是描述、存储、分析和输出空间信息的理论和方法的一门新兴的交叉学科;另一方面,地理信息系统是一个技术系统,它是以地理空间数据库为基础,在计算机软硬件环境的支持下,对空间相关数据进行采集、存储、管理、操作、分析、模拟和显示,并采用地理模型分析方法,适时提供多种空间和动态的地理信息,为地理研究、综合评价、管理、定量分析和决策服务而建立起来的一类计算机应用系统。

地理信息系统中"地理"的概念并非指地理学,而是广义地指地理坐标参照系统中的坐标数据、属性数据以及以此为基础而演绎出来的知识。

地理信息系统具有以下特征:

第一,具有采集、管理、分析和输出多种地理信息的能力,具有空间性和动态性。第二,由计算机系统支持进行空间地理数据管理,并由计算机程序模拟常规的或专门的地理分析方法,作用于空间数据,产生有用信息,完成人类难以完成的任务。第三,计算机系统的支持是地理信息系统的重要特征,因而使得地理信息系统能以快速、精确、综合地对复杂的地理系统进行空间定位和过程动态分析。

二、GIS 的组成

作为一门计算机应用系统,地理信息系统主要由 4 个部分组成,即计算机硬件系统、计算机软件系统、地理数据和系统管理操作人员。

(一)计算机硬件系统

计算机硬件系统主要包括计算机输入设备、处理设备、存储设备和输出设备,具体如图 1.1 所示。

(二)计算机软件系统

计算机软件系统是指地理信息系统运行所必需的各种程序,主要包括以下几类:操作系统软件、数据库管理软件、系统开发软件、GIS 软件等,如图 1.2 所示。GIS 软件的选择,直接影响其他软件的选择,影响系统解决方案,也影响着系统建设周期和效益。

(三)地理数据

地理数据是 GIS 的重要内容,也是 GIS 系统的灵魂和生命。地理数据组织和处理是 GIS

应用系统建设中的关键环节。

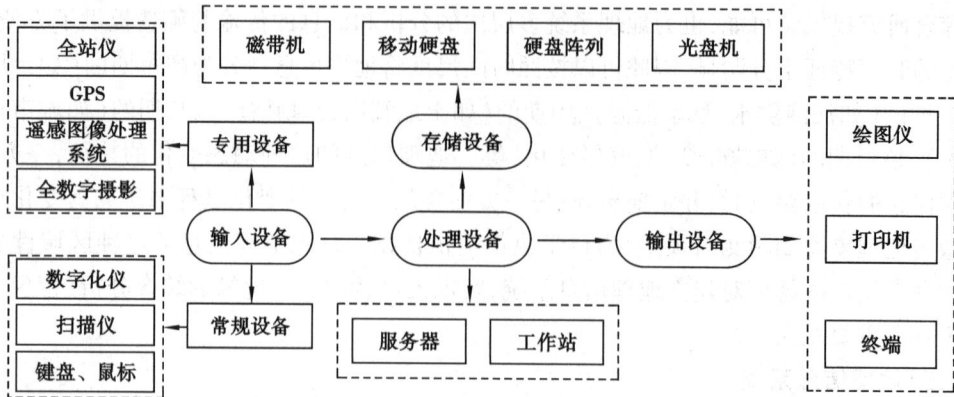

图 1.1　GIS 的计算机硬件系统

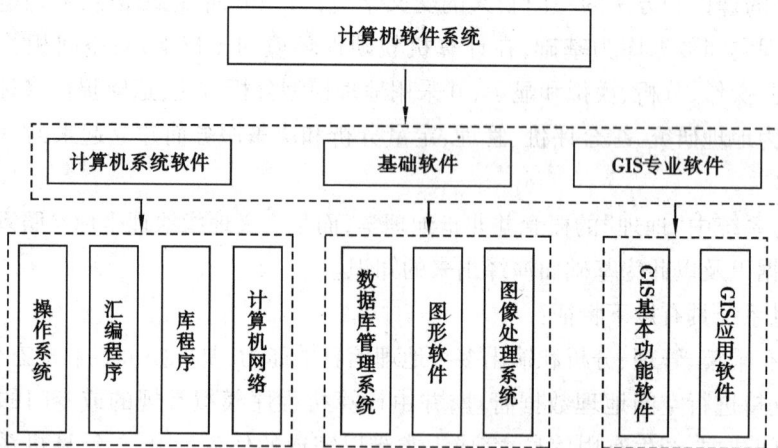

图 1.2　GIS 的计算机软件系统

（四）系统管理操作人员

人是地理信息系统中的重要构成因素,GIS 不同于一幅地图,它是一个动态的地理模型,仅有系统软硬件和数据还构不成完整的地理信息系统,需要人进行系统组织、管理、维护和数据更新、系统扩充完善、应用程序开发,并采用地理分析模型提取多种信息,为地理学研究和地理决策服务。

三、GIS 的基本功能

GIS 的基本功能包括数据采集、数据处理、数据存储与管理、空间查询与分析、数据输出等。图 1.3 所示为 GIS 基本功能的实现过程。

（1）数据采集

地理信息系统的数据通常抽象为不同的专题或层。数据采集功能就是保证各层实体的地物要素按顺序转化为 X、Y 坐标及对应的代码输入计算机中。

（2）数据处理

由于 GIS 涉及的数据类型多种多样,同一种类型数据的质量也可能有很大的差异。为了

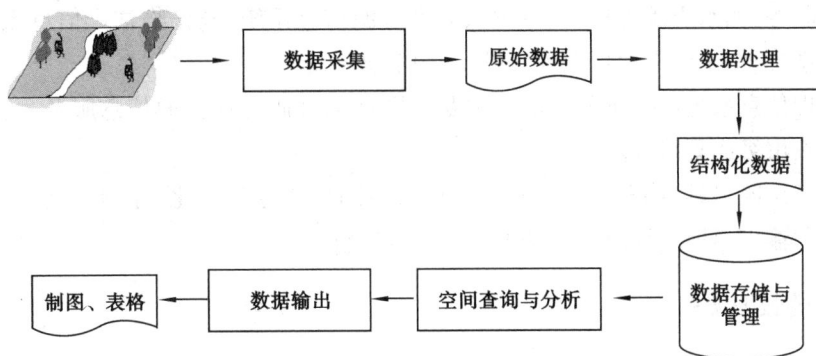

图 1.3　GIS 的基本功能实现过程

保证系统数据的规范和统一,建立满足用户需求的数据文件,数据处理是 GIS 的基础功能之一,数据处理的任务和操作内容如下所述。

①数据变换:指对数据从一种数学状态转换为另一种数学状态,包括投影变换、辐射纠正、比例尺缩放、误差改正和处理等。

②数据重构:指对数据从一种几何形态转换为另一种几何形态,包括数据拼接、数据截取、数据压缩、结构转换等。

③数据抽取:指对数据从全集合到子集的条件提取,包括类型选择、窗口提取、布尔提取和空间内插等。

(3)数据存储与管理

数据库是数据存储与管理的最新技术,是一种先进的软件工具。GIS 数据库是区域内一定地理要素特征以一定的组织方式存储在一起的相关数据的集合。由于 GIS 数据库具有数据量大,空间数据与属性数据具有不可分割的联系,以及空间数据之间具有显著的拓扑结构等特点,因此 GIS 数据库管理功能除了与属性数据有关的 DBMS 功能之外,对空间数据的管理技术主要包括空间数据库的定义、数据访问和提取、从空间位置检索空间物体及其属性、从属性条件检索空间物体及其位置、开窗和接边操作、数据更新和维护等。

(4)空间查询与分析

空间查询和分析功能是 GIS 的一个独立研究领域,它的主要特点是帮助确定地理要素之间新的空间关系,它不仅已成为区别于其他类型系统的一个重要标志,而且为用户提供了灵活解决各类专门问题的有效工具。

(5)数据输出

GIS 为用户提供了许多用于地理数据表现的工具,其形式既可以是计算机屏幕显示,也可以是诸如报告、表格、地图等硬拷贝图件。

四、GIS 的分类

地理信息系统按其内容可分为专题地理信息系统、区域地理信息系统和地理信息系统工具。

专题地理信息系统(Subject GIS):具有有限目标和专业特点的地理信息系统。为特定的专门的目的服务,如水资源管理信息系统、矿产资源信息系统、农作物估产信息系统、草场资源管理信息系统、水土流失信息系统、环境管理信息系统等。

区域地理信息系统(Regional GIS):主要以区域综合研究和全面信息服务为目标。如国家级、地区级、市级或县级等。

地理信息系统工具(GIS-Tools):它是一组具有图形图像数字化、存储管理、查询检索、分析运算和多种输出等地理信息系统基本功能的软件包。

五、GIS 的数据结构

在地理系统中,描述地理要素和地理现象的空间数据主要包括空间位置、拓扑关系和属性 3 个方面的内容。地理信息系统空间数据结构就是指这种空间数据在系统内的组织和编码形式。

GIS 数据结构是指适合于计算机系统存储、管理和处理地理图形的逻辑结构,是地理实体的空间排列方式和相互关系的抽象描述,是对数据的一种理解和解释,不说明数据结构的数据是毫无用处的,不仅用户无法理解,计算机程序也无法正确处理。对同样一组数据,按不同的数据结构去处理,得到的是截然不同的内容。只有充分理解了地理信息系统的特定的数据结构,才能正确有效地使用系统。GIS 的空间数据结构包括栅格数据结构和矢量数据结构,如图 1.4 所示。

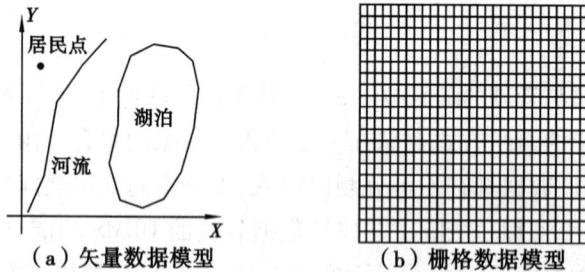

（a）矢量数据模型　　　　**（b）栅格数据模型**

图 1.4　矢量数据模型与栅格数据模型

空间数据编码是空间数据结构的实现,是指根据地理信息系统的目的和任务所搜集的,并经过审核的地形图、专题地图和遥感影像等资料,按一定数据结构转换为适于计算机存储和处理的数据过程。由于地理信息系统数据量极大,一般需要采用压缩数据编码方式以节省空间。

（1）栅格数据结构

栅格结构是最简单、最直观的空间数据结构,又称为网格结构(Raster 或 Gridcell)或像元结构(Pixel),是指将地球表面划分为大小均匀紧密相邻的网格阵列,每个网格作为一个像元或像素。像元的位置由行、列号确定,每个像元包含一个代码,代码表示了实体的属性或属性的编码。

栅格结构的显著特点是定位隐含、属性明显。由于栅格结构是按一定的规则排列的,所表示的实体位置很容易隐含在网络文件的存储结构中。在网格文件中每个代码本身明确地代表了实体的属性或属性的编码,因此,其属性信息很容易获取。在栅格模型中,点实体表示为一个像元;线实体则表示为在一定方向上连接成串的相邻像元集合;面实体由聚集在一起的相邻像元结合表示。这种数据结构很适合计算机处理,因为行列像元阵列非常容易存储、维护和显示。

用栅格数据表示的地表是不连续的,是量化和近似离散的数据。在栅格结构中,地表被分成相互连接、规则排列的矩形方块(特殊情况下也可分为三角形、菱形或六边形),每一地块与一个栅格单元相对应。栅格数据的比例尺就是栅格大小与地表相应单元大小之比。由于栅格结构是对地表的量化,在计算面积、长度、距离、形状等空间指标时,若栅格尺寸较大,易造成较大误差,因为在一栅格的地表范围内,可能存在多类地物,而表示在相应的栅格结构中常常是一个代码,这种误差类似于遥感影像上的像元混合。为了尽量保持地表的真实性,保证最大的信息容量,根据不同实际应用需求,可采取不同的决定栅格单元代码的方法,目前常用的方法有中心点法、面积占优法、重要性法、百分比法。

为了将栅格模型中的数据存储于计算机中,需要对栅格数据进行编码,栅格数据编码方法主要有两大类,即压缩编码方法和直接栅格编码。其中压缩编码方法包括链式编码(又称弗里曼编码)、游程长度编码、块码、四叉树编码。直接栅格编码是最简单直观且又非常重要的一种栅格编码,通常称这种编码的图像文件为网格文件或栅格文件,无论采用何种压缩编码方法,其逻辑原型都是直接编码网络文件。直接编码就是将栅格数据看作一个数据矩阵,逐行(或逐列)逐个记录栅格单元中的代码。链式编码是将线状地物或区域边界表示为由某一起点和在某些基本方向中的单位矢量链组成,其压缩效率较高,但不具有区域性质,区域运算复杂。游程长度编码是在各行或各列的数据代码发生变化时依次记录该代码以及相同的代码重复的个数或记录代码发生变化的位置和相应代码,这种方法编码解码很容易。块码是将游程长度编码扩展到二维的情况,采用方形区域作为记录单位,记录每个方形区域初始位置、半径、代码。四叉树编码是较为有效的栅格数据压缩编码方法之一,它是将整个图像逐层分解为一系列单一类型组成的方形区域,最小的方形区域为一个栅格像元,这种编码方法具有可变的分辨率,具有区域性质,压缩数据灵活,许多运算可以在编码数据上直接实现,是优秀的栅格数据压缩编码方法之一。

(2)矢量数据结构

基于矢量模型的数据结构简称为矢量结构。矢量结构是通过记录坐标的方式来表示呈点、线、面等分布的地理实体,尽可能地将点、线、面地理实体表现得精确无误。矢量数据的定位是根据坐标直接存储的,而属性则一般存于文件头或数据结构中某些特定的位置上。其坐标空间假定为连续空间,不必像栅格数据结构那样进行量化处理。因此矢量数据能更精确地定义位置、长度和大小。

矢量结构的特点是定位明显、属性隐含,其定位是根据坐标直接存储的,而属性一般存储在文件头或数据结构中某些特定的位置上,这种特点使得图形运算的算法总体上比栅格数据结构要复杂得多,有些甚至难以实现,但是这种数据结构在计算长度、面积、形状和图形编辑、几何变换操作中具有很高的效率和精度,而在叠加运算、领域搜索等操作时比较困难。

矢量数据模型的编码方法包括无拓扑关系的编码方法(Spaghetti 模型或称为独立实体法、点位字典法)、有拓扑关系的编码方法(网络模型、拓扑模型)。

六、GIS 工具软件介绍

由于 GIS 应用受到广泛的重视,各种 GIS 软件平台纷纷涌现,各种 GIS 软件厂商在 GIS 功能方面都在不断创新、相互兼容。大多数著名的商业遥感图像软件都汲取了 GIS 的功能,而一些 GIS 软件如 Arc/Info 也都汲取了图像虚拟可视化技术。为了更好地使广大用户对不同平台软件功能进行了解,一些国家机构还专门对各种软件进行测试,我国也多次对优秀国产软件进行测评。

目前国外的 GIS 软件主要包括 ArcGIS(ArcGIS、MapObjects、ArcIMS、ArcSDE 等)、MapInfo、Geoconcept、GeoMedia、MGE、SmallWorld、Giswin。国内 GIS 软件主要包括 MapGIS、SuperMap、YTLWorld、GeoStar、TopMap、GeoBean、VRMap、MapEngine、ConverseEarth、TerraMap、Thgis 等。总体来说,各种软件各有千秋,互为补充,目前市面上用户使用较多的软件平台有 ArcGIS、MapInfo、MapGIS、SuperMap 等软件。

(1)ArcGIS 软件

ArcGIS 是美国 ESRI 公司开发的 GIS 产品,是目前世界上使用最多的 GIS 商业化软件之一,其包括下述系列软件。

①ArcGIS Desktop。一个集成了众多高级 GIS 应用的软件套件,它包含了一套带有用户界面组件的 Windows 桌面应用(例如 ArcMap、ArcCatalogTM、ArcTooboxTM 以及 ArcGlobe)。

②服务端 GIS。包括 ArcSDE、ArcIMS 和 ArcGISServer。ArcIMS 是一个可伸缩的,通过开放的 Internet 协议进行 GIS 地图、数据和元数据发布的地图服务器。ArcIMS 已经在成千上万的应用中使用了,主要是为 Web 上的用户提供数据分发服务和地图服务。

③ArcGISEngine。为定制开发 GIS 应用的嵌入式开发组件,使用 ArcGISEngine,开发者在 C++、COM、.NET 和 Java 环境中使用简单的接口获取任意 GIS 功能的组合来构建专门的 GIS 应用解决方案。

(2)MapInfo 产品系列

MapInfo 是美国 MapInfo 公司推出的适用于不同平台的 GIS 系统,在 PC 桌面平台上其占有相当大的市场。MapInfo 是以矢量数据结构为主体的 GIS 平台,对空间数据管理采用无拓扑矢量结构,具有强大的符合工业界数据库标准的管理系统,在城市规划、行政管理等方面得到广泛应用。其主要优势是在空间数据库管理和分析方面,简单易学、实用,而且桌面制图功能强,但在 GIS 空间分析方面似乎落后于其他软件。

MapInfo 具有图形的输入与编辑、图形的查询与显示、数据库操作、空间分析和图形的输出等基本操作。系统采用菜单驱动图形用户界面的方式,为用户提供了 5 种工具条(主工具条、绘图工具条、常用工具条、ODBC 工具条和 MapBasic 工具条)。

(3)MapGIS 软件

MapGIS 是武汉中地信息工程有限公司研制的具有自主版权的大型基础地理信息系统软件平台。它是一个集当代较先进的图形、图像、地质、地理、遥感、测绘、人工智能、计算机科学于一体的大型智能软件系统,是集数字制图、数据库管理及空间分析为一体的空间信息系统,是进行现代化管理与决策的先进工具。MapGIS 连续五年在全国 GIS 测评中名列第一,是国家推荐的首选 GIS 软件平台。

MapGIS 已广泛应用于城市规划、测绘、土地管理、电信、交通、环境、公安、国防、教育、地质勘查、资源管理、房地产、旅游等领域。中地公司在全国拥有数千用户,遍及包括香港、台湾地区在内的全国各地众多行业和部门,现已进入日本、朝鲜等海外市场。其中土地、地籍、电信、管网、规划等系统成为国家各部委向全国重点推广的高科技产品,成为我国各领域进行数字化建设的首选软件。

主要优势功能如下所述。

①将空间数据数字化输入、编辑、拓扑一体化。

②具有强大的制图功能,包括各种专题图例符号的制作较其他软件方便灵活得多。

③基本上完成了 GIS 方方面面的分析功能。

(4)SuperMap 软件

SuperMap 软件是由北京超图软件股份有限公司研发的,其产品包括空间数据库引擎(SuperMap SDX+)、服务式开发平台(SuperMap iServer .NET、SuperMap iServer Java)、组件开发平台(SuperMap Objects COM、SuperMap Objects .NET、SuperMap Objects Java)、嵌入式开发平台(eSuperMap)、桌面平台(SuperMap Deskpro、SuperMap Express、SuperMap Viewer)、导航应用开发平台(SuperMap SNE)。

SuperMap 软件具有多数据集成、海量空间数据管理技术、强大的地图编辑功能、丰富的制图与地图表达、完善的空间分析功能、完整的数据安全机制。

[任务实施]

1.比较矢量和栅格数据结构的优缺点

矢量与栅格数据结构的优缺点

比较内容	矢量结构	栅格结构
数据结构		
数据量		
图形精度		
遥感影像格式		
数据共享		
拓扑和网络分析		
叠置分析		

2.比较常用 GIS 专业软件的功能特点

GIS 常用专业软件

软件名称	开发单位	主要功能
ArcGIS		
MapInfo		
MapGIS		
SuperMap		

学习情境 **2**
地质制图理论基础

[情境描述]

利用 MapGIS 软件进行地质制图时,必须具备地图和地质图的基础知识。本情境主要让学生掌握地图的基本概念、分类、构成要素,掌握地球椭球体、大地水准面、地图比例尺的基本概念,了解我国常用的大地坐标系,认识地图投影的方法、过程、地图投影变形与分类,掌握地形图的分幅与编号方法,能判读地质图件上的各要素,了解地质制图的相关标准与规范。

任务 2.1　地图概述

[任务目标]

1.掌握地图的概念。

2.掌握地图的分类方法。

3.掌握地图的构成要素。

[任务描述]

通过本任务的学习,要求学生能按照不同的分类标准对地图进行分类,并能分析地图的各组成要素。

[知识准备]

一、地图概念

地图是人们认知客观世界的工具,是地理学的第二语言。地图的定义随着时代的前进而不断发展变化。开始人们把地图说成是"地球表面在平面上的缩写",该定义简单明了但不确切、全面。后来有些学者将地图定义为"地图是周围环境的图形表达""地图是空间信息的图形表达",该定义强调了地图的符号图形抽象功能,但没有重视地图的传输信息等功能。还有人提出"地图是传输信息的通道",该定义强调了地图的信息传播功能,但未重视地图模拟客观世界等功能。

通过以上分析,可将地图定义为:地图是按照一定的数学法则,将客体上的地理信息,通过科学的概括,并运用符号系统表示在一定载体上的图形,以传递其数量、质量特征在时间与空间上的分布规律和发展变化。

二、地图的分类

地图可以按内容、比例尺、制图区域、用途、承载介质、制作方式等多种方式进行分类。

(1)按地图内容分类

地图按所表达的内容可将其分为普通地图和专题地图。

①普通地图:相对均等地表示地表的自然和社会经济要素的一般特征的地图,如地形图、普通地理图。

②专题地图:突出地反映一种或几种主题要素的地图。不同专业或行业都可能制作出本专业的专题地图,故专题地图的种类非常繁多。如地质领域里的专题图包括地质矿产图、地质构造图、第四纪地质图等。

(2)按地图比例尺分类

按地图比例尺可将地图分为大比例尺地图、中比例尺地图、小比例尺地图。鉴于各个国家、国内各个部门对地图精度的要求和实际使用的情况不尽相同,因而对地图比例尺大小的概念有所不同,以普通地图为例,其分类的相对性表现如下所述。

①建筑工程部门。

大比例尺地图:1:500~1:1万的地图。

中比例尺地图:1:2.5万~1:10万的地图。

小比例尺地图:1:25万~1:100万的地图。

②其他部门。

大比例尺地图:比例尺≥1:10万的地图。

中比例尺地图:比例尺为1:25万~1:50万的地图。

小比例尺地图:比例尺≤1:100万的地图。

③基本比例尺地形图。

我国规定1:500、1:1 000、1:2 000、1:5 000、1:1万、1:2.5万、1:5万、1:10万、1:25万、1:50万、1:100万 11种比例尺地形图为国家基本比例尺地形图。

大比例尺地图:比例尺≥1:5 000的地图。

中比例尺地形图:比例尺为1:1万~1:10万的地图。

小比例尺地形图:比例尺<1:10万的地图。

(3)按制图区域分类

制图区域可按多种标志区分:按自然区分为全球图(世界图)、半球图、大洲图、海洋图;按行政区分为国家图、省(自治区、直辖市)图、市(县)图、镇(乡)图;按宇宙空间可分为地球图、月球图、火星图等。

(4)按用途分类

按用途可分为通用地图(供一般读者使用的参考图,如世界挂图、中国挂图)和专用地图

（供某专业或行业专门使用,如航空图、规划图、交通图等）。

（5）按承载介质分类

按承载介质可分为纸质图、磁介质图(光盘、磁盘)、纺织物图、化纤物图、塑料压膜图、屏幕图、化纤模型图、石膏模型图、荧光图等。

（6）按制作方式分类

按制作方式可分为常规地图(非计算机设计制作出的地图)和数字地图(用计算机辅助设计制作出的电子地图)。

三、地图的构成要素

普通地图和专题地图是地图最主要的图种,尽管它们的内容各异、形式也不尽相同,但其构成要素却基本相似。地图由数学要素、地理要素和辅助要素 3 部分组成。

（1）数学要素

数学要素包括地图投影、坐标网、比例尺、控制点,其作用是决定地理要素的空间分布和几何精度,数学要素是地图的"骨架"。

（2）地理要素

地理要素是地图最主要的内容。

普通地图的地理要素包括水系、地貌、土质植被、居民地、交通线、境界线等自然和社会经济内容。

专题地图的地理要素包括地理底图要素和专题要素,其中底图要素通常选择普通地图上和主题相关的一部分地理要素,它是衬托和反映主题内容的基础;专题要素是依据主题内容的不同而不尽相同。

（3）辅助要素

辅助要素包括图名、图号、图例、图签、接图表、图廓、各种文字说明,主要作用是补充和完善地图的内容,便于深刻认识地图的内容。

［任务实施］

按地图内容和比例尺两种方式对图 2.1 进行分类,并分析该地图的组成要素。

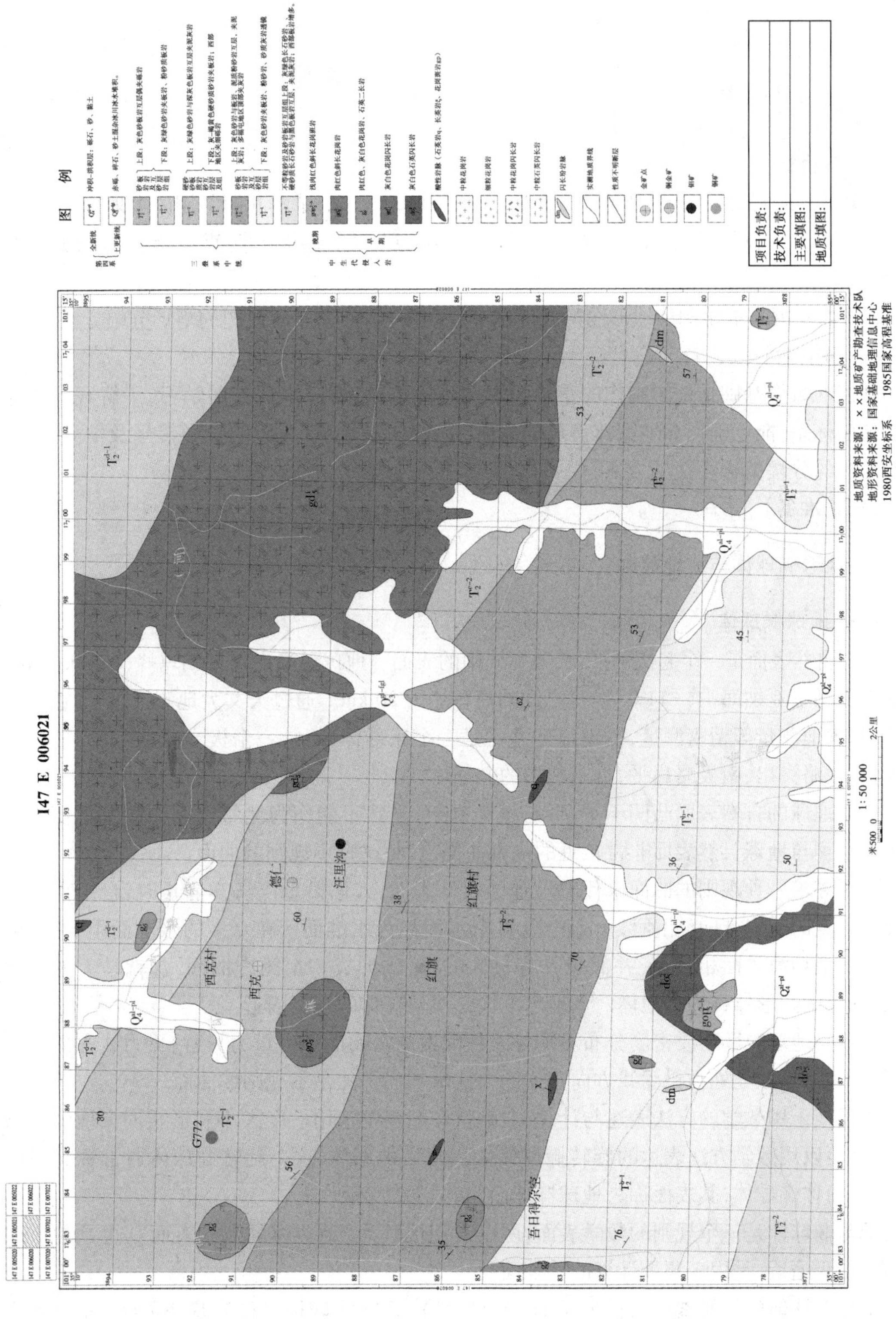

图 2.1　××幅矿产地质图

任务 2.2　地图的数学基础

[任务目标]

1.掌握地球椭球体、大地水准面、地图比例尺的基本概念,了解我国常用的大地坐标系。

2.认识地图投影的方法、过程、地图投影变形与分类,掌握高斯-克吕格投影的方法与特点。

3.掌握我国基本比例尺地形图的经纬网分幅与编号方法,了解地图的矩形分幅方法。

[任务描述]

地图的数学基础是地图制作的重要原理与理论依据,通过本任务的学习,了解我国常用的大地坐标系,能正确计算地图比例尺和高斯-克吕格投影分带投影的投影带号及中央经线,以及地图的分幅编号。

[知识准备]

一、地球椭球体与大地控制

(一)地球椭球体

地球自然表面是一个起伏不平、十分不规则的表面。地球最高点珠穆朗玛峰(8 844.43 m)与最低点马里亚纳海沟(−11 034 m)之间的高差达近 20 km。通过天文大地测量、地球重力测量、卫星大地测量等精密测量,发现地球并不是一个正球体,而是一个极半径略短、赤道半径略长,北极略突出、南极略扁平,近于梨形的椭球体。

由于地球的自然表面凸凹不平,形态极为复杂,显然不能作为测量与制图的基准面。应该寻求一种与地球自然表面非常接近的规则曲面,代替这种不规则的曲面。

为了寻求一种规则的曲面来代替地球的自然表面,人们设想当海洋静止时,自由水面与该面上各点的重力方向(铅垂线)成正交,这个水面称为水准面。在众多的水准面中,有一个与静止的平均海水面相重合,并假想其穿过大陆、岛屿形成一个闭合曲面,这就是大地水准面,它所包围的形体称为大地体。大地水准面是对地球体的一级逼近。

由于受地球内部物质密度分布不均等多种因素的影响而产生重力异常,重力线方向并非恒指向地心,导致处处与铅垂线方向正交的大地水准面仍然是不规则的曲面。

为了便于用数学的方法表达与计算,在测量和制图中选用一个大小和形状同大地体极为近似的,可以用数学方法表达的旋转椭球体来代替大地球体,这个旋转椭球体通常称为地球椭球体,简称椭球体,其表面称为地球椭球面,如图 2.2 所示。

地球椭球体是一个规则的数学表面,所以人们视其为"地球体的数学表面",也是对地球形体的二级逼近,是用于测量计算的基准面。

地球椭球体的三要素包括长半径 a(赤道半径)、短半径 b(极半径)、扁率 $f=(a-b)/a$,这三要素决定了地球椭球体的形状和大小。因推算所用资料、年代和方法不同,许多科学家所测定地球椭球体的大小也不尽相同。

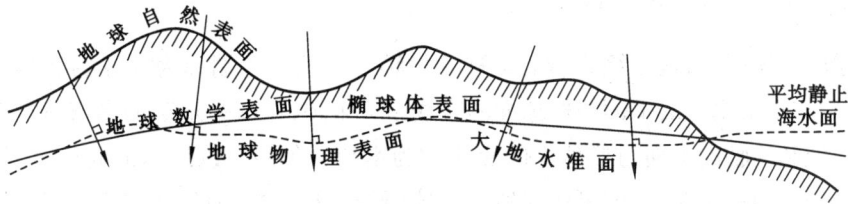

图 2.2　地球的自然表面、大地水准面和椭球表面等示意图

对地球形状 a, b, f 测定后,还必须确定大地水准面与椭球体面的相对关系。即确定与局部地区大地水准面符合最好的一个地球椭球体,称为参考椭球体。确定参考椭球体,进而获得大地测量基准面和大地起算数据的工作,称为参考椭球体定位。参考椭球体是地球形体的三级逼近。

我国 1952 年以前采用海福特椭球体,从 1953 年起采用克拉索夫斯基椭球体,这是苏联科学家克拉索夫斯基 1940 年测定的。

1978 年,我国决定采用 1975 年第 16 届国际大地测量及地球物理联合会推荐的新椭球体,称为 GRS(1975),并建立了中国独立的大地坐标系。

常用椭球体参数见表 2.1。

表 2.1　常用椭球体参数

椭球体名称	年代	长半径/m	短半径/m	扁　率	主要的使用国家
白塞尔 (德国,Bessel)	1841	6 377 397	6 356 079	1:299.15	波兰,罗马尼亚,捷克,斯洛伐克,瑞士,瑞典,智利,葡萄牙,日本
克拉克Ⅰ (英国,Clarke)	1866	6 378 206	6 356 534	1:295.0	埃及,加拿大,美国,墨西哥,法国
克拉克Ⅱ (英国,Clarke)	1880	6 378 249	6 356 515	1:293.47	越南,罗马尼亚,法国,南非
海福特 (美国,Hayford)	1910	6 378 388	6 356 912	1:297.0	意大利,比利时,葡萄牙,保加利亚,罗马尼亚,丹麦,土耳其,芬兰,阿根廷,埃及,中国(1952 年前)
克拉索夫斯基 (苏联,КрасоВсКий)	1940	6 378 245	6 356 863	1:298.3	苏联(1946 年起),保加利亚,波兰,罗马尼亚,匈牙利,捷克,斯洛伐克,德意志民主共和国,中国
1975 年国际椭球	1975	6 378 140	6 356 755	1:298.257	1975 年国际第三个推荐值
1980 年国际椭球	1980	6 378 137		1:298.257	1979 年国际第四个推荐值

(二)大地控制

大地控制的主要任务是确定地面点在地球椭球体上的位置。这种位置包括两个方面:一是点在地球椭球面上的平面位置,即经度和纬度;二是确定点到大地水准面的高度,即高程。为此,必须首先了解确定点位的坐标系。

1.地理坐标系

对地球椭球体而言,其围绕旋转的轴称为地轴。地轴的北端称为地球的北极,南端称为南极;过地心与地轴垂直的平面与椭球面的交线是一个圆,这就是地球的赤道;过英国格林尼治天文台旧址和地轴的平面与椭球面的交线称为本初子午线。以地球的北、南极、赤道和本初子午线等作为基本要素,即可构成地球椭球面的地理坐标系统(图2.3)。其以本初子午线为基准,向东,向西各分了180°,之东为东经,之西为西经;以赤道为基准,向南、向北各分了90°,之北为北纬,之南为南纬。

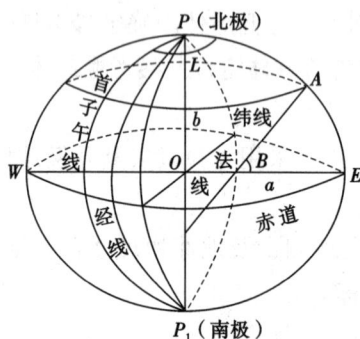

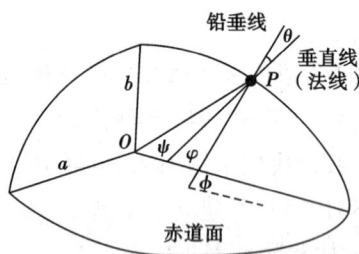

图2.3　地理坐标系　　　　　　图2.4　3种经纬度关系图

地理坐标系是指用经纬度表示地面点位的球面坐标系。在大地测量学中,对于地理坐标系统中的经纬度有3种描述,即天文经纬度、大地经纬度和地心经纬度,如图2.4所示。

(1)天文经纬度

天文经纬度是通过地面天文测量的方法得到的,其以大地水准面和铅垂线为依据,表示地面点在大地水准面上的位置,用天文经度和天文纬度表示。

①天文经度:本初子午面与过观测点的子午面所夹的二面角。

②天文纬度:在地球上定义为铅垂线与赤道平面间的夹角 ϕ。

(2)大地经纬度

大地经纬度表示地面点在参考椭球面上的位置,用大地经度 λ、大地纬度 φ 和大地高 H 表示。大地经纬度是以地球椭球面和法线为依据,在大地测量中得到广泛采用。

①大地经度 λ:指参考椭球面上某点的大地子午面与本初子午面间的二面角。东经为正,西经为负。

②大地纬度 φ:指参考椭球面上某点的垂直线(法线)与赤道平面的夹角。北纬为正,南纬为负。

(3)地心经纬度

地心,即地球椭球体的质量中心。地心经度等同于大地经度 λ,地心纬度是指参考椭球体面上的任意一点和椭球中心连线与赤道面之间的夹角 ψ。地理研究和小比例尺地图制图对精度要求不高,故常把椭球体当作正球体看待,地理坐标采用地球球面坐标,经纬度均用地心经纬度,而地图学中常采用大地经纬度。

2.我国的大地坐标系统

世界各国采用的坐标系不同。在一个国家或地区,不同时期也可能采用不同的坐标系。我国常用的坐标系有 1954 年北京坐标系、1980 年西安坐标系、2000 年国家大地坐标系和 WGS84 坐标系。

(1)1954 年北京坐标系

1954 年,我国将苏联克拉索夫斯基椭球元素建立的坐标系,联测并经平差计算引入了我国,以北京为全国的大地坐标原点,确定了过渡性的大地坐标系,称为 1954 年北京坐标系。其缺点是椭球体面与我国大地水准面不能很好地符合,产生的误差较大,加上 1954 年北京坐标系的大地控制点坐标多为局部平差逐次获得的,不能连成一个统一的整体,这对于我国经济和空间技术的发展都是不利的。

(2)1980 年西安坐标系

我国在 30 年测绘资料的基础上,采用 1975 年第 16 届国际大地测量及地球物理联合会(IUGG/IAG)推荐的新的椭球体参数,以陕西省西安市以泾阳县永乐镇某点为国家大地坐标原点,进行定位和测量工作,通过全国天文大地网整体平差计算,建立了全国统一的大地坐标系,即 1980 年国家大地坐标系,简称 1980 年西安原点或西安 80 坐标系。其主要优点在于:椭球体参数精度高;定位采用的椭球体面与我国大地水准面符合好;天文大地坐标网传算误差和天文重力水准路线传算误差都不太大,而且天文大地坐标网坐标经过了全国性整体平差,坐标统一,精度优良,可以满足 1:5 000 甚至更大比例尺测图的要求等。

随着卫星定位导航技术在我国的广泛使用,我国目前提供的"西安 80 坐标系"这一大地坐标系成果与目前用户的需求和今后国家建设的进展、社会的发展存在矛盾:第一是坐标维的矛盾。目前提供的二维坐标不能满足需要三维坐标和大量使用卫星定位和导航技术的广大用户的需求,也不适应现代的三维定位技术。第二是精度的矛盾。利用卫星定位技术可以达到 $10^{-7} \sim 10^{-8}$ 的点位相对精度,而西安 80 坐标系的精度只能保证 3×10^{-6}。这种坐标精度的不适配会产生诸多问题。第三是坐标系(框架)的矛盾。由于空间技术、地球科学、资源、环境管理等事业的发展,用户需要提供与全球总体适配的地心坐标系(如 ITRF),而不是如"西安 80 坐标系"这样的局部定义的坐标系。

改善和更新我国现有的大地坐标系统,必须消除上述各方面的矛盾。我国现有的 3 个 GPS 网,已为改善现行的二维坐标系,创建国家统一的三维地心坐标系统创造了条件。

(3)2000 年国家大地坐标系

2000 年国家大地坐标系是我国当前最新的国家大地坐标系,英文名称为 China Geodetic Coordinate System 2000,英文缩写为 CGCS2000。自 2008 年 7 月 1 日起,中国全面启用 2000 年国家大地坐标系,国家测绘局受权组织实施。

2000 年国家大地坐标系是全球地心坐标系在我国的具体体现,其原点为包括海洋和大气的整个地球的质量中心。Z 轴指向 BIH1984.0 定义的协议极地方向(BIH 国际时间局),X 轴指向 BIH1984.0 定义的零子午面与协议赤道的交点,Y 轴按右手坐标系确定。2000 国家大地坐标系采用的地球椭球参数如下:

长半轴 $a = 6\ 378\ 137$ m

扁率 $f = 1/298.257\ 222\ 101$

地心引力常数 $GM = 3.986\ 004\ 418 \times 1\ 014\ \mathrm{m^3 s^{-2}}$

自转角速度 $\omega = 7.292\ 115 \times 10^{-5}\ \mathrm{rad/s}$

使用 2000 年国家大地坐标系具有重要的意义,如下所述。

①采用 2000 年国家大地坐标系具有科学意义,随着经济发展和社会的进步,我国航天、海洋、地震、气象、水利、建设、规划、地质调查、国土资源管理等领域的科学研究需要一个以全球参考基准为背景的、全国统一的、协调一致的坐标系统,来处理国家、区域、海洋与全球化的资源、环境、社会和信息等问题,需要采用定义更加科学、原点位于地球质量中心的三维国家大地坐标系。

②采用 2000 年国家大地坐标系可对国民经济建设、社会发展产生巨大的社会效益。采用 2000 年国家大地坐标系,有利于应用于防灾减灾、公共应急与预警系统的建设和维护。

③采用 2000 年国家大地坐标系将进一步促进遥感技术在我国的广泛应用,发挥其在资源和生态环境动态监测方面的作用。比如汶川大地震发生后,以国内外遥感卫星等科学手段为抗震救灾分析及救援提供了大量的基础信息,显示出科技抗震救灾的威力,而这些遥感卫星资料都是基于地心坐标系。

④采用 2000 年国家大地坐标系也是保障交通运输、航海等安全的需要。车载、船载实时定位获取的精确的三维坐标,能够准确地反映其精确地理位置,配以导航地图,可以实时确定位置、选择最佳路径、避让障碍,保障交通安全。随着我国航空运营能力的不断提高和港口吞吐量的迅速增加,采用 2000 年国家大地坐标系可保障航空和航海的安全。

⑤卫星导航技术与通信、遥感和电子消费产品不断融合,将会创造出更多新产品和新服务,市场前景更为看好。现已有相当一批企业介入相关制造及运营服务业,并可望在形成较大规模的新兴高技术产业。卫星导航系统与 GIS 的结合使得计算机信息为基础的智能导航技术,如车载 GPS 导航系统和移动目标定位系统应运而生。移动手持设备如移动电话和PDA 已经有了非常广泛的使用。

(4)WGS84 坐标系

WGS84(World Geodetic System 1984)是为 GPS 全球定位系统使用而建立的坐标系统。通过遍布世界的卫星观测站观测到的坐标建立,其初次 WGS84 的精度为 $1 \sim 2$ m,在 1994 年 1 月 2 日,通过 10 个观测站在 GPS 测量方法上改正,得到了 WGS84(G730),G 表示由 GPS 测量得到,730 表示为 GPS 时间第 730 个周。1996 年,National Imagery and Mapping Agency (NIMA)为美国国防部(U.S.Departemt of Defense,DoD)做了一个新的坐标系统。这样实现了新的 WGS 版本:WGS(G873)。其因为加入了 USNO 站和北京站的改正,其东部方向加入了 $31 \sim 39$ cm 的改正。所有的其他坐标都有在 1 dm 之内的修正。

WGS84 坐标系的几何意义:坐标系的原点位于地球质心,Z 轴指向(国际时间局)BIH1984.0 定义的协议地球极(CTP)方向,X 轴指向 BIH1984.0 的零度子午面和 CTP 赤道的交点,Y 轴通过右手规则确定。

WGS84 地心坐标系可以与 1954 年北京坐标系或 1980 年西安坐标系等参心坐标系相互转换,其方法之一:在测区内,利用至少 3 个以上公共点的两套坐标列出坐标转换方程,采用最小二乘原理解算出 7 个转换参数就可以得到转换方程。其中 7 个转换参数是指 3 个平移参数、3 个旋转参数和 1 个尺度参数。

3.高程系

高程控制网的建立,必须规定一个统一的高程基准面。中华人民共和国成立以后,利用青岛验潮站 1950—1956 年的观测记录,确定黄海平均海水面为全国统一的高程基准面,并且在青岛观象山埋设了永久性的水准原点。以黄海平均海水面建立起来的高程控制系统,统称为"1956 年黄海高程系"。统一高程基准面的确立,克服了中华人民共和国成立前我国高程基准面混乱以及不同省区的地图在高程系统上普遍不能拼合的弊端。

多年观测资料显示,黄海平均海平面发生了微小的变化。因此,1987 年国家决定启用新的高程基准面,即"1985 年国家高程基准"。高程基准面的变化,标志着水准原点高程的变化。在新的高程系统中,水准原点的高程由原来的 72.289 m 变为 72.260 m。这种变化使高程控制点的高程也随之发生了微小的变化,但对已经绘制完成的地图上的等高线高程的影响则可忽略不计。

由于全球经济一体化进程的加快,每一个国家或地区的经济发展和政治生活都与周边国家和地区发生密切的关系,这种趋势必然要求建立全球统一的空间定位系统和地区性乃至全球性的基础地理信息系统。因此,除采用国际通用 ITRF 系统之外,各国的高程系统也应逐步统一起来,当然这并不排除各个国家和地区基于自己的国情建立和使用适合自身情况的坐标系统和高程系统,但其应和全球的系统进行联系,以便相互转换。

二、地图比例尺

编制地图时,需要把地球或制图区域按照一定的比率缩小表示,这种缩小的比率就是地图的比例尺,因此,比例尺代表的是地球或制图区域缩小的程度。

(1)地图比例尺的定义

地图比例尺是地图上的任一线段长度与实地相应线段长度之比。它表示地图图形的缩小程度,又称缩尺。即地图比例尺=图上距离/相应实地水平距离。

例如,一幅地图的比例尺是 1:50 000,那么图上两点间为 1 cm,实地该两点的距离应为 50 000 cm,即 500 m。

地图比例尺是一个比值,它没有单位,比例尺越大,图面精度越高;比例尺越小,图面精度越小,但概括性越强。当地图的图幅大小相同时,比例尺越大,它表示的实际范围越小;比例尺越小,它表示的实际范围越大。在传统的地图产品逐渐转化为数字化地图的今天,比例尺的传统定义已经失去了它的意义(计算机中存储的数据与距离无关),但不得不保留比例尺隐含的意义。当人们在数据库前冠以某个比例尺的数字时,实际上隐含着对数据精度和详细程度的说明,这就说明了比例尺的重要性。不过,数字地图的确不同于传统的纸质地图,在制图概括、图形处理技术进一步完善的条件下,根据某一种比例尺的地图数据库,可以生成任意级别比例尺的地图。因此,也有人把这种存储数据的精度和内容的详细程度都明显高于其比例尺本身要求的地图数据库,称为无级别比例尺地图数据库。

（2）地图比例尺的表示

地图比例尺表示方法有数字式、文字式、图解式。一般绘注在图廓的上方或下方正中位置。

①数字比例尺。数字比例尺是指用阿拉伯数字形式表示的比例尺。一般用分子为 1 的分数形式来表示，如 1:1 万、1:10 万、1:25 万等。数字比例尺的优点是简单易读、便于运算、有明确的缩小概念。

②文字式比例尺。文字比例尺也叫说明比例尺，是指用文字注释方式表示的比例尺，如"十万分之一"，"图上 1 cm 相当于实地 1 km"等。文字比例尺单位明确、计算方便、较大众化。

③图解式比例尺。图解式比例尺是以图形的方式来表示图上距离与实地距离关系的一种比例尺形式。它又分为直线比例尺、斜分比例尺和复式比例尺 3 种，其中较常见的是直线比例尺。

直线比例尺是以直线线段的形式表示图上线段长度所对应的地面距离，具有能直接读出长度值而无须计算及避免因图纸伸缩而引起误差等优点，如图 2.5 所示。

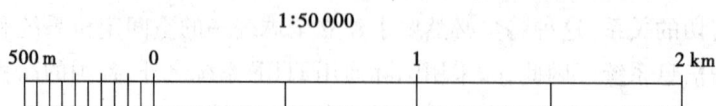

图 2.5　直线比例尺

（3）比例尺精度

比例尺精度是比例尺大小所反映的地图详尽程度。人眼能分辨的两点间的最小距离是 0.1 mm，通常就把地形图上 0.1 mm 所代表的实地水平距离称为比例尺精度。用公式表示为：$\varepsilon = 0.1 \times M$（其中 ε 为比例尺精度，M 为比例尺的分母）。比例尺精度越高，比例尺就越大。

根据比例尺精度，不但可以按照比例尺确定地面上量距应精确到什么程度，而且还可以按照量距的规定精度来确定测图比例尺。例如，测绘 1:1 000 比例尺的地形图时，地面上量距的精度为 0.1 mm×1 000 = 0.1 m；又如要求在图上能表示出 0.5 m 的精度，则所用的测图比例尺为 0.1 mm/0.5 m = 1/5 000，即测图比例尺不得小于 1:5 000。

比例尺越大，采集的数据信息越详细，精度要求就越高，测图工作量和投资往往成倍增加，因此使用何种比例尺测图，应从实际需要出发，不应盲目追求更大比例尺的地形图。

三、地图投影

（1）地图投影的概念

地球椭球体表面是不可展曲面，要将曲面上的客观事物表示在有限的平面图纸上，必须经过由曲面到平面的转换。

在地球椭球面和平面之间建立点与点之间函数关系的数学方法，称为地图投影。地图投影的实质是将地球椭球面上的经纬线网按照一定的数学法则转移到平面上。

球面上任意一点的位置决定于其经纬度，所以实际投影时是先将一些经纬线的交点展绘在平面上，再将相同经度的点连成经线，相同纬度的点连成纬线，构成经纬线网。有了经纬线网后,就可以将球面上的地理事物按照其所在的经纬度,用一定的符号画在平面上相应位置处。由此看来,地图投影的实质是将地球椭球面上的经纬网按一定的数学法则转移到平面上。经纬线网是绘制地图的"基础",是地图的主要数学要素。

(2)地图投影的分类

地图投影方法的分类主要有两种,一种是按变形性质分类;另一种是按投影的构成方式分类。

①按变形性质分类。按变形性质可将地图投影分为等角投影、等积投影、任意投影。

a.等角投影的投影面上任意两方向线间的夹角与椭球体面上相应方向线的夹角相等,即角度变形为零。由于这类投影没有角度变形,便于测量方向,所以常用于编制航海图、洋流图和风向图等。等角投影地图上面积变形较大。

b.等积投影是指在投影面上任意一块图形的面积与椭球体面上相应的图形面积相等,即面积变形等于零。由于等积投影没有面积变形,能够在地图上进行面积的对比和量算,因此,常用于编制对面积精度要求较高的自然地图和社会经济地图,如地质图、土壤图、行政区划图等。

c.任意投影是指既不等角也不等积,即长度、角度和面积 3 种变形并存但变形都不大的投影类型。任意投影多用于投影变形要求适中或区域较大的地图,如教学地图、科学参考图、世界地图等。

②按地图投影的构成方法分类。按地图投影的构成方式将地图投影分为几何投影和非几何投影。

a.几何投影是把椭球体面上的经纬线网投影到几何面上,然后再将几何面展开为平面而得到的一类投影,根据几何面形状的不同,几何投影又分为方位投影、圆柱投影和圆锥投影 3 类。

● 方位投影是以平面为投影面,使平面与椭球体相切或相割,将球面上的经纬线网投影到平面上而成。

● 圆柱投影是以圆柱面为投影面,使圆柱面与椭球体相切或相割,将球面上的经纬线网投影到圆柱面上,然后将圆柱面展为平面而成。

● 圆锥投影是以圆锥面为投影面,使圆锥与椭球体相切或相割,将球面上的经纬线投影到圆锥面上,然后将圆锥面展开为平面而成。

在上述投影中,由于几何面与球面的位置关系不同又可以分为正轴、横轴和斜轴 3 种类型,具体如图 2.6 所示。

b.非几何投影又称为条件投影,是根据制图的某些特定要求,选用合适的投影条件,利用数学解析法确定平面与球面之间对应点的函数关系,把球面转化成平面。包括伪方位投影、伪圆柱投影、伪圆锥投影、多圆锥投影,如图 2.7 所示。

● 伪方位投影是根据方位投影修改而来。在正轴情况下,纬线仍为同心圆,除中央经线为直线外,其余的经线均改为对称于中央经线的曲线,且相交于纬线的圆心。

● 伪圆柱投影是根据圆柱投影修改而来。在正轴情况下,要求纬线仍为平行直线,除中央经纬为直线外,其余的经线均改为对称于中央经线的曲线。

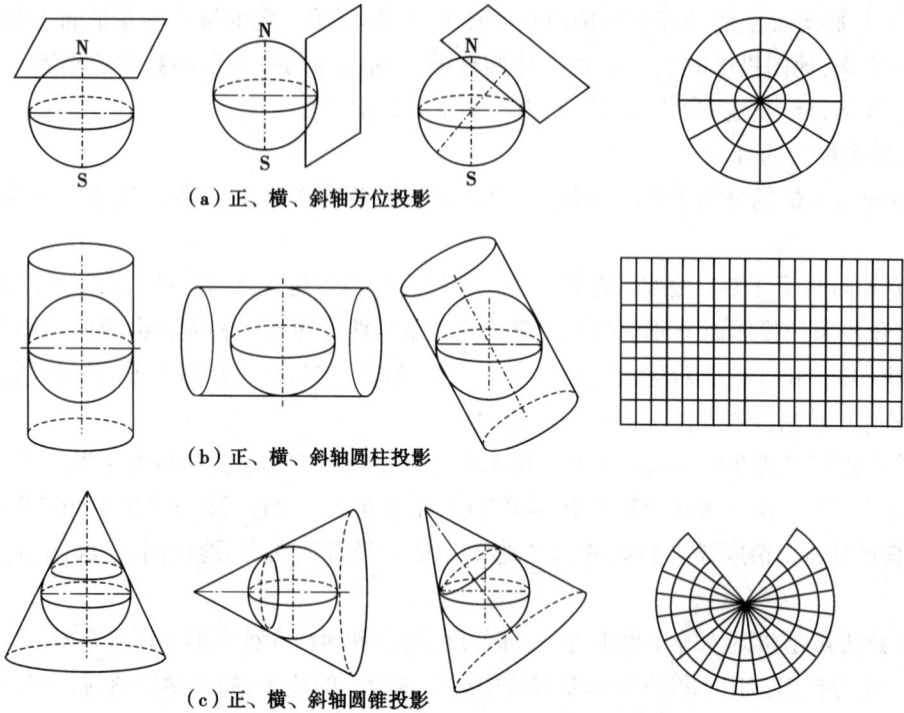

（a）正、横、斜轴方位投影

（b）正、横、斜轴圆柱投影

（c）正、横、斜轴圆锥投影

图 2.6　几何投影示意图

- 伪圆锥投影是根据圆锥投影修改而来。在正轴情况下，要求纬线仍为同心圆弧，除中央经线为直线外，其余的经线均改为对称于中央经线的曲线。

- 多圆锥投影是一种假想借助多个圆锥表面与球体相切而设计成的投影。纬线为同轴圆弧，其圆心均位于中央经线上，中央经线为直线，其余的经线均为对称于中央经线的曲线。

（3）高斯-克吕格投影

①高斯-克吕格（Gauss-Kruger）投影概念与特点。在我国基本比例尺地形图中，除了1:100万地形图是采用等角圆锥投影外，其他比例尺地形图都是采用高斯-克吕格投影。高斯-克吕格投影是一种横轴等角切椭圆柱投影，它是由德国数学家高斯提出，后经克吕格扩充并推导出计算公式，故称为高斯-克吕格投影，简称高斯投影。

高斯-克吕格投影是假设一个椭圆柱面与地球椭球体面横切于某一条经线上，按照等角条件将中央经线东、西各3°或1.5°经线范围内的经纬线投影到圆柱面上，然后将圆柱面展开成平面，如图2.8所示。

高斯-克吕格投影的中央经线和赤道为垂直相交的直线，经线为凹向并对称于中央经线的曲线，纬线为凸向赤道并对称于赤道的曲线，经纬线投影后没有角度变形，即仍是正交状态。该投影中央经线长度约等于1，没有长变形，其余经线长度比均大于1，且距离中央经线越远，变形越大，最大变形在边缘经线与赤道的交点上，如在6°分带投影中，长度最大变形为0.138%。显然，随着投影带的增大，变形误差会继续增加。

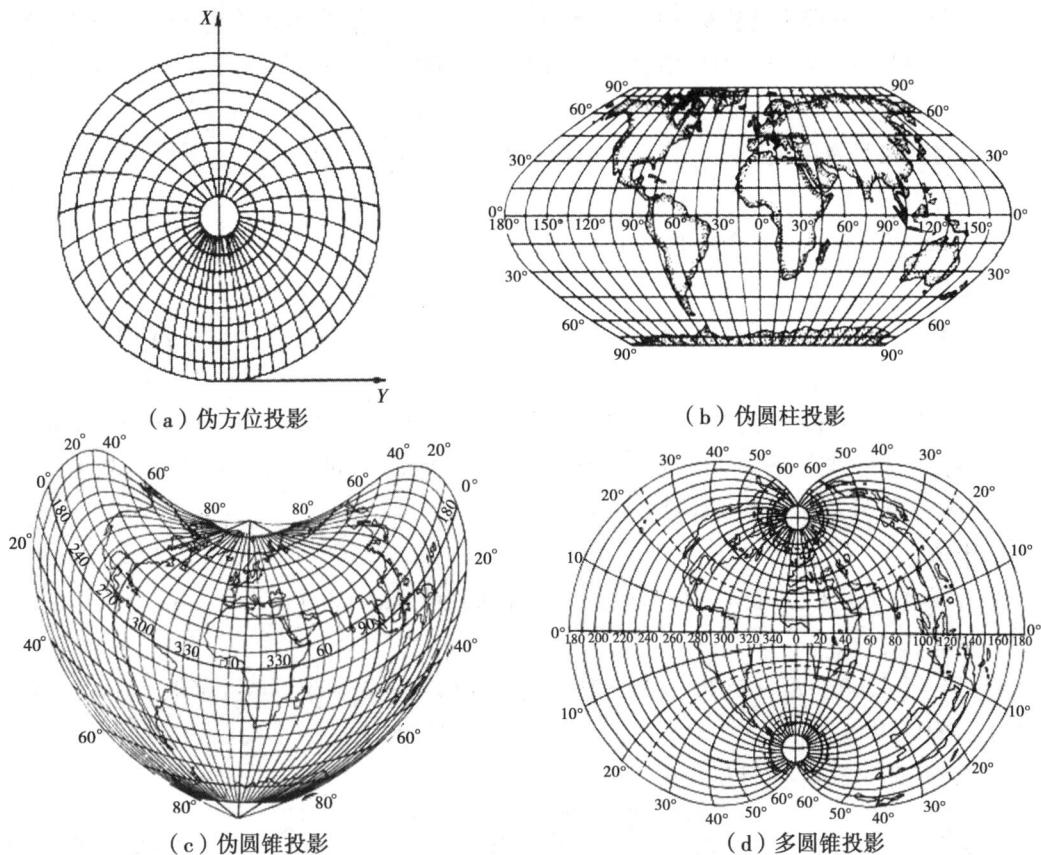

（a）伪方位投影

（b）伪圆柱投影

（c）伪圆锥投影

（d）多圆锥投影

图 2.7 非几何投影

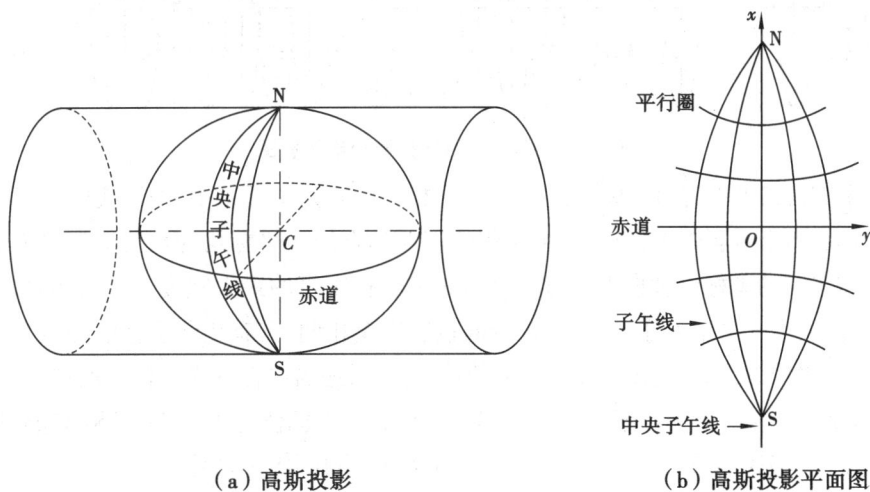

（a）高斯投影

（b）高斯投影平面图

图 2.8 高斯-克吕格投影示意图

②分带投影。为了控制投影变形,高斯-克吕格投影采用了经线 6°和 3°分带投影的方法,使其变形不超过一定的限度。

我国 1:2.5~1:50 万地形图均采用 6°分带;1:1万及更大比例尺地形图采用 3°分带。

a.6°分带。6°分带法是从格林尼治 0°经线(子午线)开始,自西向东每 6°为一投影带,全球共分 60 个投影带,各带的编号用自然数 1,2,3,…,60 表示,如图 2.8 所示。我国位于东经72°～136°,共包括 11 个 6°投影带(13～23 带)。

6°分带的带号及中央经线计算方法如下:

东半球:

带号 $n = [L_东/6] + 1$(有余数时);中央经线:$L_0 = (6n-3)°E$。

西半球:

带号 $n = [(360°-L_西)/6] + 1$(有余数时);中央经线:$L_0 = [360°-(6n-3)°]W$ 或 $[(6n-3)°-360°]W$。

b.3°分带。3°分带法是从东经 1°30′经线开始,每 3°为一投影带,将全球共分为 120 个投影带。各投影带中央子午线的经度分别为东经 3°,6°,9°,…,180°,西经 177°,…,3°,0°。

3°分带的带号及中央经线计算方法如下:

东半球:

带号 $n = [(L_东-1°30′)/3] + 1$(有余数时);中央经线:$L_0 = (3n)°E$。

西半球:

带号 $n = [(360°-L_西-1°30′)/3] + 1$(有余数时);中央经线:$L_0 = [360°-(3n)°]W$ 或 $[(3n)°-360°]W$。

图 2.9 所示为高斯-克吕格投影分带。

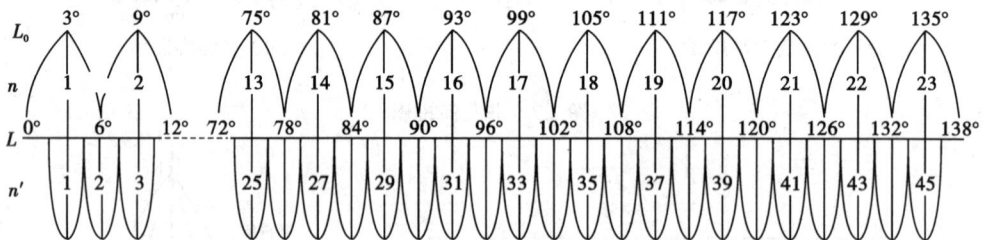

图 2.9 高斯-克吕格投影分带示意图

③高斯-克吕格平面直角坐标。在高斯-克吕格平面直角坐标系中,由于我国位于北半球,X值全为正,而在每个投影带中,位于中央子午线以西的点的 Y 坐标均为负值。为避免 Y 坐标出现负值,可将各带的坐标纵轴向西平移 500 km(半个投影带的最大宽度不超过 500 km),如图2.10 所示。此外,由于采用了分带方法,各带的投影完全相同,具有相同坐标值的点在每个投影带中均有一个对应点,为确定该点在地球上的正确位置,还需要在其横坐标之前加上带号,这样的坐标称为通用坐标。例如位于 45 带中的某一点,其横坐标值为 $Y = -126\ 568.24$ m,根据上面的规定,改变的(通用的)横坐标值 $Y = 45\ 373\ 431.76$ m,其中 45 为带号。

注意:

①高斯-克吕格坐标系的 X、Y 轴正好对应 MapGIS 坐标系的 Y 和 X,高斯-克吕格坐标系的纵向为 X,而 MapGIS 坐标系的纵向为 Y。

②高斯-克吕格坐标系的横向坐标最多为 6 位,纵向最多为 7 位。在 MapGIS 中使用时,若横向为 8 位,则前两位为带号,使用时记着要去掉前边的带号,将带号输入对应的参数中。

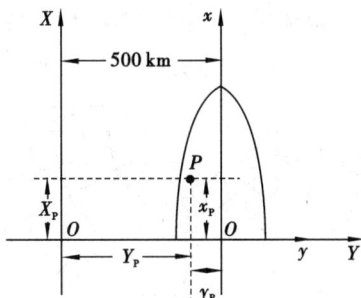

图 2.10　高斯-克吕格平面直角坐标系

③高斯-克吕格坐标系的坐标单位为 m,而 MapGIS 坐标系的坐标为 mm,所以输入比例尺时要注意对应。

④在 MapGIS 中,1∶50 万比例尺以上的标准图框都是高斯-克吕格坐标系,并且生成的标准图框都进行了坐标平移和旋转,使左下角为(0,0),左下角和右下角的坐标在纵向上相同,即水平对齐。而投影变换中的坐标都是对应投影的大地坐标。因此,在用标准图框进行投影转换前,需要先将其还原为相应的大地坐标,才能开始转换。在后边的标准图框生成过程中,有一个"是否将左下角平移为原点",若不选该开关,则生成的标准图框中的坐标就为大地坐标,从而可以直接参加投影变换。

⑤在用户输入或矢量化的图中,其用户参考坐标系一般情况下与投影坐标系不重合,因此,用户在将这样的图进行投影转换前,只有输入控制点(TIC 点)将其平移、校正到相应的投影坐标系中,才能开始转换,否则结果不正确。总之,投影转换是相对于对应投影坐标系,而非用户坐标系。

四、地图的分幅与编号

(一)经纬网梯形分幅法

地图的分幅方法有两种:一种是经纬网梯形分幅法(又称国际分幅法);另一种是坐标格网正方形(简称矩形分幅法)。前者用于国家基本比例尺地形图,后者用于工程建设大比例尺地形图。

(1)1992 年以前的经纬网梯形分幅与编号

1992 年以前,我国基本比例尺地形图只有 1∶1 万、1∶2.5 万、1∶5 万、1∶10 万、1∶25 万、1∶50万、1∶100 万这 7 种。经纬网梯形分幅与编号是以 1∶100 地图为基础,划分出 1∶50 万、1∶25万、1∶10 万 3 种比例尺,再以 1∶10 万为基础,划分出 1∶5万、1∶1万,再以 1∶5万为基础,划分出1∶2.5 万。

①1∶100 万地形图的分幅和编号。1∶100 万地形图分幅和编号是采用国际标准分幅的经差 6°、纬差 4°为一幅图。从赤道起向两极至纬度 88°止,每隔纬差 4°为一列,南北各划作 22个横列,依次用 A,B,…,V 表示;从经度 180°起,自西向东,每隔经差 6°为一纵行,全球共划分为 60 纵行,依次用 1,2,…,60 表示。

每幅图的编号由该图幅所在的"横列号-纵行号"组成。例如,北京某地的经度为116°26′08″,纬度为 39°55′20″,所在 1∶100 万地形图的编号为 J-50。

我国地处东半球赤道以北,图幅范围为经度 72°~138°、纬度 0~56°内,包括行号为 A,B,C,…,N 的 14 行,列号为 43,44,…,53 的 11 列,如图 2.11 所示。

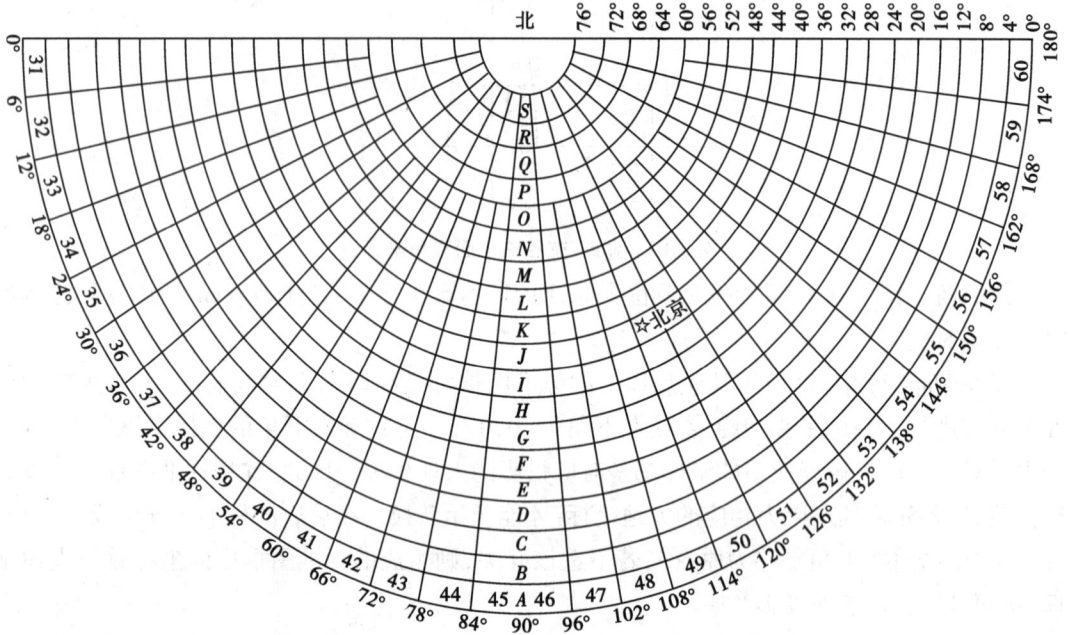

图 2.11　北半球东侧 1:100 万地图的国际分幅与编号

②1:50 万、1:25 万、1:10 万比例尺地形图的分幅和编号。这 3 种比例尺地形图都是在 1:100 万地形图的基础上进行分幅编号的。

• 1:50 万地形图的分幅为纬差 2°、经差 3°。1 幅 1:100 万的地形图可划分为 4 幅 1:50 万的图。编号是在 1:100 万图幅的编号后面,分别加上 A,B,C,D 表示,如 J-50-A。

• 1:25 万地形图的分幅为纬差 1°、经差 1°30′。1 幅 1:100 万的图可划分出 16 幅 1:25 万的图,编号是在 1:100 万图幅的编号分别加上 [1],[2],…,[16] 代码表示,例 J-50-[1]。

• 1:10 万地形图的分幅为纬差 20′、经差 30′。一幅 1:100 万的图,可划分出 144 幅 1:10 万的图。编号是在 1:100 万图幅的编号后面分别加上 1,2,…,144 表示,如 J-50-12。

③1:5 万、1:2.5 万、1:1 万比例尺地形图的分幅和编号。

• 1:5 万地形图是在 1:10 万的基础上进行划分的。分幅为纬差 10′、经差 15′。一幅 1:10 万的图可划分出 4 幅 1:5 万的图,编号是在 1:10 万图幅的编号后面分别加上 A,B,C,D 代码表示,如 J-50-12-A。

• 1:2.5 万地形图的分幅为纬差 5′、经差 7′30″。1 幅 1:5 万的图,可划分出 4 幅 1:2.5 万的图。编号是在 1:5 万图幅的编号后面分别加上 1,2,3,4 表示。如 J-50-12-A-2。

• 1:1 万地形图分幅为纬差 2′30″、经差 3′45″。1 幅 1:10 万的图可划分出 64 幅 1:1 万的图,编号是在 1:10 万图幅的编号后面分别加上 (1),(2),…,(64) 表示,例 J-50-12-(1)。

(2)1992 年实施的国家地形图分幅与编号

1992 年 12 月,我国颁布了《国家基本比例尺地形图分幅和编号 GB/T 13989—92》新标准,1993 年 3 月开始实施。新的国家标准增加了 1:5 000 比例尺地形图。过去的纵行、横列的名称也改为横行、纵列。

①分幅方法。1∶100 万地形图的分幅标准仍按国际分幅法进行。其余比例尺的分幅均以 1∶100 万地形图为基础,按照横行数、纵列数的多少划分图幅。

1∶100 万地形图的分幅按照国际 1∶100 万地形图分幅的标准进行。

- 1∶50 万地形图:每幅 1∶100 万地形图划分为 2 行 2 列,共 4 幅 1∶50 万地形图,每幅经差 3°、纬差 2°。
- 1∶25 万地形图:每幅 1∶100 万地形图划分为 4 行 4 列,共 16 幅 125 万地形图,每幅经差 1°30′、纬差 1°。
- 1∶10 万地形图:每幅 1∶100 万地形图划分为 12 行 12 列,共 144 幅 1∶10 万地形图,每幅经差 30′、纬差 20′。
- 1∶5 万地形图:每幅 1∶100 万地形图划分为 24 行 24 列,共 576 幅 1∶5 万地形图,每幅经差 15′、纬差 10′。
- 1∶2.5 万地形图:每幅 1∶100 万地形图划分为 48 行 48 列,共 2 304 幅 1∶2.5 万地形图,每幅经差 7′30″、纬差 5′。
- 1∶1 万地形图:每幅 1∶100 万地形图划分为 96 行 96 列,共 9 216 幅 1∶1 万地形图,每幅经差 3′45″、纬差 2′30″。
- 1∶5 000 地形图:每幅 1∶100 万地形图划分为 192 行 192 列,共 36 864 幅 1∶5 000 地形图,每幅经差 1′52.5″、纬差 1′15″。

②编号。

1∶100 万图幅的编号,由图幅所在的"行号列号"组成。与国际编号基本相同,但行与列的称谓相反,如北京所在 1∶100 万图幅编号为 J50。

1∶50 万与 1∶5 000 图幅的编号,由图幅所在的"1∶100 万图行号(字符码)1 位,列号(数字码)1 位,比例尺代码 1 位,该图幅行号(数字码)3 位,列号(数字码)3 位"共 10 位代码组成,如图 2.12 所示,例如:J50B001001。其中比例尺代码见表 2.2,8 种比例尺地形图分幅及其相互关系见表 2.3。

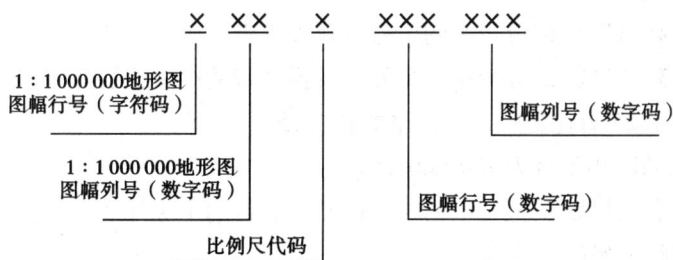

图 2.12　1∶50 万~1∶5 000 图幅编号代码组成

表 2.2　比例尺代码

比例尺	1∶50 万	1∶25 万	1∶10 万	1∶5万	1∶2.5 万	1∶1万	1∶5 000
代　码	B	C	D	E	F	G	H

表 2.3 8 种基本比例尺地形图分幅及其相互关系

比例尺	纬差	经差	行数	列数	图幅数量关系	比例尺代码	行号(数)字码	列号(数)字码	编号示例
1:100 万	4°	6°	1	1	1	A,B,…,V	1,2,…,60		J50
1:50 万	2°	3°	2	2	4	B	001~002	001~002	J49B001001
1:25 万	1°	1°30′	4	4	16	C	001~004	001~004	J49C002001
1:10 万	20′	30′	12	12	144	D	001~012	001~012	J49D006002
1:5 万	10′	15′	24	24	576	E	001~024	001~024	J49E011004
1:2.5 万	5′	7′30″	48	48	2 304	F	001~048	001~048	J49F021008
1:1万	2′30″	3′45″	96	96	9 216	G	001~096	001~096	J49G042015
1:5 000	1′1.5″	1′52.5″	192	192	36 864	H	001~192	001~192	J49H084030

(二)坐标格网矩形分幅法

为了适应各种工程设计和施工的需要,对于大比例尺地形图,大多按纵横坐标格网线进行等间距分幅,即采用正方形分幅与编号方法。

图幅的编号一般采用坐标编号法。由图幅西南角纵坐标 x 和横坐标 y 组成编号,1:5 000 坐标值取至 km,1:2 000、1:1 000 取至 0.1 km,1:500 取至 0.01 km。例如,某幅 1:1 000 地形图的西南角坐标为 $x=6\ 230$ km、$y=10$ km,则其编号为 6230.0-10.0。

也可以采用基本图号法编号,即以 1:5 000 地形图作为基础,较大比例尺图幅的编号是在它的编号后面加上罗马数字。

[任务实施]

1.已知某幅地图上有一直线段,在图上测量的距离为 10 mm,该直线段的实地距离为 1 km,请计算出该幅地图在绘制时所用的比例尺。

2.已知某地的地理坐标为(124°20′30″E,38°20′45″N)。

(1)求出其在高斯投影 6°分带中的带号以及投影带的中央经线。

(2)求出其在高斯投影 3°分带中的带号以及投影带的中央经线。

(3)求出其在 1:25 万比例尺地形图中的新、旧编号。

3.已知某图幅的图幅编号为 H48B001001。

(1)求出其在高斯投影 6°分带中的带号以及投影带的中央经线。

(2)求出该图幅的经纬度范围。

任务 2.3　地质图

[任务目标]

1.掌握地质图的基本概念和分类方法。

2.能识别地质平面图、地质剖面图、地质柱状图的各组成要素。

3.了解常用的地质图制作标准与规范。

[任务描述]

地质图基础知识是地质图制作的理论基础,通过本任务的学习,要求学生掌握地质图的基本概念和分类方法,能判读各地质图件上的组成要素,了解地质图件的常用制图标准与规范。

[知识准备]

一、地质图概述

(一)地质图概念

地质图是表示地质现象及构造特征的专题地图。为反映地质现象的空间展布,除平面图外,常同时编制柱状和剖面图,以表示地层程序、岩性的水平或垂向变化和彼此接触关系。地质图件的科学性、准确性和易读性是评价图件质量的 3 个重要标准,也是衡量制图者水平的标准。

地质图对于研究矿床赋存处的地质条件,矿床在空间和时间上的分布规律以及指导进一步的找矿勘探工作和基础地质研究工作都有十分重要的意义。

(二)地质图件的分类

地质图件可以按内容、比例尺、用途及制图区域、使用方式和图幅数量等进行分类。

(1)按内容分类

地质图按内容可分为普通地质图、岩石分布图、构造图、地球物理图、水文地质图、工程地质图和环境地质图、第四纪地质图、岩相—古地理图、地质矿产图、成矿规律图和成矿预测图、航空相片和卫星影像解译图等。

(2)按比例尺分类

地质图按比例尺可分为 3 类:

大比例尺地质图:比例尺 ≥1∶5 万。

中比例尺地质图:比例尺为 1∶10 万~1∶25 万。

小比例尺地质图:比例尺 ≤1∶50 万。

上述划分标准具有一定的相对性,由于不同国家或同一国家不同部门对地图精度的要求和实际使用情况不尽相同,因此对地图比例尺大小的概念有所不同。

(3)按用途分类

按用途可将地质图分为概略地质图、区域地质图、详细地质图、专用地质图,见表2.4。

表 2.4　地质图件按用途分类

分类标准	分类结果	用途
按用途分类	概略地质图 （比例尺为 1:50 万~1:100 万）	用于研究区域地质特征和大区域找矿工作的总体部署
	区域地质图 （比例尺为 1:10 万~1:25 万）	用来查明区域地质构造情况及区域成矿规律,1:10 万通常用于地质构造条件较复杂的地区
	详细地质图 （比例尺为 1:2.5 万~1:5 万）	用于详查详测地质构造和矿产情况
	专门地质图 （比例尺>1:2.5 万）	通常用于矿点及异常点的检查、评价及勘探工作

（4）按表现形式分类

地质图按表现形式可以划分为平面图（包括普通地质图、工程分布图、矿产分布图、构造纲要图、岩相—古地理图等）、剖面图和柱状图。

（三）地质图件的规格

一幅正规的地质图件应有统一的规格,除正图部分外,还应包括图名、比例尺、图例、编图单位、编图日期、地质剖面图和地层综合柱状图等,图 2.13 所示为某一区域地质图件规格与要求示意图。

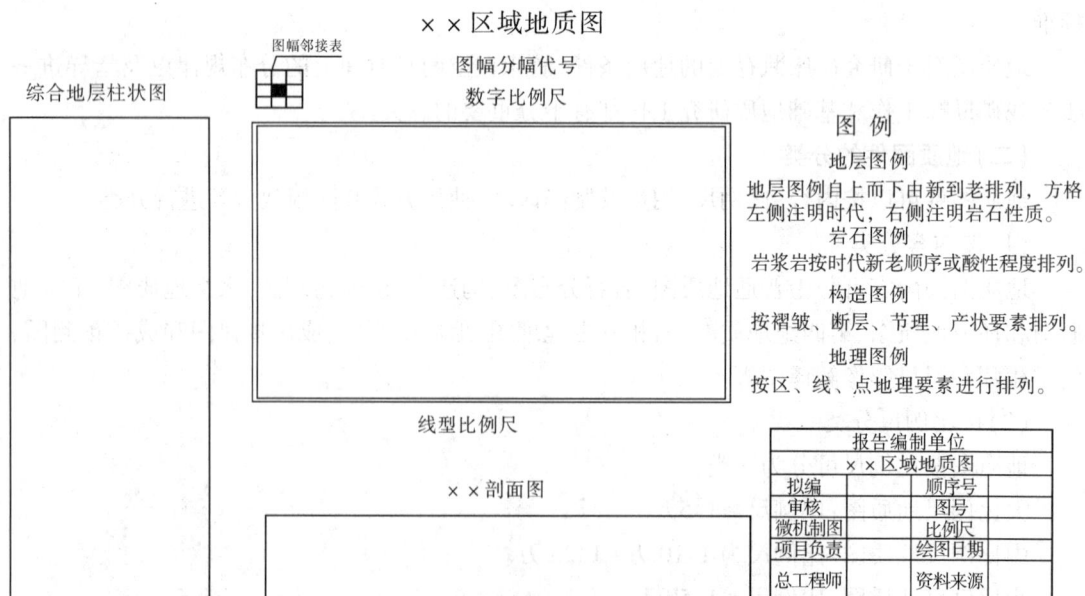

图 2.13　某地区区域地质图件规格示意图

二、地质平面图

地质平面图是用规定的符号、色谱和花纹将一定区域内的地质体（如地层、岩体、地质构造单元、矿床等)和地质现象按一定的比例概括地投影到平面图(地形图)上,以反映出该地区各地质体和地质现象的形态、产状、规模、时代及其分布和相互关系的一种图件。多数地质平面图一般是以地形图为底图,在野外通过地质填图按地形图的比例尺把地质内容测绘到图上而成。

地质平面图的分类请参考地质图的分类。

一幅正规的地质平面图应包括数学要素、自然地理要素、地质要素、其他辅助要素。

①数学要素:主要包括地图投影要素(方格网、控制点)、地图比例尺、地图分幅及编号等。

②自然地理要素:主要包括自然要素和社会经济要素两方面的内容。自然要素主要是地形地貌、河流水系等内容,社会经济要素主要是居民地、独立地物、道路网和境界线等。

③地质要素:主要包括地层、岩石、构造、矿产、工程及其他。

④其他辅助要素:图名、图例、图签、指北针、资源来源及说明等内容。

图名应表明图幅所在地区和地质图的类型,一般采用图内主要市镇、居民点及主要山岭、河流等命名。如果比例尺较大,图幅面积较小,地名不为人们所知,则在地名前要写上所属省(区)、市或县名。如《北京市门头沟区地质图》。

地质图的比例尺用以表明图幅反映实际地质情况的详细程度,分为数字比例尺(如1:100 000、1:50 000)和线条比例尺,其一般位于图框外上方或下方正中位置。

图例是用各种规定的颜色和符号来表明地层、岩体的时代和性质,并按地层(由新到老)、侵入体(由晚到早或由酸性到基性)、地质构造、地物等顺序排列。通常放在图框外的右边或下方。地层图例的安排顺序是从上到下由新到老;如横排,一般从左向右由新到老。有确定时代的喷出岩、变质岩按其时代新老顺序排列在地层图例相应的位置上。岩体图例放在地层图例之后。已确定时代的岩体按新老顺序排列,同时代各岩类按由酸性到基性的顺序排列,未确定时代的火成岩放在沉积岩图例下面,按酸性程度排列,如酸性程度相当,则喷出岩排在对应侵入岩之下。地质界线、断层应区分是实测的还是推断的,实测用实线,推测用断线。地形图的图例一般不列于地质图图例中。

此外,地质图上各种符号的颜色也是一定的。根据国家相关标准,地质界线用黑色,断层用红色,水体用浅蓝色,交通线路用黑色。

三、地质剖面图

(1)地质剖面图概念及分类

地质剖面图根据制图目的及绘制方法可分为实测地质剖面图和图切地质剖面图。

①实测地质剖面图是地质填图工作的重要组成部分,主要任务是划分地层单位,建立填图区的地层层序,确定地层的地质年代,查明岩石的岩石学特征和划分出单元和归并超单元,认识岩石的变形—变质地质特征,查明各种地质体的构造特征和相互关系,确定填图单位。

②图切地质剖面图是为了直观地反映地质图上的重要地质构造,而在地质图上绘制的横切全区主要构造线的图件。图切地质剖面图是指在地质平面图上选择某一方向,根据各种地质、地理要素,按一定的比例尺,用投影方法编绘而成的地质剖面图。图切剖面地质图编制的

目的是同地质图配合,有助于我们从三维空间去认识和恢复地质构造形态和产状。一幅正规地质图均附有一幅或几幅切过主要地层、构造的地质剖面图。

(2)地质剖面图的内容

地质剖面图主要包含下述内容。

①图形基本标注,如经纬线、水平标高线、剖面线方向、图名、图例、图签、剖面线方向。

②地形地物。

③勘探工程,如勘探钻孔,应注明钻孔编号、孔口标高、终孔深度等内容。

④地质信息,如地层界线、断层、火成岩侵入体、岩溶陷落柱等。

⑤井巷工程,如小窑、生产矿井井筒、井巷工程、采空区等。

(3)地质剖面图编制和排版要点

图切地质剖面应附在地质平面图下面,以剖面标号表示,如Ⅰ—Ⅰ′地质剖面图或 A—A′地质剖面图。剖面在地质图上的位置用细线标出,两端注上剖面代号,如Ⅰ—Ⅰ′或 A—A′等,并在相应剖面图的两端也要注上这些代号。

图切地质剖面图的比例尺应与地质图的比例尺一致。垂直比例表示在剖面两端竖立的直线上,按海拔标高标示。垂直比例尺与水平比例尺应一致,如放大,则应注明。

剖面图两端的同一高度上注明剖面方向。剖面所经过的山岭、河流、城镇应在剖面上方所在位置注明。最好把方向、地名排在同一水平位置上。剖面图放置一般左西右东,左北右南。图切地质剖面图的图例与地质图图例保持一致。

四、地质柱状图

地质柱状图是反映垂向系列沉积特征的图件,按照研究区所有出露地层的新老叠置关系,恢复成水平状态后所切出的一个具有代表性的岩性柱。图中应标明各地层单位或层位的厚度、时代、岩性组合、矿层分布、接触关系等。

地质柱状图根据其资料来源,通常分为综合地层柱状图和钻孔柱状图两类。

(一)综合地层柱状图

1.综合地层柱状图概念

综合地层柱状图是将一个地区全部地层按其时代顺序、接触关系及各层位的厚度大小编制的图件。综合地层柱状图常附在地质图的左侧,是阅读一幅新区地质图的基本依据。

地层柱状图不但表示了地层的顺序、接触关系、厚度以及其他方面的资料,还是野外地质填图的基本依据,根据地层柱状图还可分析该地区概略的地质发展历史。

2.地层柱状图格式

地层柱状图通常包括下述 10 项内容,分别在图中列为不同直栏。由于各地区情况不尽一致,有些项目可以归并,有的地层柱状图还新立项目(如将水文地质或地貌单独立项)。

①在柱状图上用地层单位来反映该区存在地层的生成时代,具体划分可参考地质年代表。

②地层代号的目的是使读者迅速了解地层的时代。

③地层厚度是指某时代岩层上、下层面之间所测得的垂直距离。

④岩性符号是按规定的花纹符号来表示各种岩性的地层。

⑤地层柱状图上层位新的安置在上面,层位老的安置在下面,而层序号则是从下往上(即由老到新)依次编号。

⑥岩性简述是简要地描述该地层所含岩石的岩石名称、结构、构造、颜色、成分等。

⑦化石是鉴定地层时代的主要依据,因此必须把地层所含化石的名称写上。

⑧矿产应将该地层所含的各种矿产标注上,不得遗漏。

⑨其他一般包括地层的水文地质、地貌等方面的资料以及存在的问题等。

⑩图名和比例尺、图名写在图的正上方,比例尺紧列其下。

此外,在单独编制的地层柱状图上,还必须有图签(责任表),图签中写有制图人姓名及所在单位、制图日期等,以示负责。

(二)钻孔柱状图

钻孔柱状图是在钻探过程中,根据对钻孔岩(矿)心或(岩屑、岩粉)的观察鉴定、取样分析及在钻孔内进行的各种测试所获资料而编制成的一种原始图件,借以形象地表示出钻孔通过的岩层、矿体及其相互关系,是编制有关综合图件和计算矿产储量的主要依据。主要内容包括:地层时代、分层孔深、岩芯采取率、岩层或矿体的层位、接触关系、岩性描述、取样化验结果、孔内简易水文地质观测、测井和放射性资料等。

五、地质制图标准与规范

地质图的编制多以实测资料为基础,有一定的制图规范和标准。地质制图中涉及的岩石花纹、地层代号、地质构造符号、地质界线、地层颜色等内容都需要根据相应的国家(或行业)标准或规范进行绘制。

其中地质点状要素符号、地质构造、岩石花纹、矿产符号、地质灾害要素、矿物、矿石名称及代号、地质体单位代号、岩相代号等内容可参考 2015 年发布的国家标准——《区域地质图图例(GB/T 958—2015)》进行绘制,该标准充分考虑了区域地质图件的编绘、制图、出版及空间地质图数据库建设的现状和需求,最大限度地扩充了图例的数量,包括图例 4 466 个。

目前所使用的地层分级系统、表示地层年代的色标和符号,以及表示各类岩体的色标和代号,多是国际通用的,可参考国际地层委员会 2016 年 4 月发布的"国际年代地层表"(图 2.14)所示进行编制。

此外,根据实际制图需求,还可综合参考其他国家标准、地质行业标准或规范,例如:

GB 6390—1986　　　　地质图用色标准(比例尺 1:500 000~1:1 000 000)

DZ/T 0179—1997　　　地质图用色标准及用色原则(1:50 000)

DZ/T 0001—1991　　　区域地质调查总则(1:50 000)

DZ/T 0157—1995　　　1:50 000 地质图地理底图编绘规范

DZ/T 0156—1995　　1∶250 000 地质图地理底图编绘规范

SY/T 5615—2004　　石油天然气地质编图规范及图式

DZ/T 0282—2015　　水文地质调查规范(1∶50 000)

DZ/T 0097—1994　　工程地质调查规范(1∶2.5 万~1∶5万)

GB/T 20257.1—2007　国家基本比例尺地图图式　第 1 部分∶1∶500　1∶1 000　1∶2 000 地形图图式

GB/T 20257.2—2006　国家基本比例尺地图图式　第 2 部分∶1∶5 000　1∶10 000 地形图图式

GB/T 20257.3—2006　国家基本比例尺地图图式　第 3 部分∶1∶25 000　1∶50 000　1∶100 000地形图图式

GB/T 20257.4—2007　国家基本比例尺地图图式　第 4 部分∶1∶250 000　1∶500 000　1∶1 000 000地形图图式

CH/T 4015—2001　　地图符号库建立的基本规定

[任务实施]

判读如图 2.15 所示地质图件,请详细描述地图类别和各组成要素。

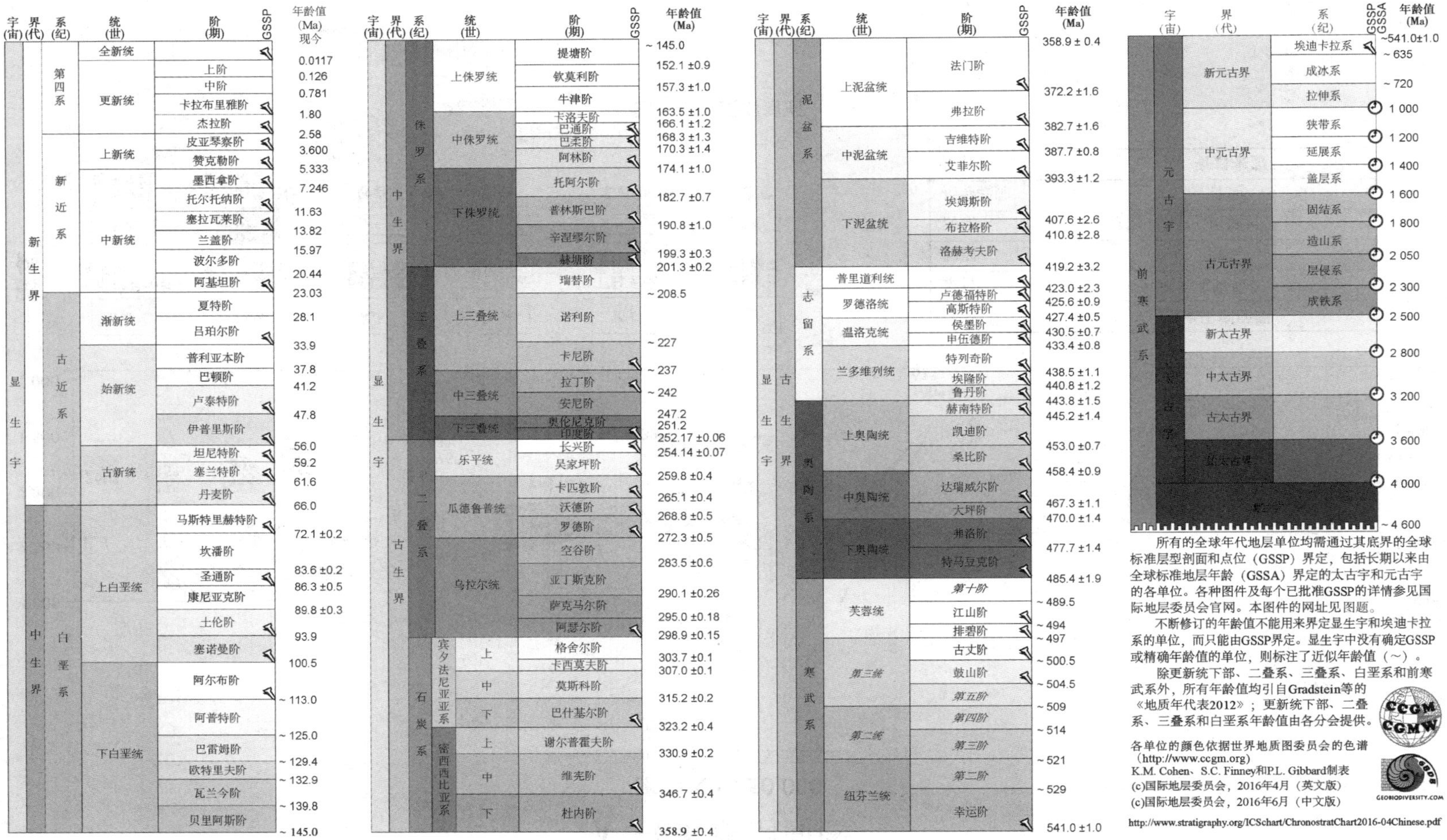

图 2.14　国际年代地层表及用色标准（数据来源：国际地层委员会官网 www.stratigraphy.org，2016）

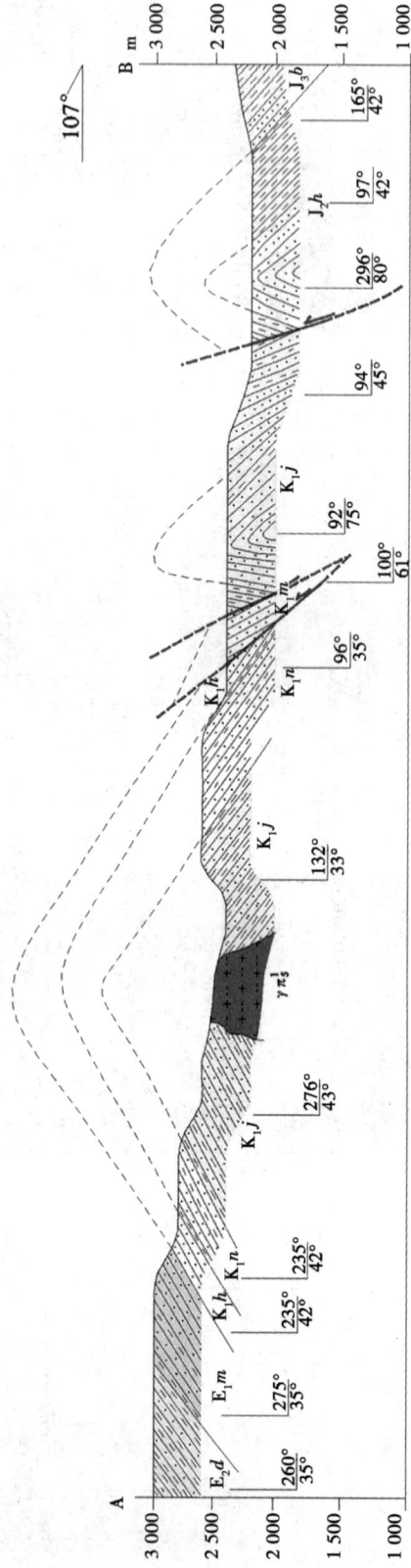

A—B地质剖面图

比例尺 1 : 50 000

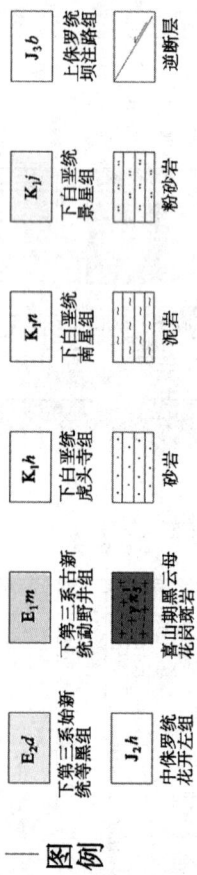

图 2.15 图切剖面

学习情境 3

MapGIS6.7 制图基本功能

[情境描述]

MapGIS6.7 软件的功能是以模块化的方式进行组织,包括图形处理、库管理、空间分析、图像处理和实用服务 5 个功能模块,每个功能模块下面又包含多个子模块,如下所述。

图形处理:数字测图、输入编辑、输出、文件转换、升级。

库管理:数据库管理、属性库管理、地图库管理、影像库管理。

空间分析:空间分析、DTM 分析、网络编辑、网络分析。

图像处理:图像分析、电子沙盘、高程库管理。

实用服务:报表编辑、图形裁剪、集成网络分析、地图浏览、投影变换、误差校正。

MapGIS6.7 软件的功能应用广泛,在此学习情境中,主要介绍地质制图子模块中的常用功能,包括输入编辑、图像分析、误差校正、投影变换、文件转换、输出、DTM 分析 7 个子模块。通过此情境的学习,学生能基本掌握处理地质图件的软件操作。

任务 3.1　MapGIS 概述

[任务目标]

1.了解 MapGIS 软件的发展历程、主要功能及应用领域。

2.了解 MapGIS6.7 的基本术语及主要文件类型。

3.掌握 MapGIS6.7 软件的安装及参数设置。

4.了解 MapGIS6.7 软件的制图流程。

[任务描述]

通过本任务的学习,要求学生了解 MapGIS6.7 软件的主要功能、应用领域、常用术语、主要文件类型和制图流程,并能独立完成 MapGIS6.7 软件的安装,正确进行参数设置。

[知识准备]

一、MapGIS 简述

MapGIS 是中国地质大学(武汉)开发的通用的工具型地理信息系统软件。它是在享有盛誉的地图编辑出版系统 MapCAD 基础上发展起来的,可对空间数据进行采集、存储、检索、分析和图形表示的计算机系统。MapGIS 包括了 MapCAD 的全部基本制图功能,可以制作具有出版精度的十分复杂的地形图、地质图,同时它能对图形数据与各种专业数据进行一体化管理和空间分析查询,从而为多源地学信息的综合分析提供了一个理想的平台。

MapGIS 软件适用于地质、矿产、地理、测绘、水利、石油、煤炭、铁道、交通、城建、规划及土地管理专业,在该系统的基础上目前已完成了城市综合管网系统、地籍管理系统、土地利用数据库管理系统、供水管网系统、煤气管道系统、城市规划系统、电力配网系统、通信管网及自动配线系统、环保与监测系统、警用电子地图系统、作战指挥系统、GPS 导航监控系统、旅游系统等一系列应用系统的开发。

二、MapGIS 发展历程

1991 年,研制出中国第一套彩色地图编辑出版系统——MapCAD,开创我国计算机制图新纪元。

1995 年,研制出微机地理信息系统——MapGIS,MapGIS 被评为具有国际先进水平的国产软件,被国家科委列为"国家科技成果重点推广项目"。

1996 年,中标国家"九五"重中之重科技攻关项目,MapGIS 获得国家科委重点支持;MapCAD 荣获国家科技进步二等奖。

此后,在 1997—2001 年连续五年在国家科委组织的"国产 GIS 基础软件测试"中名列榜首,是国家科委唯一推荐的国产地理信息系统优选平台。

2004 年,"教育部 GIS 软件及其应用工程研究中心"建设项目通过验收,正式运作;第四代面向服务分布式超大型 GIS——MapGIS7 研制成功。

2009 年,新一代可视化、零编程的开发系统 MapGISK9 平台研发成功;中地超大型分布式 GIS 软件及应用获得国家科技进步二等奖。

2013 年,MapGISIGSS3D 共享服务平台成功发布。

2014 年,全球首款云特性 GIS 软件平台——MapGIS10 面世。

2016 年,中地数码集团在国家测绘地理信息局举行新品发布会,正式推出其自主研发的 MapGIS10.2 全品类产品。

本书中所用软件版本为 MapGIS6.7 版。

三、MapGIS 的主要功能

MapGIS 的主要功能包括数据输入、数据处理、数据库管理、空间分析、数据的输出。

(1)数据输入

在建立数据库时,人们需要将各种类型的空间数据转换为数字数据,数据输入是 GIS 的关键之一。MapGIS 提供的数据输入有数字化仪输入、扫描矢量化输入、GPS 输入和其他数据源的直接转换。

（2）数据处理

输入计算机后的数据及分析、统计等生成的数据在入库、输出的过程中常常要进行数据校正、编辑、图形整饰、误差消除、坐标变换等工作。MapGIS 通过图形编辑子系统及投影变换、误差校正等系统来完成。

（3）数据库管理

MapGIS 数据库管理分为网络数据库管理、地图库管理、属性库管理和影像库管理 4 个子系统。

（4）空间分析

地理信息系统与机器辅助制图的重要区别就是它具备对中间数据和非空间数据进行分析和查询的功能，其包括矢量空间分析、数字高程模型（DTM）、网络分析、图像分析、电子沙盘 5 个子系统。

（5）数据的输出

如何将 GIS 的各种成果变成产品供各种用途的需要，或与其他系统进行交换，是 GIS 中不可缺少的一部分。GIS 的输出产品是指经系统处理分析，可以直接提供给用户使用的各种地图、图表、图像、数据报表或文字报告。MapGIS 的数据输出可通过输出子系统、电子表定义输出系统来实现文本、图形、图像、报表等的输出。

四、MapGIS 基本术语

（1）MapGIS 中的 6 种坐标类型

①用户坐标系：用户处理自己的图形所采用的坐标系。

②设备坐标系：图形设备的坐标系。数字化仪的原点一般在中心，笔绘图仪以步距为单位，以中心或某一角为原点。

③地理坐标系：用经纬度表示的一种坐标系。

④大地坐标系：平面直角坐标系的一种特例，一般以 m 为单位。

⑤平面直角坐标系：将空间坐标系以某种投影方式投影到平面后的一种坐标系，一般以 mm 为单位。

⑥地心大地直角坐标系：以地心为原点，Z 轴指向北极，X 轴位于赤道面内指向 0 经度，Y 轴则垂直 X，Z 轴，并且符合右手原则。

值得注意的是，测量学中的大地坐标系是指用大地经纬度来表示的一种地理坐标系。而 MapGIS 中的大地坐标系并不是上述含义，它是投影平面直角坐标系中的一个特例，其图形坐标（以 m 为单位）和实际测量的大地坐标（以 m 为单位）一致，所以称为大地坐标系。

（2）地图

地图是按一定的数学法则和特有的符号系统及制图综合原则将地球表面的各种自然和社会经济现象缩小表示在平面上的图形，它反映制图现象的空间分布、组合、联系及在时空方面的变化和发展。

（3）窗口

窗口是用户坐标系中的一个矩形区域。用户可以改变这个矩形的大小或移动位置来选择所要观察的图形。窗口就像照相机的取景框,当人们瞄准不同的地方,就选取了不同的景物。离景物越远框内包括的景物越多而成像就越小;当人们靠近它,所包括的景物越少,成像就越大。利用窗口技术,人们可以有选择地考察图形的某一部分,观察图形的细致部分或全局。

(4)图层

用户按照一定的需要或标准把某些相关的物体组合在一起,人们称为图层。如地图中水系构成一个图层,铁路构成一个图层等。一个图层可理解为一张透明的薄膜,每一层上的物体在同一张薄膜上。一张图就是由若干层薄膜叠置而成的,图形分层有利于提高检索和显示速度。

(5)属性

属性就是一个实体的特征,属性数据是描述真实实体特征的数据集。

(6)点元

点元是点图元的简称,有时也简称点,是指由一个控制点决定其位置的有确定形状的图形单元,其包括字、字符串、子图、圆等几种类型。

(7)弧段

弧段是一系列有规则的、顺序的点的集合,用它们可以构成区域的轮廓线。它与曲线是两个不同的概念,前者属于面元,后者属于线元。

(8)结点

结点是某弧段的端点,或是数条弧段间的交叉点。

(9)区/区域

区/区域是由同一方向或首尾相连的弧段组成的封闭图形。

(10)拓扑

拓扑即位相关系,是指将点、线及区域等图元的空间关系加以结构化的一种数学方法。主要包括区域的定义、区域的相邻性及弧段的接序性。区域是由构成其轮廓的弧段所组成,所有的弧段都加以编码,再将区域看作由弧段代码组成。区域的相邻性是区域与区域间是否相邻,可由它们是否具有共同的边界弧段决定。弧段的接序性是指对于具有方向性的弧段,可定义它们的起始结点和终止结点,便于在网络图层中查询路径或回路。拓扑性质是变形后保持不变的属性。

(11)曲线光滑

曲线光滑就是根据给定点列用插值法或曲线拟合法建立某一符合实际要求的连续光滑曲线的函数,使给定点满足这个函数关系,并按该函数关系用计算加密点列来完成光滑连接的过程。

(12)结点平差(顶点匹配)

本来是同一个结点,由于数字化误差,几条弧段在交叉处即结点处没有闭合或吻合,留有空隙,为此将它们在交叉处的端点按照一定的匹配半径捏合起来,成为一个真正结点的过程,称为结点平差。

（13）透明输出

与透明输出相对的为覆盖输出。如果区与区、线与区或点图元与区等叠加,用透明输出时,最上面的图元颜色发生了改变,在最终的输出时最上面图元颜色为它们的混合色,最终的输出如印刷品等。

（14）裁剪

裁剪是指将图形中的某一部分或全部按照给定多边形所圈定的边界范围提取出来进行单独处理的过程。这个给定的多边形通常称作裁剪框。在裁剪实用处理程序中,裁剪方式有内裁剪和外裁剪,其中内裁剪是指裁剪后保留裁剪框内的部分,外裁剪是指裁剪后保留裁剪框外面的部分。

（15）控制点

控制点是指已知平面位置和地表高程的点,它在图形处理中能够控制图形形状,反映图形位置。

（16）数字化

数字化是指把图形、文字等模拟信息转换成计算机能够识别、处理、储存的数字信息的过程。

（17）矢量

矢量是具有一定方向和长度的量。一个矢量在二维空间里可表示为 (D_x, D_y),其中 D_x 表示沿 x 方向移动的距离,D_y 表示沿 y 方向移动的距离。

（18）矢量化

矢量化是指把栅格数据转换成矢量数据的过程。

（19）光栅化(栅格化)

光栅化(栅格化)是指把矢量数据转换成栅格数据的过程。

（20）细化

细化是指将栅格数据中具有一定宽度的图元,抽取其中心骨架的过程。

（21）网格化(构网)

网格化(构网)是指将不规则的观测点按照一定的网格结构及某种算法转换成有规则排列的网格的过程。网格化分为规则网格化和不规则网格化,其中规则网格化是指在制图区域上构成有小长方形或正方形网眼排成矩阵式的网格的过程;不规则网格化是指直接由离散点连成的四边形或三角形网的过程,网格化主要用于绘制等值线。

（22）TIN

TIN 是由一组不规则的具有 x、y 坐标和 z 值的空间点建立起来的不相交的相邻三角形,包括节点、线和三角形面,用来描述表面的小面区。TIN 的数据结构包括了点和它们最相邻点的拓扑关系,所以 TIN 不仅能高效率地产生各种各样的表面模型,而且也是十分有效的地形表示方法。TIN 的模型化能力包括计算坡度、坡向、体积、表面长,决定河网和山脊线,生成泰森多边形等。

（23）数字高程模型（DEM）

数字高程模型即 Digital Elevation Model，是数字形式的地形定量模型。

（24）数字地形模型（DTM）

数字地形模型即 Digital Terrain Model，是数字形式表示的地表面，即区域地形的数字表示，它是由一系列地面点的 x、y 位置及其相联系的高程 z 所组成。这种数字形式的地形模型是为适应计算机处理而产生的，又为各种地形特征及专题属性的定量分析和不同类型专题图的自动绘制提供了基本数据。在专题地图上，第三维 z 不一定代表高程，而可代表专题地图的量测值，如重力值、Au 含量等。

（25）坡度/坡向

如果输入高程，通过计算相邻像元值的差异可求得坡度；斜坡倾斜的水平方向称为坡向。

（26）地图投影

是按照一定的数学法则，将地球椭球面经纬网相应投影到平面上的方法。

五、MapGIS 常用文件类型

MapGIS 常见的文件类型见表3.1。

表3.1 常用的 MapGIS 文件类型

类 型	名 称	类 型	名 称
WT	点文件	WAP	明码格式区文件
WL	线文件	CLP	裁剪工程文件
WP	区文件	PNT	误差校正控制点文件
MPJ	工程文件	MSI	图像文件
MPB	拼版文件	RBM	内部栅格数据文件
CLN	工程图例文件	TIF	扫描光栅文件
DET	高程数据明码文件（ASCII 码）	NV?	分色光栅文件
TIN	三角剖分文件（二进制）	DIC	层名字典文件
GRD	规则网数据文件（二进制）	DXF	AutoCAD 交换文件
WAT	明码格式点文件	VCT	矢量字库文件
WAL	明码格式线文件	LIB	系统库文件

六、系统安装与参数设置

（1）MapGIS 的安装环境

硬件环境：PC486（推荐奔腾Ⅱ）以上计算机，内存 8 M（推荐 64 M）以上，硬盘 420 M（推荐 4.3 G）以上，1 024×768×256 色的彩显设备。

软件环境：中文 Window95、Window98（推荐）、Windows2000 以及 NT4.0 以上。

（2）MapGIS 硬件的安装

MapGIS 硬件的安装：MapGIS 硬件部分有加密狗（包括并口和 USB 接口）、ISA 卡、PCI 卡

3 种。

若 MapGIS 加密卡为 ISA 卡,将卡插入扩展槽后,MapGIS 加密卡所占的缺省地址为 290H,若地址与 I\O 地址冲突,用户可根据自己系统扩展槽中的不同槽的地址范围,调节 MapGIS 加密卡上的跳线,将 MapGIS 加密卡所占的地址调节为不被占用的地址空间,如 200H、210H、220H 等。若 MapGIS 加密卡为 PCI 卡,则在安装 MapGIS 之前,需要先安装 PCI 卡的驱动程序。

若为 MapGIS 并口加密狗,在并口传输数据通畅的基础上,先将软件狗接在并口上,然后在 CMOS 中将并口地址设置为#0378H,最后再逐一调试并口模式,常用的并口模式有 ECP、EPP、NORMAL 等。

若为 MapGIS USB 软件狗,在确保机器 BIOS 设置中 USB 设备未被禁止的条件下,只需要将软件狗插在 USB 接口即可,Windows98 和 Windows2000 自带的标准 USB 驱动程序均可支持 MapGIS USB 软件狗工作,如果使用台式机,用户还可以选择机内安装方式。

(3)MapGIS 软件的安装

MapGIS 提供的软件有 MapGIS 安装程序、WINNT_DRV、PCI 卡驱动程序等。

MapGIS 安装程序的安装过程为:将 MapGIS 系统安装盘放入光驱,双击 SETUP 图标,系统自动安装软件。

(4)参数设置

在运行各子系统前,最好先进行系统设置,即设置好工作目录、矢量字库目录、系统库目录和系统临时目录。在 Windows 的桌面上,双击 MapGIS6.X 主菜单便进入系统,单击主界面上的"参数设置",参数设置的界面如图 3.1 所示。用户根据自己的实际情况设置该环境目录后,单击"确定"退出该目录设置,便可开始工作了。

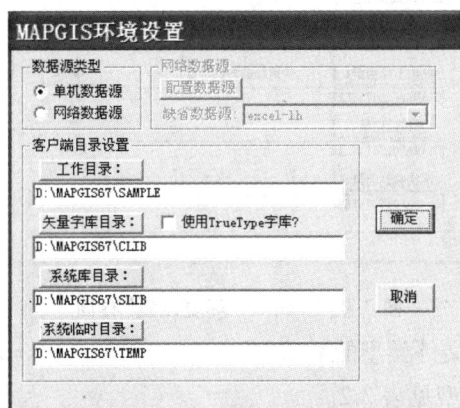

图 3.1　环境设置对话框

七、MapGIS 制图流程

MapGIS 制图的一般流程如图 3.2 所示。

以上流程中主要涉及 MapGIS 软件中的"输入编辑""投影变换""图像分析""误差校正""文件转换""工程裁剪""打印输出""DTM 分析"等功能模块。

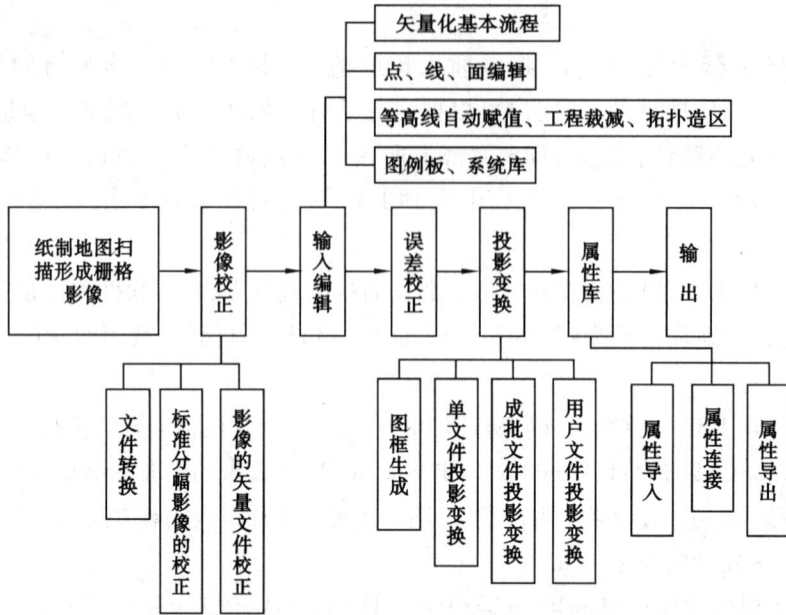

图 3.2　MapGIS 软件制图一般流程

[任务实施]

1.在自己的计算机上完成 MapGIS6.7 软件的安装,安装盘选择 C 盘。

2.打开 MapGIS6.7 主界面,按如图 3.3 所示内容设置 MapGIS 软件环境。

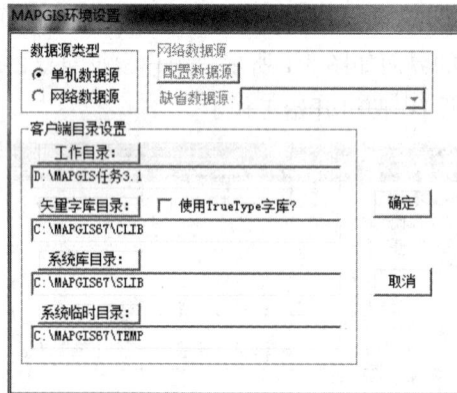

图 3.3　"MapGIS 环境设置"界面

3.写出 MapGIS 的常用文件类型的后缀。

常见的 MapGIS 文件类型见表 3.2。

表 3.2　常用的 MapGIS 文件类型

类型名称	文件后缀	类型名称	文件后缀
点文件		规则网数据文件(二进制)	
线文件		误差校正控制点文件	
区文件		图像文件	

续表

类型名称	文件后缀	类型名称	文件后缀
工程文件		内部栅格数据文件	
拼版文件		扫描光栅文件	
工程图例文件		AutoCAD 交换文件	
三角剖分文件(二进制)		系统库文件	

任务 3.2　输入编辑

[任务目标]

1.熟悉"输入编辑"模块的窗口界面和常用参数设置。

2.掌握工程和点、线、区文件的创建与管理。

3.掌握工程图例创建与应用。

4.掌握点、线、区图形的输入与编辑。

5.掌握自定义系统库的方法。

6.掌握工程裁剪与工程输出操作方法。

[任务描述]

MapGIS 软件的"图形处理"→"输入编辑"模块提供了强大、实用、完整的图形输入与编辑功能,可实现图形数据的矢量化、工程图例的创建、点线区图元的编辑、工程裁剪、工程输出等功能。

通过本任务学习,可以掌握工程和文件的创建与管理,实现高程自动赋值,建立工程图例,进行点、线、区编辑,自定义系统库,对地图进行工程裁剪与工程输出。

[知识准备]

一、界面认识及基本操作

(1)界面认识

①输入编辑主界面组成。在 MapGIS6.7 的主界面上单击"图形处理"→"输入编辑"即可进入输入编辑模块界面,如图 3.4 所示。

MapGIS6.7 的界面由标题栏、菜单栏、工具栏、文件管理平台、图形编辑平台和状态栏组成。

在后文叙述中,文件管理平台简称为左窗口,图形编辑平台简称为右窗口。其中,左窗口的主要作用是对工程中的文件进行管理;右窗口的主要作用则是对文件中的图元进行管理;整个窗口上面的菜单则都是对文件中的图元进行操作的,所以菜单是否激活与窗口是否激活是紧密相关的,如果用户在对图形进行编辑的过程中,发现菜单的选项都是灰色的而不能使用,这时用户只需要用鼠标左键单击右窗口的任意地方,然后再去选择菜单,菜单就会变成黑色而被激活。

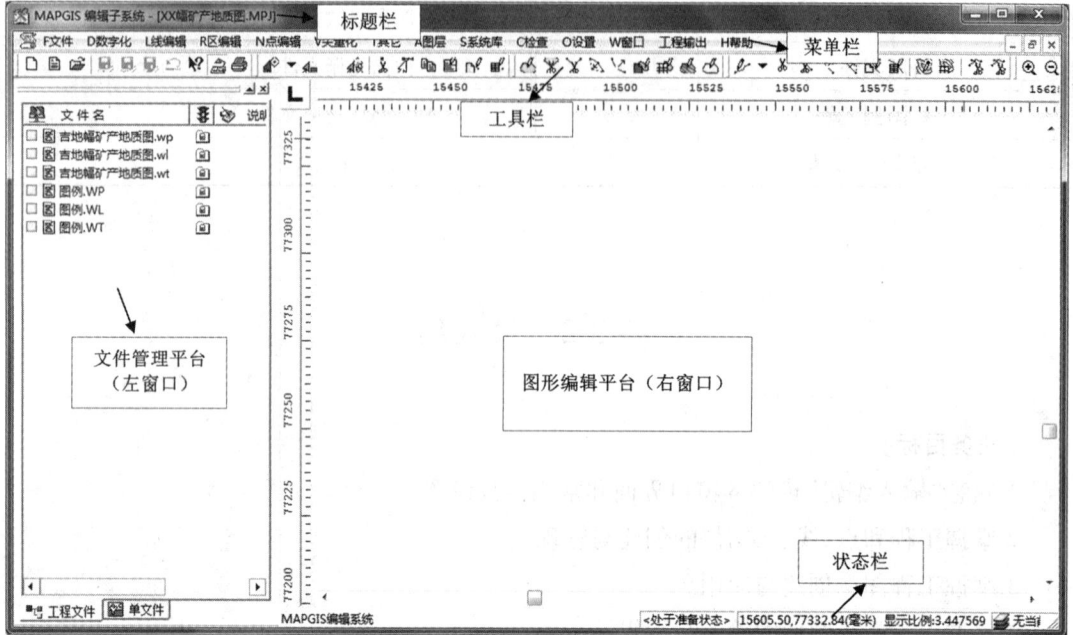

图 3.4　输入编辑界面

②右窗口右键菜单功能。在本系统中,鼠标左键和右键经常需要相互切换才能灵活使用。单击右键有且只有两个功能:a.弹出窗口菜单。b.结束用户当前的操作。除此以外的其他功能则都通过鼠标左键实现。左键按下接受用户的输入,右键完成用户的当前操作。在右窗口中单击右键弹出的菜单命令如图 3.5 所示。

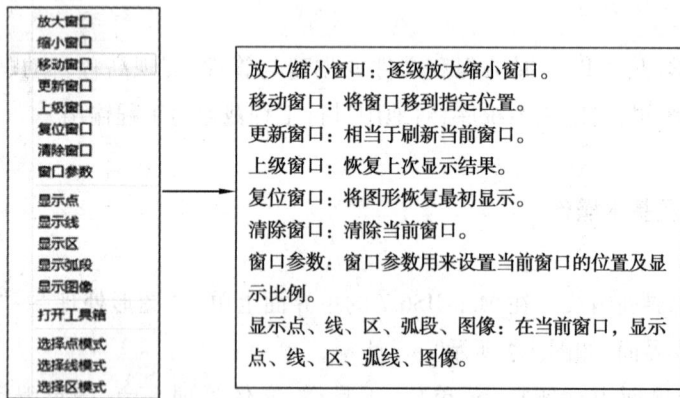

图 3.5　右窗口右键菜单命令

③左窗口右键菜单功能简介。在左窗口中,鼠标所放的位置不同时,按右键所弹出菜单的内容就不同,具体有下述 4 种情况。

将光标放到一个编辑或可编辑状态的文件上按鼠标右键[图 3.6(a)]。

将光标放到一个打开或关闭状态的文件上按鼠标右键[图 3.6(b)]。

将光标放到文件以外的空白处按鼠标右键[图 3.6(c)]。

同时选择多个文件后,将光标放到文件上按鼠标右键[图 3.6(d)]。

| 关闭 |
| 打开 |
| 编辑 |

| 属性 |
| 修改地图参数 |
| 修改属性结构 |
| 取消显示限制 |
| 全部选定(Ctrl+A) |
| 反向选择 |

| 插入项目 |
| 添加项目 |
| 删除项目(Del) |
| 修改项目 |

| 新　建　点 |
| 新　建　线 |
| 新　建　区 |
| 新　建　网 |

| 保存项目 |
| 另存项目 |
| 合并文件 |

| 保存工程 |
| 另存工程 |
| 清空工程 |
| 重新显示工程 |
| 压缩保存工程 |

| 根据图层分离文件 |
| 工程输出编辑 |

| 图例操作 |
| 图层操作 |

(a)一个"编辑"或"可编辑"状态文件

| 关闭 |
| 打开 |
| 编辑 |

| 属性 |
| 修改地图参数 |
| 取消显示限制 |
| 全部选定(Ctrl+A) |
| 反向选择 |

| 插入项目 |
| 添加项目 |
| 删除项目(Del) |
| 修改项目 |

| 新　建　点 |
| 新　建　线 |
| 新　建　区 |
| 新　建　网 |

| 保存工程 |
| 另存工程 |
| 清空工程 |
| 重新显示工程 |
| 压缩保存工程 |

| 根据图层分离文件 |
| 工程输出编辑 |

| 图例操作 |

(b)一个"打开"或"关闭"状态文件

| 添加项目 |

| 新　建　点 |
| 新　建　线 |
| 新　建　区 |
| 新　建　网 |

| 属性 |
| 修改地图参数 |
| 取消显示限制 |
| 全部选定(Ctrl+A) |
| 反向选择 |

| 保存工程 |
| 另存工程 |
| 清空工程 |
| 重新显示工程 |
| 压缩保存工程 |

| 工程输出编辑 |

| 新建工程图例 |
| 编辑工程图例 |
| 关联图例文件 |
| 创建分类图例 |
| 自动提取图例 |

| 打开图例板 |

(c)选择多个文件

| 关闭所选项 |
| 打开所选项 |
| 编辑所选项 |

| 合并所选项 |
| 保存所选项 |
| 删除所选项(Del) |

| 开所有层 |
| 关所有层 |

| 反向选择 |
| 取消显示限制 |
| 属性 |

(d)左窗口空白区域

图 3.6　不同情况下的左窗口右键菜单列表

4 个菜单中同一名字的选项功能相同或相近,因此,下面将汇总 4 个菜单的所有功能并对其进行说明,详见表 3.3。

表 3.3　左窗口右键菜单功能汇总

名　　称	功能说明
关闭	将所选文件设置为关闭状态
打开	将所选文件设置为打开状态
编辑	将所选文件设置为编辑状态
属性	查看所选文件的文件名称、存储路径、文件状态等属性
修改地图参数	修改工程的地图参数

续表

名　称	功能说明
修改属性结构	修改所选文件的属性结构
取消显示限制	取消设置的显示限制
全部选定	选定工程中所有的文件
反向选择	选定工程中目前没有被选中的文件
插入项目	项目指的是工程中的文件,即在选中的文件前面加入一个文件
添加项目	在选中的文件后面加入一个文件
删除项目	删除所选中的文件
修改项目	用户可以利用该功能来修改文件的信息、路径、文件状态等
新建点	在工程中新建一个点文件
新建线	在工程中新建一个线文件
新建区	在工程中新建一个区文件
新建网	在工程中新建一个网文件
保存项目	将所选文件按原有文件名存盘
另存项目	将所选文件换一个文件名存盘
合并文件	将所选文件与其他同类型的文件合并成一个文件
保存工程	将工程按指定的工程名保存
另存工程	将工程换名存盘
清空工程	清空工程文件中的所有信息
重新显示工程	重新显示工程内容
压缩保存工程	对工程中所有文件进行压缩存盘
根据图层分离文件	将某个文件按不同的图层分离成多个文件
工程输出编辑	编辑工程的版面
图例操作	下拉菜单里面可实现工程图例的相关操作
图层操作	可以在下拉菜单中实现开/关所有层,以及改层开关
新建工程图例	新建工程图例文件(.CLN)
编辑工程图例	对工程图例的参数及属性结构进行修改
关联图例文件	一个 MPJ 工程只能有一个工程图例文件,关联工程图例是使当前 MPJ 工程文件与指定的工程图例相匹配
创建分类图例	根据工程图例文件自动创建分类图例

名　称	功能说明
自动提取图例	根据点线区文件中的图元自动提取图例
打开图例板	新建工程图例后,在输入数据时,为了输入方便、快捷,可以直接在图例板中选取所要输入的图元
关闭所选项	使选定的多个文件处于关闭状态
打开所选项	使选定的多个文件处于可见状态
编辑所选项	使选定的多个文件处于编辑状态
合并所选项	将选定的同类型文件合并成一个文件
保存所选项	保存所选定文件的内容
删除所选项	使选定的多个文件从工程中删除
开所有层	打开所有的图层
关所有层	关闭所有的图层

(2)工程与文件管理

MapGIS 把地图数据根据基本形状分为 3 类:点数据、线数据和区数据(即面数据)。与之相对应,图形文件的基本类型也分为 3 类:点文件(∗.WT)、线文件(∗.WL)和区文件(∗.WP)。只有包括所有地图数据的 3 类文件都叠加起来时,才构成一幅完整的地图。那么怎样才能一次调出构成一幅完整地图的所有文件呢? 为了解决这个问题,本系统采用工程(∗.MPJ)来管理这 3 类文件。

①点:点是地图数据中点状物的统称,是由一个控制点决定其位置的符号或注释。它不是一个简单的点,而是包括各种注释(英文、汉字、阿拉伯数字等)和专用符号(包括圆、弧、直线、五角星、亭子等各类符号)。它与线编辑中"线上加点"的点的概念不同,"线上加点"的点是坐标点。所有的点图元数据都保存在点文件中(∗.WT)。

②线:线是地图中线状物的统称。MapGIS 将各种线型(如点画线、省界、国界、等高线、路、河堤)以线为单位作为线图元来编辑。所有的线图元数据都保存在线文件中(∗.WL)。

③区:区通常也称面,它是由首尾相连的弧段组成封闭图形,并以颜色和花纹图案填充封闭图形所形成的一个区域。如湖泊、居民地等。所有的区图元数据都保存在区文件中(∗.WP)。

④图层:用户按照一定的需要或标准把某些相关的物体组合在一起,人们称为图层。

⑤工程:MapGIS 中用工程来组织管理图形文件(∗.WT、∗.WL、∗.WP)和图像文件(∗.MSI)。一个工程(∗.MPJ)由一个或一个以上的点文件、线文件、区文件和图像文件(∗.MSI)组成。工程、文件、图层之间的相互联系如图 3.7 所示。

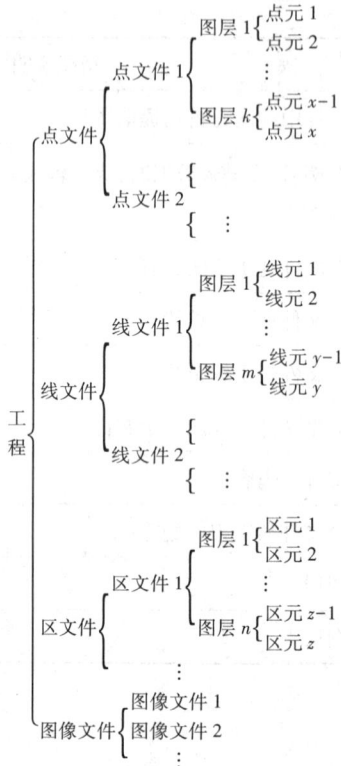

图 3.7　MapGIS 工程文件组织结构图

1) 新建工程

在图形编辑子系统中有两种编辑状态：工程文件编辑状态和单文件编辑状态。在编辑图形时，最好建立工程进入工程编辑状态，以便于图形的管理和输出。而在一些简单应用中（如只需要打开一个文件时）用户并不需要建立工程，只需打开或装入单个文件即可，这时就进入单文件编辑状态。

执行"图形处理"→"输入编辑"→"新建工程"命令，系统会弹出如图 3.8 所示对话框。

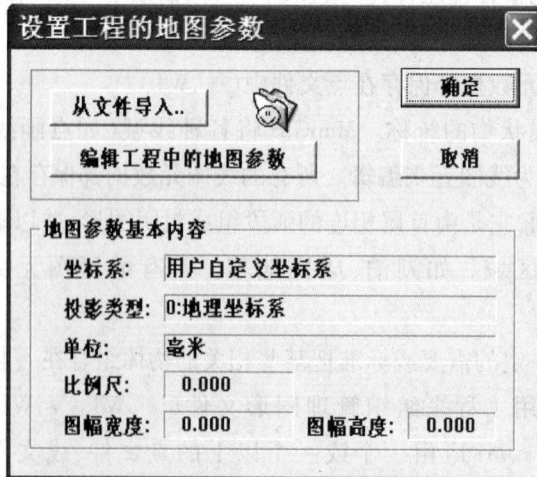

图 3.8　设置工程的地图参数

　　系统要求在新建工程时,先设置好一个图幅的地图参数(实际上它只对地图进行描述,并没有对图形进行控制),它作为以后在添加文件时的比较标准。如果要添加文件的地图参数与预先设置好的不一样时,系统要求进行投影变换或修改地图参数,以保证工程中所有文件的地图参数一致。设置的地图参数内容可以"从文件导入",也可以自己来编辑(选择"编辑工程中的地图参数"),如图 3.9 所示。

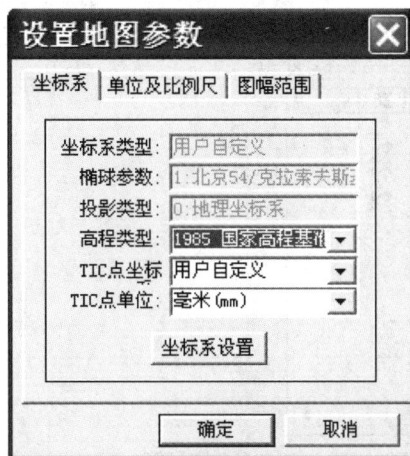

图 3.9　编辑地图参数

设置完成后按确定按钮后,出现如图 3.10 所示的定制新建项目内容对话框。

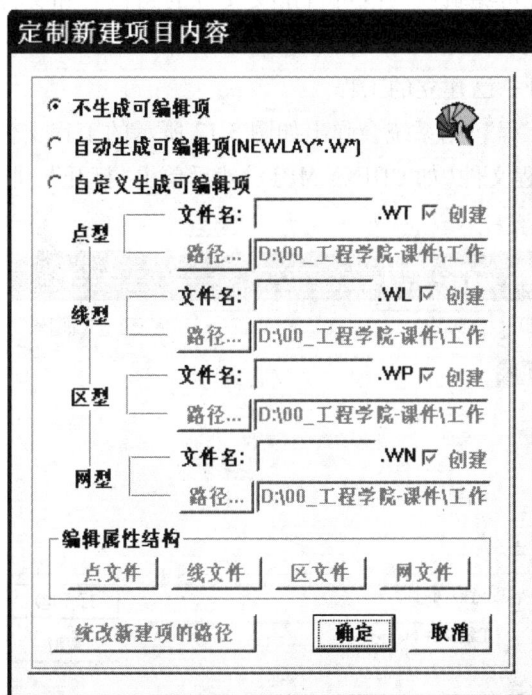

图 3.10　定制新建项目内容

用户可通过 3 种方式新建工程。

①若选择"不生成可编辑项",则生成一个没有文件的工程。

②若选择"自动生成可编辑项[NEWLAY＊.W＊]",则会生成包括 4 个缺省文件的工程,
其界面如图 3.11 所示。

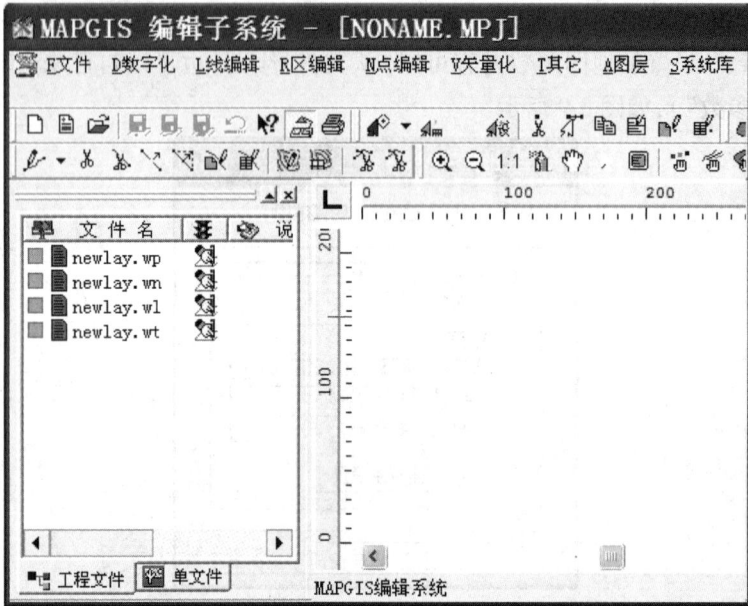

图 3.11　自动生成可编辑项的工程文件界面

③选择"自定义生成可编辑项",既可自定义文件的路径名和文件名,又可定义是否创建
某一类型的文件。

2)打开工程:即打开一已建立的工程。

如果选择了"打开工程",则系统会弹出如图 3.12 所示的工程文件选择对话框,在该对话
框中选择需要打开的工程文件(如 CHINA.MPJ),然后单击"打开",即可将该工程中的所有文
件打开,如图 3.13 所示。

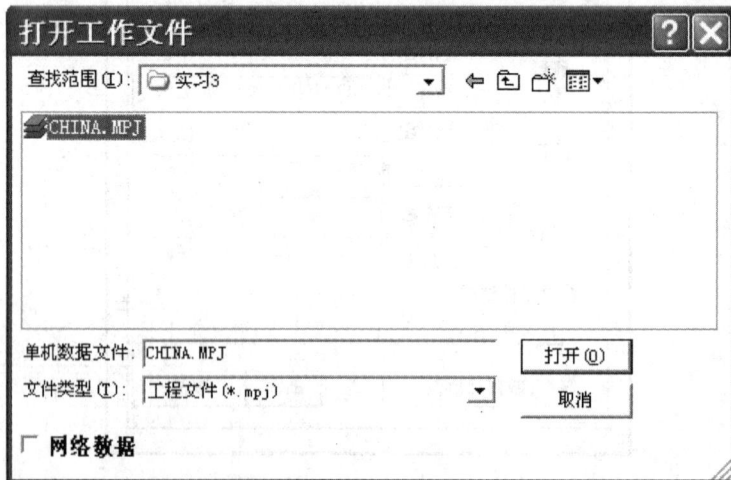

图 3.12　工程文件选择提示框

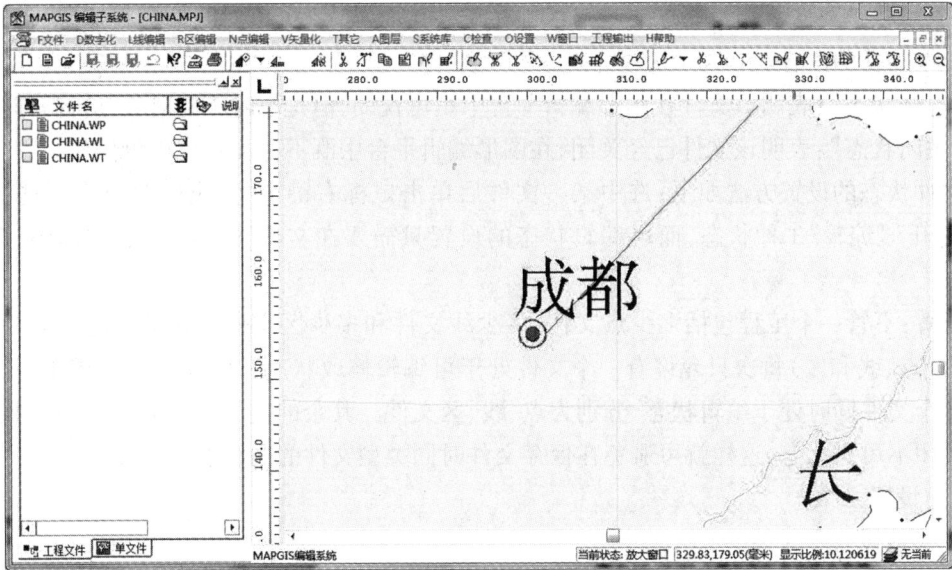

图 3.13　CHINA 工程文件打开后的主界面

3）新建、打开文件

将鼠标放在左窗口单击"右键"，出现"添加项目""新建点、线、区"等一系列选项。选择"添加项目"可将已有的文件添加到工程中，选择"新建点、线、区、网"功能，可建立对应类型的新文件。

4）文件状态设置

在界面左窗口中，有以下几种文件查看状态，即"可编辑状态""编辑状态""打开状态""关闭状态"，如图 3.14 所示。

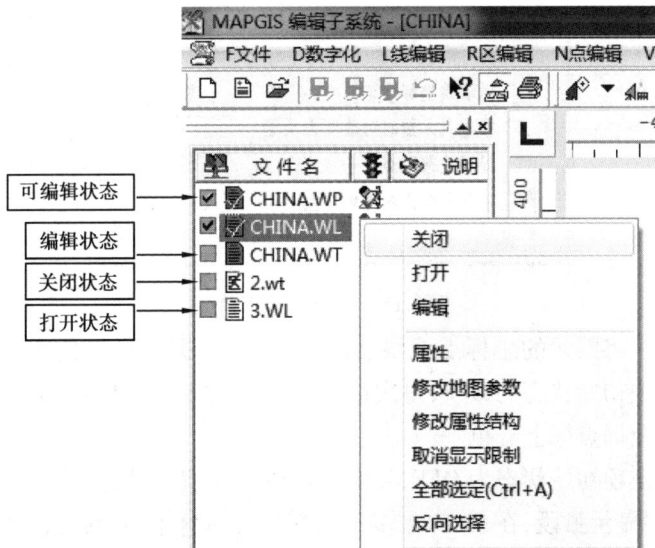

图 3.14　文件状态的设置

"可编辑状态"：即文件前面打钩的状态，它表示该文件图元是处于可操作的状态，即删除、编辑图形等任何操作均可实现。

"编辑状态":它和可编辑状态唯一区别在于,"编辑状态"可以对图形进行删除、修改,但是不能增加新的内容。

"打开状态":表明该文件在图形编辑平台中是可视的,但是暂时不能对其进行操作。

"关闭状态":表明该文件已经关闭,在图形编辑平台中既不可显示也不可操作。

文件状态的设置方法如下:选中某一文件后单击鼠标右键,在弹出的菜单中可选择"关闭""打开""编辑"3种状态,而可编辑状态的设置只需要在文件图标前面的方框中打上钩即可。

注意:不管一个工程包括多少点文件、多少线文件和多少区文件。在同一时刻同一类型的文件(点、线和区)每次只允许有一个文件处于可编辑修改状态。即在同一工程中,最多只能有3个文件同时处于编辑状态,分别为点、线、区文件。其余的同类文件则处于只读显示状态或关闭不可见状态,这样就可避免在保存文件时同类型文件的内容发生混乱。

(3)设置

1)参数设置

在输入编辑模块下,执行"设置"→"参数设置"菜单项,弹出如图 3.15 所示的窗口。

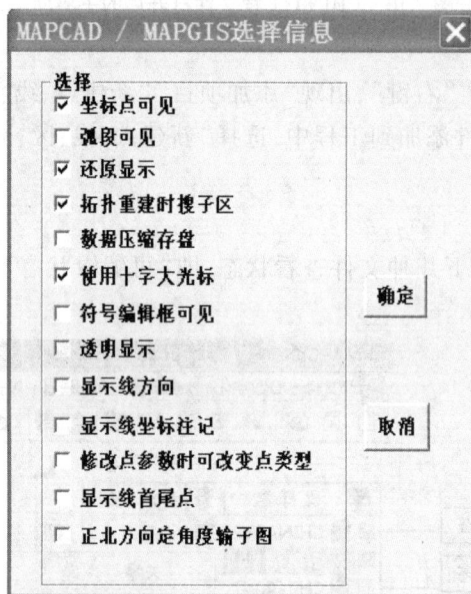

图 3.15　系统选择菜单

①坐标点可见。将图元的坐标点或线、弧段上坐标数据点用红色小"+"显示在屏幕上,便于用户编辑。该项初始状态为 OFF,每次选择该功能就将该选项状态取反。在 ON 状态下,系统将对屏幕上的数据点标上红色"+"。

②弧段可见。该项初始状态为 OFF,每次选择该功能就将该选项状态取反。在 ON 状态下,编辑器显示区并显示弧段,在 OFF 状态下,编辑器显示区不显示弧段。

③还原显示。该项初始状态为 OFF,每次选择该功能就将该选项状态取反。在 ON 状态下,对线图元,编辑器将按线型来显示线,如某条线的线型为铁路,编辑器依此线为基线来生成铁路;对区图元,编辑器将显示区的内部填充图案。建议绘图前将此项打上钩。

④拓扑重建时搜子区。若该项状态为 ON,则在建拓扑过程中,自动搜索子区,解决子区嵌套问题。

⑤数据压缩存盘。该项初始状态为 OFF。图形数据经过编辑(如删除、加点等)后,有的数据在逻辑上被删除,但物理上并没有被删除,造成数据冗余。该项状态为 ON 时,存盘时系统会自动将冗余的数据删除。

⑥使用"十"字大光标。若该项状态为 ON,则光标为大"十"字。

⑦符号编辑框可见。若该项状态为 ON,在库编辑时,自动出现在视窗中。

⑧透明显示。针对面图元显示而设置,一般情况下面图元显示为覆盖方式,显示时会将先显示的图元覆盖,设置透明显示后,面元显示时不再覆盖先显示的图元。

⑨改点参数时可改变点类型。在修改点参数时人们可以改变点的类型,如把注释改变成子图等。

2)其他设置

①用户定制菜单:为用户提供重组菜单、修改菜单名、修改菜单位置、增加快捷键、增加调用外部执行程序等功能。

②目录设置:修改系统工作目录、矢量字库、系统库和临时文件目录。

③设置系统参数:选中本菜单项后将会弹出一对话框,该对话框可以修改平行双线的距离(供造平行线使用),结点搜索半径(供自动结点平差使用),裁剪搜索半径,插密光滑半径,坐标点间最小距离等选项。

④设置显示坐标:为用此功能选择地图在状态栏上的显示参数,为在图上测量距离提供参考。

⑤工作区信息:为用户显示当前工作区的内容。

⑥选择背景颜色和光标颜色:供用户选择设置窗口背景色及光标色,以适合作业人员习惯,保护作业人员眼睛。

(4)图层

图层菜单提供了图形分层的编辑功能。它能打开、关闭任意一层,更换当前图层,显示工作区现有图层,还能从多个文件中分离出指定的图层。

1)替换层号

将当前正在编辑的数据文件的某一图层的图元移到另一图层中。在这项操作中首先需要选择被修改的图层,即查找层号,然后根据系统的询问选择将要改成的层,即替换图层号。

2)修改层号

将图屏上指定图形从某一图层改变到新的图层。

3)存当前层

将当前层的内容从工作区中分离出来,存入磁盘上的一个文件中。

若与"统改参数"结合,可将符合某一参数条件的图元统改到某一层中,然后存入另一文件中。

4)删当前层

将当前层的内容从工作区中删除。若与"统改参数"结合,可将符合某一参数条件的图元统改到某一层中,然后删除。

5）开所有层

将当前编辑文件中所有的图层或有图的图层状态置为 ON,使其在编辑时能在屏幕上显示。

6）关所有层

将当前编辑文件中所有的图层状态置为 OFF,使其在编辑时不能在屏幕上显示。

7）改层开关

对当前编辑文件中指定的图层状态取反。

当图层状态为 ON 时,则该图层的图形可以在图屏上显示。

当图层状态为 OFF 时,则该图层的图形不能在图屏上显示。同时也不能对它们进行编辑操作。

利用这一特征,人们可以在编辑某一图层时,将该图层状态置为 ON,而将与之无关的图层状态设置为 OFF,这样做一方面可以提高显示速度,另一方面可以减少其他图层背景对编辑者视线形成的干扰和误操作。

8）改当前层

当前图层是系统对编辑者当前用数字化仪、矢量化、键盘或鼠标器输入的图形所存放的图层。系统隐含是 0 号图层。若要改变当前工作图层,可以选用此项功能。

9）修改层名

用户可以根据自己的需要,通过"修改图层名"修改已定义的图层名称或定义新的图层名称。

（5）检查

工作区属性检查:根据工程中点、线、区文件的属性检查它们的参数和属性以及其他编辑工作。以点文件为例,如图 3.16 所示。

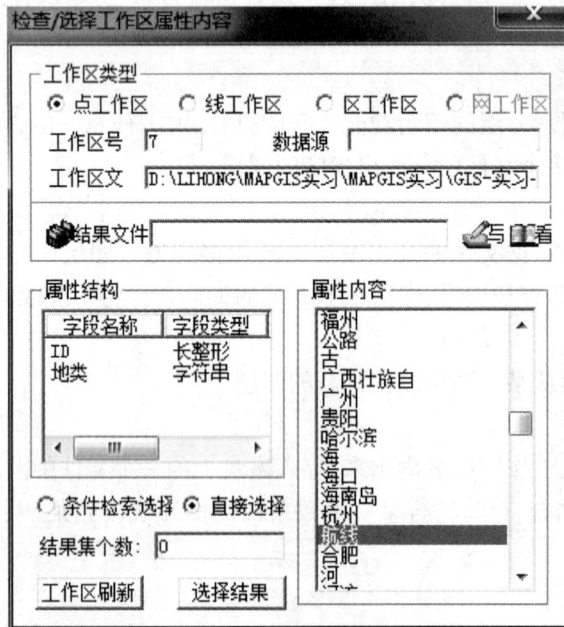

图 3.16　工作区属性检查

给出检查结果文件路径和名称,单击属性结构中某个字段,在右边窗口中就出现点文件中该字段的所有属性值。单击某个属性值,再单击"选择结果",在工程中可以看到该属性值对应的图形在闪烁,这时可以对结果图形进行各种编辑。同时可以查看结果文本文件内容,还可以按条件检索某些满足条件表达式的图形,其操作方法类似。

图例信息检查:实际是将图例文件转换为文本文件。

二、矢量化

矢量化是把读入的栅格数据通过矢量跟踪,转换成矢量数据。栅格数据可通过扫描仪扫描原图获得,并以图像文件形式存储。本系统可以直接处理 TIFF 格式的图像文件,也可接受经过 MapGIS 图像处理系统处理得到的内部格式文件(RBM)文件。

(1)矢量化流程

矢量化流程如图 3.17 所示。

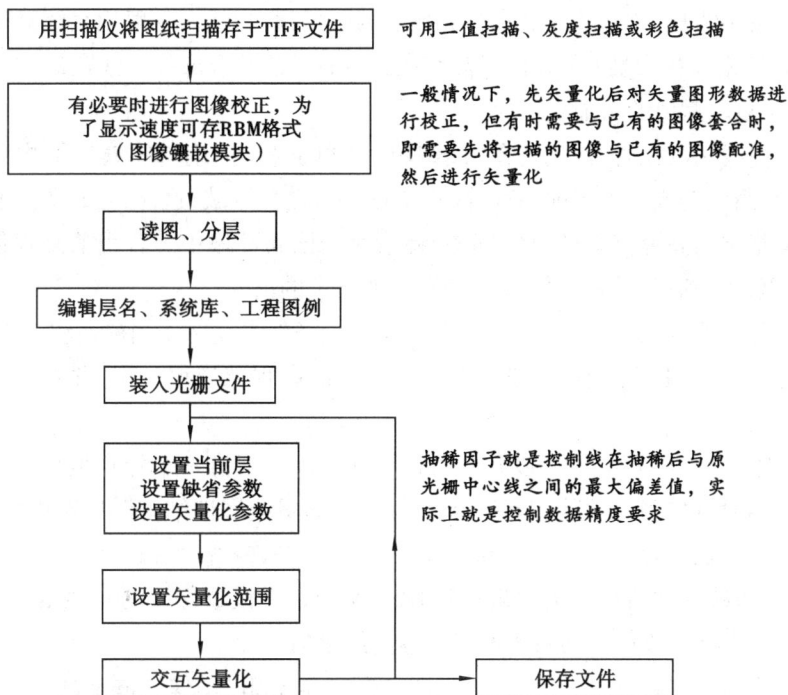

图 3.17　矢量化流程图

(2)矢量化系统的文件操作

①装入光栅:栅格数据可通过扫描仪扫描原图获得,并以图像文件形式存储。本系统可以直接处理 TIFF(非压缩)格式的图像文件,也可接受经过 MapGIS 图像处理系统处理得到的内部格式(RBM)文件。该功能就是将扫描原图的光栅文件或将前次采集并保存的光栅数据文件装入工作区,以便接着矢量化,此时将清除工作区中原有光栅数据。

②保存光栅:将工作区中的光栅数据存成 MapGIS 系统的内部格式(RBM)文件。在矢量化的过程中,若设置"自动清除处理过光栅"选项,则工作区中的光栅图像会发生变化;另外,当进行"光栅求反"操作后,工作区中的光栅图像也会发生变化。为了保存修改后的图像,就得选择该功能来保存光栅图像文件。

③清除光栅:清除工作区中的光栅文件。

④光栅求反:将工作区中的二值或灰度图像进行反转(Invert),如使二值图像的白色变为黑色,黑色变为白色。在矢量化的过程中,是以灰度级高的像素为准,即只对灰度级高的像素进行矢量化,灰度级低的像素作为背景。若扫描进来的图像与此刚好相反,则需利用该功能进行反转后才能开始正确的矢量化操作。如二值图像,正常的光栅数据显示出来应是灰底白线,如果出现白底灰线,说明图像黑白相反,应用"光栅文件求反"功能将光栅求反,求反后的光栅文件应存盘,否则下次装入的光栅文件仍不变。

(3)矢量化设置

①设置矢量化范围:全图范围即矢量化操作在全图范围内有效;窗口范围即矢量化操作在定义窗口范围内有效。

②设置矢量化参数:包括矢量化时的几个必需的控制参数,设置矢量化参数包括抽稀因子、同步步数、最小线长、自动清除处理过光栅、细线、中线、粗线。一般用系统默认值即可。

③设置矢量化高程参数:在进行等高线矢量化时,需要给每一条线赋高程值,为提高效率,系统设计了自动赋值的功能。

在进行等高线矢量化时,首先要在"线编辑"菜单下利用"编辑线属性结构"功能建立高程字段,然后利用该功能设置当前高程、高程增量和高程存储域,这样,在每矢量化一条线时,系统就会根据指定的高程存储域,将当前高程值赋予该属性域中。若当前高程值要增加,则每按一次 F4 键,当前高程值就增加"高程增量"所指定的值。

a.当前高程:当前矢量化线的高程值,每矢量化一条线自动赋予当前高程。

b.高程增量:矢量化过程中,每按一次 F4 键,当前高程就递增一次,并弹出一个小窗口,显示当前高程值。

c.高程域名:存储高程值的属性域名,可选择属性库中任意一个浮点型域来存储高程值。在矢量化高程线时,最好先在"线编辑"菜单下利用"编辑线属性结构"功能建立高程字段,这样才可以在这里指定高程域名,其中线缺省属性字段不允许赋高程值。

注意:需要系统自动给每一条线赋高程值时,必须事先设置好线的属性结构,使它包含有"高程"的属性域(浮点型),否则系统不能给等高线赋值。

④设置图像原点参数:栅格图像与矢量图形配准是使用"图像镶嵌配准"模块,可达到精确配准的目的,但操作要复杂些。在某些情况下,可以设置图像的原点和相应的 X、Y 比例达到与图形坐标套合。

(4)非细化无条件全自动矢量化

非细化无条件全自动矢量化是一种新的矢量化技术,与传统的细化矢量化方法相比,其具有无须细化处理,处理速度快,不会出现细化过程中常见的毛刺现象,矢量化的精度高等特点。

非细化无条件全自动矢量化无须人工干预,系统自动进行矢量追踪,既省事,又方便。全自动矢量化对那些图面比较清洁,线条比较分明,干扰因素比较少的图,跟踪出来的效果比较好,但是对那些干扰因素比较大的图(注释、标记特别多的图),就需要人工干预,才能追踪出比较理想的图。

本系统的自动矢量化除了可进行整幅图的矢量化外,还可对图上的一部分进行自动矢量化。具体使用时,先用"设置矢量化范围"设置要处理的区域,再使用全自动矢量化就只对所设置范围内的图形进行矢量化。注意,自动矢量化的图像质量要求较高,在矢量化前最好对图像进行二值化处理。

(5)交互式矢量化

对那些干扰因素比较大,需要人工干预的图,要想追踪出比较理想的图,无条件全自动矢量化就显得力不从心了,此时人工导向自动识别跟踪矢量化正好解决这个问题。矢量化追踪的基本思想就是沿着栅格数据线的中央跟踪,将其转化为矢量数据线。当进入矢量化追踪状态后,即可以开始矢量跟踪,移动光标,选择需要追踪矢量化的线,屏幕上即显示出追踪的踪迹。每跟踪一段遇到交叉的地方就会停下来,让你选择下一步跟踪的方向和路径。当一条线跟踪完毕后,按鼠标的右键,即可以终止一条线,此时可以开始下一条线的跟踪。按"Ctrl+右键"可以自动封闭选定的一条线。

在人工导向自动识别跟踪矢量化状态下,可以通过键盘上的一些功能键,提高矢量化的效率。矢量化系统常用功能键包括:

①F5 键(放大屏幕):以当前光标为中心放大屏幕内容。

②F6 键(移动屏幕):以当前光标为中心移动屏幕。

③F7 键(缩小屏幕):以当前光标为中心缩小屏幕内容。

④F8 键(加点):用来控制矢量跟踪过程中需要加点的操作。按一次 F8 键,就在当前光标处加一点。

⑤F9 键(退点):用来控制矢量跟踪过程中需要退点的操作,每按一次 F9 键,就退一点。有时在手动跟踪过程中,由于注释等的影响,使跟踪发生错误,这时通过按 F9 键,进行退点操作,消去跟踪错误的点,再通过手动加点跟踪,即可解决。

⑥F11 键(改向):用来控制矢量跟踪过程中改变跟踪方向的操作。按一次 F11 键,就转到矢量线的另一端进行跟踪。

⑦F12 键(抓线头):可用 F12 功能键来捕捉需要连接的线头。

(6)封闭单元矢量化

对于地图上的居民地等一些图元,其本身是封闭的,然而,由于内部填充的阴影线等内容,无论无条件全自动或人工导向自动识别跟踪矢量化都无法将其一次完整地矢量化出来,这时选用封闭单元矢量化功能就能将其完整地矢量化出来。

封闭单元矢量化功能有两项选择,一种是以这个光栅单元的外边界为准进行矢量化;另一种是以边界的中心线为准进行矢量化。

(7)高程自动赋值

高程自动赋值是一种快速等高线赋值方法,具体操作步骤如下所述。

1)修改线属性结构

在一个工程中打开一张等值线图并将其设为可编辑状态,单击"线编辑"菜单下"参数编辑"命令中的"编辑线属性结构"命令,然后在弹出的"编辑属性结构"对话框中,给线文件添加一个"高程"属性字段,字段类型必须是浮点型,如图 3.18 所示。

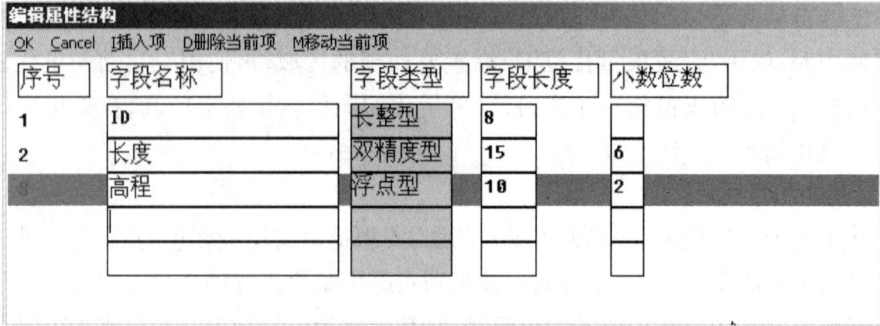

图 3.18　编辑属性结构

2）设置高程参数

参见前面"矢量化设置"中的"设置矢量化高程参数"内容。

3）高程自动赋值

单击"矢量化"菜单下的"高程自动赋值"命令，然后将鼠标放在等高线的中央，按住鼠标左键拖出一条橡皮线，然后再次单击左键，则系统会弹出"高程增量设置"对话框，要求用户设置当前高程、高程增量和高程域名，假设当前的高程值为"2 200"，高程距为"−200"，其设置如图 3.19 所示，然后单击"确定"按钮，系统将凡与该橡皮线相交的等高线，根据已设置的"当前高程"为基值，自动逐条按"高程增量"递增赋值，原先若有值，则会自动更新高程。

已赋值的高程线将变成黄色显示，如图 3.20 所示，剩余部分等高线依照类似的方法，实现等高线自动赋值。可以通过查阅线的属性来查看每条等高线的高程值，如果个别线没有高程值，则可以手工输入正确的值。

图 3.19　高程增量输入

三、工程图例

工程图例有两个作用：一是数据录入时，在输入另一类图元之前，图例板可以直接提供该类图元的固定参数，这样就可以避免进入菜单重新修改此类图元的缺省参数，从而提高了工作效率。二是为制作图例提供图元及其参数。

（1）新建工程图例

进行图形编辑前，最好先根据图纸的内容，建立完备的工程图例。方法如下：在左窗口中的空白区单击右键，选择"新建工程图例"，系统会弹出如下"工程图例编辑器"对话框，如图

3.21 所示,在该对话框中设置下述参数。

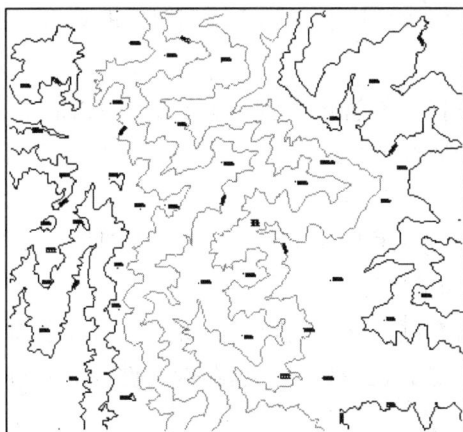

图 3.20　等高线自动赋值效果图(深黑色的为未赋值等高线,其余为已赋值等高线)

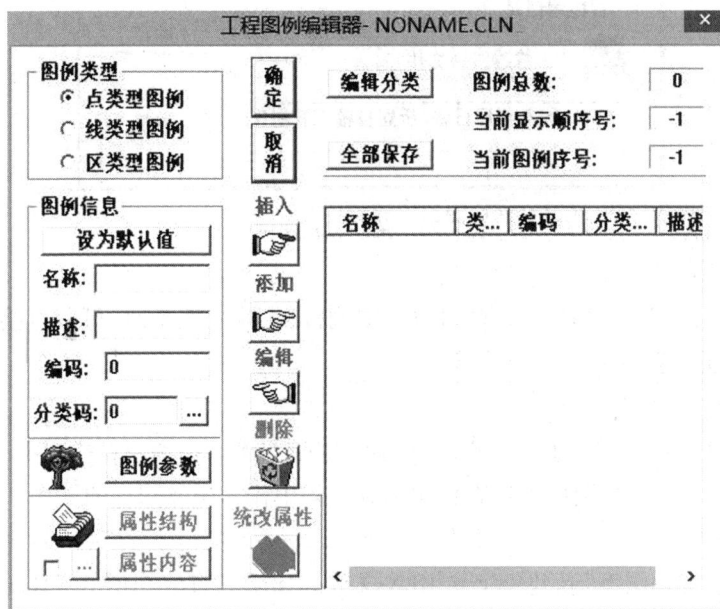

图 3.21　工程图例编辑器

①选择图例类型。不同类型的图元对应不同类型的图例,在此以选择点类图例为例。

②输入图例信息。输入图例的名称和描述信息。

③设置图例参数。首先选择点类型,然后输入点图元的各个参数。

④编辑属性结构和属性内容。工程图例中的属性结构和属性内容与点、线、区菜单下的有所不同,当对图例中的属性结构和属性内容进行修改时,并不影响文件中图元的属性结构和属性内容。

⑤用鼠标左键单击"添加"按钮,将所选的点图元添加到右边的列表框中。

⑥如果要修改某个图例,可先用鼠标激活图例再单击"编辑"按钮,或者用鼠标双击列表框中的图例,这样系统就可切换到图例的编辑状态,从而可对图例参数及属性结构和属性内

容进行修改了。用鼠标单击"确定"按钮,可对修改的内容进行确认。

⑦当工程图例已建立或修改完毕后,单击"确定"按钮,系统会提示用户保存图例文件。

（2）编辑工程图例

工程图例编辑:在左窗口(文件管理平台)的空白区单击右键,选择"编辑工程图例",可对图例的参数及属性结构和属性内容进行修改,具体参见新建工程图例中的第6步。

（3）关联工程图例

一个 MPJ 工程只能有一个工程图例文件,关联工程图例可使当前 MPJ 工程与指定的工程图例文件匹配起来,方法如下所述。

在左窗口的空白区单击右键,选择"关联工程图例",系统会弹出"工程图例文件修改"对话框,单击"修改图例文件",选择已建好的工程图例文件(∗.CLN),单击确定即可,如图 3.22所示。

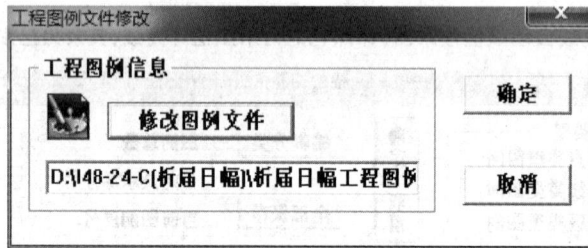

图 3.22　关联工程图例

（4）打开图例板

工程图例与工程文件相关联后,就可打开图例板,在输入数据时,可以直接在图例板中选取所要输入的图元,这样更方便、更快捷。

（5）创建分类图例文件

在制作图件时,为了便于他人读图,常常需要附带图例。在本系统中,用户可以利用已编辑好的工程图例,编辑一个图例文件直接添加到工程中作为所作图件的图例。

具体步骤如下所述。

①利用"新建工程图例"新建一个 ∗.CLN 文件。如果已有建图例的 ∗.CLN 文件,则可省略该步骤。

②利用"关联图例文件"选择与本图件相关联的 ∗.CLN 文件。

③在左窗口的空白区单击右键,选择"创建分类图例",系统会弹出如下对话框创建分类图例文件,如图 3.23 所示。

设置分类图例文件的参数如下:

第 1 步:选择 ∗.CLN 图例文件,将它添加到工程中,作为图幅的图例。

第 2 步:设置 ∗.CLN 图例文件,即出现在工程文件中的文件名和路径。

第 3 步:选择符合用户意愿的图例边框。

第 4 步:确定图例集合在图幅中的位置和大小,缺省位置在图幅的左下角。

第 5 步:选择图例的排列方式,以行优先是指图例从左到右排列,以列优先是指图例从上到下排列。

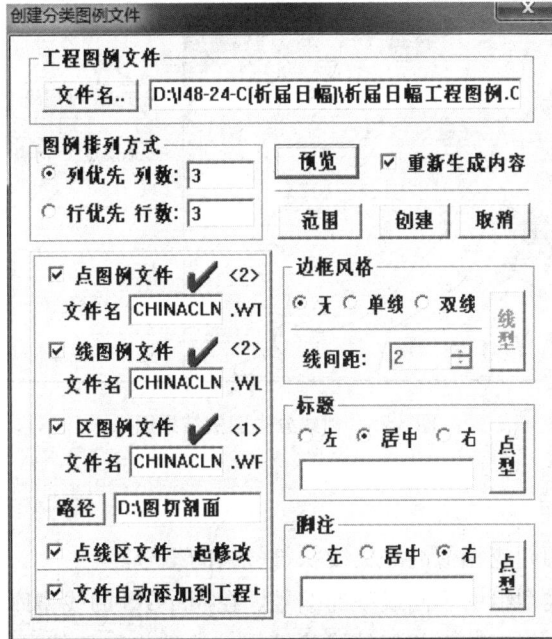

图 3.23 创建分类图例文件

第 6 步:输入合适的图例显示参数,主要是设定图例的高度和宽度以及行列之间的间距。

第 7 步:设置图例的标题及脚注的位置、内容、参数。

第 8 步:设置完毕,按预示按钮,预示一下结果,在预览窗口中可调整图例的位置、范围以及行列间距。满意后,单击"创建"按钮就将图例文件添加到工程中,成了图幅的组成部分,如图 3.24、图 3.25 所示。

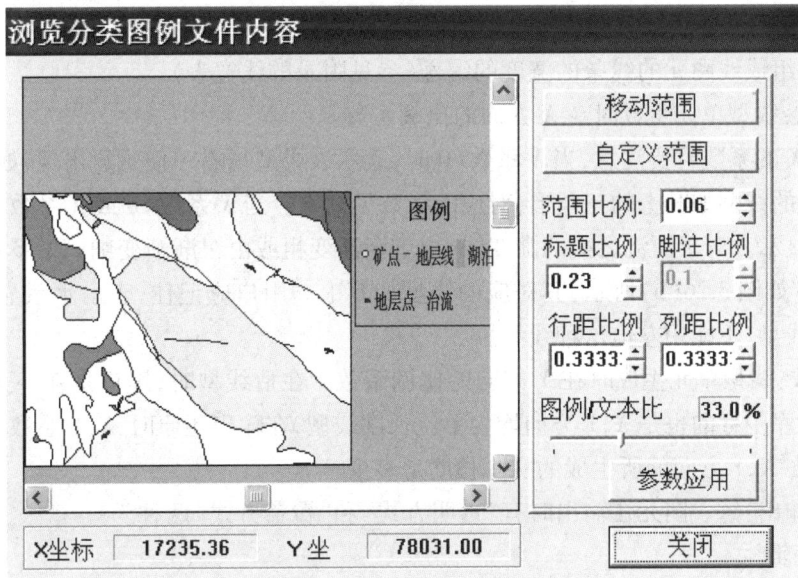

图 3.24 创建分类图例预览窗口

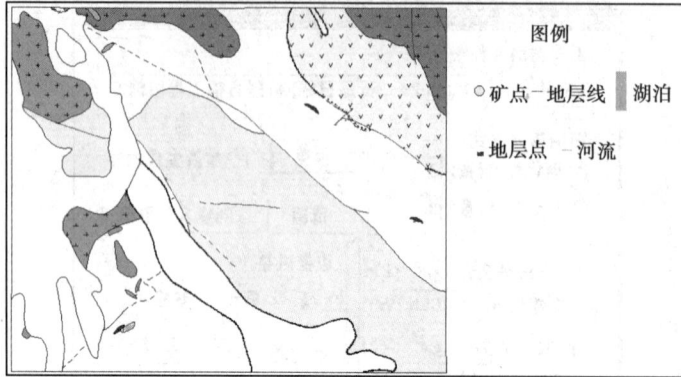

图 3.25　创建分类图例结果图

四、线编辑

（1）线图元参数说明

①线型:形式形状相同或相似的一类线状符号组的编号。

②辅助线型:同一线型组中不同线型的编号。在 MapGIS 的线型库中,软件将形状相似的线状符号归为一组,每一组有若干相似的线状符号。软件将组的编号称作"线型",组内具体的符号编号称为"辅助线型"。

③线颜色:构成线状符号的主体的颜色编号。

④辅助颜色:线状符号中非主体部分的颜色编号。在编辑线型库时,系统在每造一个线元素时都会提示用户选择这个线元素的颜色是用主色还是辅色,如果用户选择主色,那么在输出时这个线元素的颜色就由"线颜色"指定,如果用户选择辅色,那么在输出时这个线元素的颜色就由"辅助颜色"指定。

⑤线类:0 表示折线;1 表示 Bizer 光滑曲线等。

⑥线宽:组成线图元的线条的宽度的编号(参见附录的线宽表)。

⑦X 系数:线型单元生成时在 X 方向的比例系数。

在输入 X 的系数时要注意,当 X 系数>0 时,表示该线型每隔 X 便重复出现,如图 3.26(a)所示,其对应的线型如其上的三角形,对应的参数见其下。当 X 系数<0 或 X 系数=0 时,表示该线型拉长显示。对于河流之类的渐变线(由细渐渐变粗或由粗渐渐变细),X 系数一定要小于或等于 0。如图 3.26(b)所示,其对应的线型如其上。用户应记住,表示水系显示时,只能用右边这种线型,不能用左边这种线型。

⑧Y 系数:线型单元生成时在 Y 方向的比例系数。在造线型时,用户是在一个 1×1 的单位内造的,在库中存的也是 X,Y 方向均为单位长度线型,在输出还原时,X,Y 系数分别表示这个单位长度在 X,Y 方向的所生成的实际长度是多少。

⑨透明输出:每一图元在输出时有"透明方式"和"覆盖方式"两种。

（2）线编辑

线编辑是图形编辑中很重要的一个环节。用户通过数字化和矢量化操作,开始进入系统的都是线类图元及区域的边界。由于系统和人工的误差,编辑手段是必不可少的步骤。它能辅助用户提高绘图精度,协助用户利用计算机速度快、色彩丰富的特点和多样化的图示技术,寻求图形的最佳表现形式。由于它是"所见即所得"方式,在输出前,用户还可通过"还原显示"功能在屏幕上浏览一下最终的结果。利用线编辑,用户可以修改线元的空间数据,其中包括增删线、改变线的空间位置,剪断线、产生平行线、拷贝线等功能,也可以编辑、修改线参数,还可以编辑和输入线属性,对所有线图元的编辑操作都在该功能菜单下。

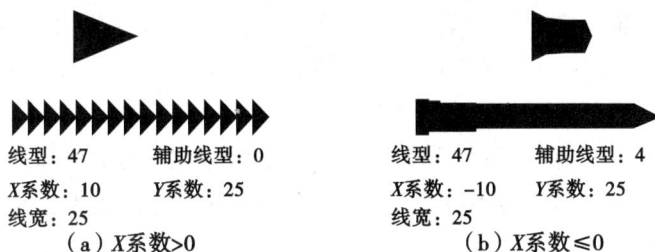

线型:47	辅助线型:0	线型:47	辅助线型:4
X系数:10	Y系数:25	X系数:−10	Y系数:25
线宽:25		线宽:25	
(a) X系数>0		(b) X系数≤0	

图 3.26　线图元的 X 系数设置

1)编辑指定的线

用户输入需要编辑的线的序号,此线将闪烁显示,然后用户可再进入其他线编辑功能,对该线进行编辑。例如在图形输出过程中,输出系统报告出错图元的图元号,利用此功能将出错图元定位,便可对出错图元进行修改。

2)输入线

移动光标在图屏上造曲线。造线又分"输入流线""输入折线""正交线""矩形线""双线""平行四边形线""输入椭圆线""输入圆线""输入弧线""输入双线""正交多边形"等功能。每个功能都有"使用缺省参数"和"不使用缺省参数"两种选择。如果使用缺省参数,输入线之前就需确定缺省参数。如果不使用缺省参数,则每次输入完一条线后就要输入这条线的参数。

①输入流线。输入任意流线为拖动过程,即按下鼠标左键(不松开),沿着拟造曲线轨迹滑动鼠标,系统自动生成曲线轨迹点,直至曲线终点放开鼠标左键,一条曲线构造完毕。同时,在一条线开始或结束时,可用 F12 功能键来捕捉需相连接的线头,以达到与已输入的线正确相接或与节点连接的目的。按 F8 键加点,按 F9 键退点,按 F11 键改向。在输入开始时,按下Shift键自动靠近线,结束时按下 Ctrl 键则自动封闭线。

②输入折线。移动光标到曲线的始点位置,按下鼠标左键,曲线的始点便确定了,然后移动光标沿着拟造曲线轨迹进行,每移动到一点按一次鼠标左键……这样就在图屏上留下了一系列由离散点构成的折线。最后在曲线的终点,按鼠标左键,然后再按鼠标右键,一条曲线就算造完了。若要继续输入线,应将光标移到下一条曲线的始点开始,其操作步骤同上。在一条线开始或结束时,可用 F12 功能键来捕捉需相连接的线头,以达到与已输入的线正确相接或与节点连接的目的。与输入流线一样按 F8 键加点,F9 键退点,F11 改向。在输入开始时,按下 Shift 键自动靠近线,结束时按下 Ctrl 键则自动封闭线。

③输入正交线。选中该功能项,系统先允许用户移动鼠标到下一条直线段,而后在每次移动鼠标设定的点与前一点形成的直线段都与前一条的直线段垂直或正交,直至整条线结束。在一条线开始或结束时,可用 F12 功能键来捕捉需相连接的线头,以达到与已输入的线正确相接或与节点连接的目的。

④输入圆线。输入圆线有两种方法供用户选择。

a."圆心和半径"方式是在屏幕上用光标确定圆心和半径,并以此圆心和半径按圆形轨迹形成一条线,为一个拖动过程。

b."三点造圆"方式是移动光标在屏幕上定 3 个点,从而形成一个通过这 3 个点的圆。

⑤输入椭圆线。输入椭圆线的操作过程可分解为两个拖动过程:第一个拖动过程确定椭圆的长轴和转角;第二个拖动过程确定椭圆的短轴。

⑥输入弧线。输入弧线有下述两种方法。

a."圆心和半径"方式:在屏幕上移动光标确定弧心、半径、起始角和终止角,并根据这些参数画一条弧。可分解为两个拖动过程:第一个拖动过程确定弧的半径和起始角;第二个拖动过程确定弧的终止角。

b."三点造弧"方式是移动光标依次在屏幕上定起始点、中间点和终止点 3 个点,从而形成一条通过这 3 个点的弧。

⑦输入矩形框。输入矩形框为一个拖动过程。

⑧输入平行四边形。输入平行四边形为两个拖动过程。即先拖动输入平行四边形的一条边,接着输入另一条非平行边,即可得此平行四边形。

⑨输入双线。输入双线允许用户输入两条平行的双线,输入后实际保存为两条线,对它们可以分别移动。在输入双线过程中,如果始点或终点落在某一线上,系统即会自动将该线断开一缺口,这一功能对城市街道图或公路图的输入是十分方便的。通过"其他"菜单下的"设置系统参数"功能可设置平行线和双线距离。

⑩正交多边形。输入正交多边形的过程为先输入一条边,然后拖动鼠标输入一长方形,接下来可以对长方形的任意一条边的部分扩展成一长方形,从而生成正交多边形。

注意:第一,在"倒角"有效(倒角选择打√)的情况下,输入"折线""双线""正交""多边形""矩形"情况下,在转角处根据"倒角半径"大小将转角倒圆。第二,在"折线双线结束询问"有效(打√)的情况下,每输入一条"折线""双线"结束时,会弹出询问菜单。

3)键盘输入线

选择此功能,系统弹出曲线坐标输入对话框,如图 3.27 所示。

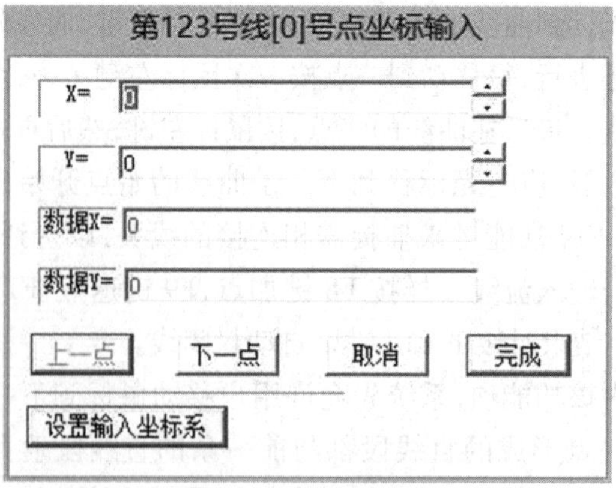

图 3.27　键盘输入线

用户按曲线轨迹逐个输入曲线坐标(X,Y)，每输入一个点后按"下一点"按钮确认，即可开始输入下一点，而按"上一点"按钮将取消本点并回到上一点，按"取消"按钮则重新开始输入点，按"完成"按钮则本条线就算输入完成，继续开始下一条线的输入。

4）点联线

依次捕捉点工作区的点图元控制点坐标连接成线。没有点图元的地方可用 F8 加点。

5）删除线

捕获一条线将其删除，或者在屏幕上开一个窗口，将用窗口捕获到的所有曲线全部删除。

6）移动线

①移动一条线：单击鼠标左键捕获一条线，移动鼠标将该线拖到适当位置后按下左键即完成移动操作。

②移动一组线：移动一组线操作过程可分解为两个过程，第一个拖动过程确定一个窗口，落入此窗口的所有线为将要被移动的线；第二个拖动过程确定移动的增量。在屏幕上，用窗口(拖动过程)捕获若干线，按下鼠标左键，拖动鼠标光标到指定的位置松开鼠标即可。

③移动线坐标调整：在屏幕上用窗口(拖动过程)捕获若干线，按下鼠标左键，拖动鼠标光标到指定的位置松开鼠标后，屏幕弹出具体移动的距离，供用户修改。

④推移线：移动光标指向要移动的线，按下鼠标左键捕获该线，拖动鼠标光标到指定的位置松开鼠标后，屏幕弹出具体移动的距离，供用户修改。

7）复制线

①复制一条线：捕获一条线，移动鼠标将该线拖到适当位置按下左键将其复制。继续按左键将连续复制直到按右键为止。

②复制一组线：复制一组线操作过程可分解为两个拖动过程，第一个拖动过程确定一个窗口，落入此窗口的所有线为将要被复制的线；第二个拖动过程确定复制线的移动的增量。

8）阵列复制

在屏幕上，用窗口(拖动过程)捕获若干曲线，并将它们作为阵列一个元素进行复制。捕获到的所有曲线构成一个阵列元素。人们把这些元素称为基础元素。此时按系统提示输入复制阵列的行、列数(行数是基础元素在纵向的复制个数；列数是基础元素在横向的复制个数)和元素在 X、Y(水平、垂直)方向的距离。用户依次输入行、列数及 X、Y 方向距离值后系统将完成复制工作。

9）剪断线

在屏幕上将曲线在指定处剪断，将一条曲线变成两条曲线。

该功能在图形编辑中很重要。在输入子系统中，前文曾提及区域可以按线图元输入，然后将这些线图元拼成区域。在拼区中要将有些连续曲线剪断。在数字化采集时，游标跟踪有时过头而多出一点线头，人们可以从多出的地方剪断，然后将多余的线头删除。

在屏幕上，人们所看到的曲线都是连续的，其实它是由原始的离散图形数据拟合而成的。人们剪断线，就是要从这些原始数据点之间剪断，剪断线有"有剪断点"和"没剪断点"两种剪断方式可供选择。

①"有剪断点"方式剪断线后的两条曲线都在剪断处加数据点。

②"没剪断点"方式剪断后的两条曲线在剪断处都没加数据点。显然,如一条直线只有两个端点,如果用户选择"没剪断点"方式剪断它是不可能的,但是可以选择"有剪断点"的方式剪断它。

剪断线时,首先移动光标到指定曲线,将光标指向曲线需要剪断处,按下鼠标左键。若剪断成功,先后一闪则被剪断的曲线分成红蓝两段;若不成功,则先亮黄色。为了方便操作,用户可以打开点标注开关(即在"设置"菜单中,将"点标注"设置为"ON"),此时,曲线上的所有原始数据点都标上了红色小"+"。

10) 钝化线

对线的尖角或两条线相交处倒圆。操作时在尖角两边取点,然后系统弹出橡皮筋弧线,此时移到合适位置点按左键,即将原来的尖角变成了圆角。

11) 联接线

将两条曲线连成一条曲线。

移动光标到第一条被连接曲线上的某点,按下鼠标器左键,如捕获成功,该曲线即变为闪烁。然后捕获第二条被联接线,连接时系统将第一条线的尾端和第二条线的最近的一端相连。

12) 延长缩短线

由于数字化误差,个别线某端点需要延长(缩短)一些,才能到达它所应该连接的结点位置。此外有时用户还希望某线端点正好延长到另一条线上,例如在交通图中的道路的十字路口,则可使用本选项中靠近线功能。本功能有下述 3 个选项。

①延长线:先在欲延长的一端指定线,然后每按一次鼠标左键,线将增加一点。

②缩短线:先指定线,然后每按一次鼠标左键,线将退回一点。

③靠近线:相当于延长或缩短线的端点到指定线上,先指定要延长(缩短)到的线,再指定要延长(缩短)的线,则线将延长(缩短)到该线上。若要使距离或超出某一线一定距离(结点搜索半径)内的线都自动靠到该线上,可使用"其他"菜单中的"边缘处理"功能。

13) 线上加点

在曲线上增加数据点,以改变曲线形态。

首先选中需要加点的线。移动光标指向要加点线段的两个原始数据点之间,用一拖动过程插入一个点。重复这个过程可连续插点。按鼠标右键,结束对此线段的加点操作。

14) 线上删点

删除曲线上的原始数据点,改变曲线的形状。

首先选中需要删除点的线。移动光标指向将被删除的点的附近,按鼠标左键,该点即被删除。重复这个过程可连续删点。按鼠标右键,结束对此线段的删点操作。

15) 线上移点

在曲线上移动数据点,改变曲线形态。本功能有 3 个选项,即鼠标线上移点、鼠标线上连续移点和键盘线上移点。

①鼠标线上移点:首先选中需要移点的线。移动光标指向将被移动的点的附近,用一拖动过程移动一个点。重复这个过程可移动多点。按鼠标右键,即可结束对此线段的移点操作。

②鼠标线上连续移点:首先选中需要移点的线。移动光标指向将被移动的点的附近,用一拖动过程移动一个点。移动完毕一点,系统自动跳到下一点。移动完毕,按鼠标右键,结束对此线段的移点操作。

③键盘线上移点:首先用鼠标选中需要移点的线,编辑器弹出线坐标输入对话框,鼠标选中的点的坐标出现在对话框中,用户可对其进行修改。此功能也可用来查找坐标点的值、线号、点号。

16)造平行线

在屏幕上对选定曲线按给定距离形成平行线。平行线产生在原曲线行进方向的右侧;如要产生另一侧的曲线,可以通过选择负的距离实现。产生平行线有"与线同方向"和"与线反方向"两种不同方式可供选择。

"与线同方向"即所产生的平行曲线与原曲线方向相同。

"与线反方向"即所产生的平行曲线与原始曲线方向相反。

执行这项功能时,系统会提示用户输入产生的平行线与原线的距离,距离以 mm 为单位。

17)光滑线

利用 Bezier 样条函数或插值函数对曲线进行光滑。选择该功能后,系统即弹出光滑参数选择窗口,由用户选择光滑类型并设置光滑参数。光滑类型有二次 Bezier 光滑、三次 Bezier 光滑、三次 B 样条插值、三次 Bezier 样条插值 4 种可供用户选择,前两种不增加坐标点。该功能分为:

分段光滑线:选中需要的光滑线,然后在曲线上选出两点,对两点间的部分曲线进行光滑。

整段光滑线:捕捉一条线或在屏幕上开一个窗口,将捕捉到的线或用窗口捕获到的所有曲线全部光滑处理。

18)抽稀线

选择合适的抽稀因子对"一条线"或"一组线"进行数据抽稀,从而在满足精度要求的基础上达到减少数据量的目的。抽稀因子见"扫描矢量化"系统介绍。

19)改线方向

改变选定的曲线的行进方向,变成它的反方向。

20)线结点平差

取圆心值:落入平差圆的线头坐标将置为平差圆的圆心坐标,操作和"圆心,径"造圆相同。

取平均值:是一拖动过程,落入平差圆中的线头坐标将置为诸线头坐标的平均值,操作和开窗口相同。

21)变换线

可以放大一条线及一组线。选中线,然后确定放大中心点,系统随即弹出对话框允许输入放大比例及中心点坐标,修改后确认即将所选线放大。

22)旋转线

可以旋转一条线及一组线。选中线,然后确定旋转中心并拖动鼠标,所选线即跟着转动,到合适位置后放开鼠标,即得到旋转后的结果。

23)镜像线

可镜像一条或一组,分别对 X 轴、Y 轴、原点进行镜像,选好以上基本要求后,即可选择欲镜像的线,然后确定轴所在的具体位置,系统即在相关位置生成新的线。

(3)线参数编辑

参数编辑用于修改已经输入线的参数。"修改参数"是修改单根线的参数。"统改参数"是修改多根线的参数。"缺省参数"是由用户给定线元的缺省参数。以下分别介绍各功能的作用与操作。

1)修改参数

用光标捕获一条曲线,然后修改其参数。线参数板中的"线型"按钮和"颜色"按钮,分别用于选线型和线颜色,线参数板如图 3.28 所示。

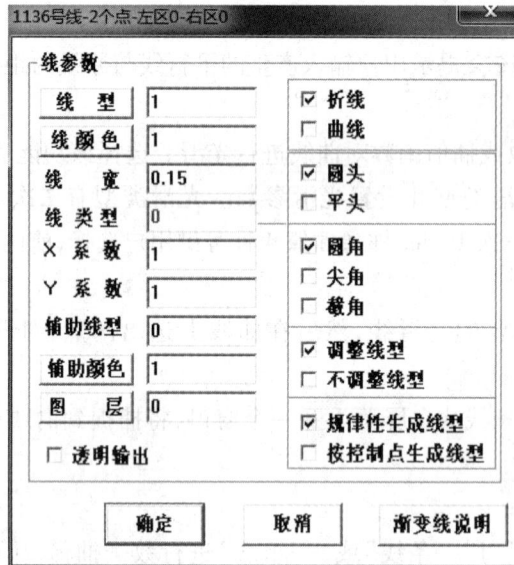

图 3.28　修改线参数面板

2)统改线参数

统改线参数功能是将满足条件的参数统改为用户设定的参数。若所列的替换条件都没有选择,则为无条件替换,即将所有区域参数统一改为用户设定的参数。相反,若所列的替换结果都没有选择,则不进行替换。各选项前的小方框内若打钩为选择,否则为不选择。

选中该功能项后,编辑器弹出线参数统改面板,如图 3.29 所示,供用户输入统改条件与替换结果。

用户可根据自己的要求设置好替换条件和替换结果的参数后,按"OK 键"系统即自动搜索满足条件的线参数,并将其替换为结果设定的值。在替换时,凡是替换结果选项前没有打钩的项,都将保持原来的值不变。如要统改线颜色,只需将线颜色前的小方框按鼠标左键打钩,其他选项不设置,那么替换的结果就只是线颜色,其他值不变。

注意:在以上替换中的条件和结果中有关于图层号的选择,利用此功能可以将符合某种条件的图元放到某一层中,然后对该层进行处理,如删除等(对点和区的统改也有相应功能)。

图 3.29　统改线参数面板

3)修改缺省线参数

通过本菜单设置缺省线参数,以加快输入的速度。

4)修改线属性

"修改线属性"工具用来编辑修改线图元的专业属性信息,该功能主要用在地理信息系统。

5)编辑线属性结构

修改专业属性库的结构,详细说明见属性库编辑的相关内容。

6)根据属性赋参数

该操作过程分为两步:①输入属性查询条件并确定。②在弹出的图元参数输入窗口中输入统改后的图元参数,确定即可。

7)根据参数赋属性

相关内容请参考区编辑中的"根据参数赋属性"。

五、区编辑

(1)区图元参数说明

①填充底色:整个填充区域的底色。用户可根据"色谱库"选色,并键入对应颜色编号。

②填充图案号:区域中的填充图案在图案库中的编号。

③图案高度:每个填充图案的高度,以 mm 为单位。

④图案宽度:每个填充图案的宽度,以 mm 为单位。

⑤填充图案颜色:填充图案的输出颜色编号。

⑥透明输出:每一图元在输出时有"透明方式"和"覆盖方式"两种。

⑦基线弧段数:通常为 0,不等 0 时,填充图案使用"基线-包络线"填充方式,即图案沿着指定的基线以包络线控制高度进行填充。"基线弧段数"N 指定该面元中从第一条弧段开始连续 N 条弧段一起构成基线,其余弧段构成包络线。

（2）区编辑

区编辑是图形编辑中很重要的一个环节。它包括区的形成及其属性的编辑等。它能辅助用户提高绘图精度,协助用户利用计算机速度快、色彩丰富的特点和多样化的图示技术,寻求图形的最佳表现形式。熟练地掌握区编辑,对提高编辑效率有很大的帮助。

1）编辑指定区图元

用户输入将要编辑的区的号码,编辑器将此区黄色加亮,用户可再进入其他区编辑功能,可对该区进行编辑。例如,在图形输出过程中,输出系统报告出错图元的图元号,利用此功能将出错图元定位,便可对出错图元进行修改。

2）输入区

输入区,通俗地说,就是普染色,它有两种方式,一种是用光标选择成区,称为"手工方式";另一种造区方式是通过"拓扑处理"自动生成区,称为"自动化方式"。

①手工方式:选择输入区菜单项,然后用光标单击区的中央即可。同时系统弹出对话框,要求输入区的参数。

②自动方式:利用拓扑处理的方式造区。第一步,先绘制好所有区的边界曲线(弧段),这些曲线可以是由"线转弧"或"线工作区提取弧段"得来,也可以是屏幕上由编辑器生成的(即由"输入弧段"功能生成)。第二步,将这些弧段经过"剪断""拓扑查错""结点平差"等前期处理,保证所有区域严格封闭,否则造区失败。第三步,在"其他"菜单中选择"拓扑重建"功能,即可自动生成区。

3）挑子区（岛）

挑子区的操作非常简单,即选中母区即可,由编辑器自动搜索属于它 的所有子区。在区域的多重嵌套中,若把最外层的区域看作第一代,那么次内层的区域作为第二代,第二代区的内层作为第三代,依次类推。

母区、子区是一个相对的概念,相邻两代即为"母子"关系。即上代为"母"下代为"子"。确定区域嵌套的母子关系,是保证填充区能够真实反映用户要求的基本条件。如果一个区域中嵌有一个小区,用户希望它们填上各自的颜色和图案。假如不确定其母子关系,在区域填充时,母区就把包括子区在内的整个区域填上母区的颜色和图案,而子区又填上自己的颜色和图案,结果在它们相交的部分,造成了两种颜色和图案的叠加,在输出时造成失真。如果用户确立这两个区域的母子关系,将外层的大区作为母区,内嵌的小区作为子区,那么在填充时,母区在填充自己的颜色和图案时,将属于子区的那一部分挖去,让子区填上自己的颜色和图案,这才真正达到了作图目的。

4）删除区

删除一个区:从屏幕上将指定的区域删除。移动图屏光标,捕获到被删除区域,该区域加亮显示一下后马上变成屏幕背景颜色,这样该区就被删除。

删除一组区:在屏幕上开一个窗口,系统就会将窗口内的所有区删除。此过程为一个拖动过程。

5）区镜像

有镜像一个,一组两种选择,分别可对 X 轴、Y 轴、原点进行镜像,选好以上基本要求后,即可选择欲镜像的区,然后确定轴所在的具体位置,系统即在相关位置生成一个新的区。

6)复制区

"复制一个区":用鼠标左键单击欲复制的区,捕获选择的对象,按住左键不放,移动鼠标将该区拖到适当位置松开左键将其复制。

"复制一组区":在屏幕上,用窗口(拖动过程)捕获若干区,按住左键不放,然后拖动鼠标将对象复制到新的指定位置,松开左键即可。

7)阵列复制区

在屏幕上,用窗口(拖动过程)捕获若干区,并将它们作为阵列的一个元素进行复制。捕获到的所有区构成一个阵列元素。人们把这些元素称为基础元素。此时按系统提示输入复制阵列的行、列数(行数是基础元素在纵向的复制个数;列数是基础元素在横向的复制个数)及元素在 X、Y(水平、垂直)方向的距离。用户依次输入行、列数及 X、Y 距离值后系统将完成复制工作。

8)合并区

合并区功能可将相邻的两个面元合并为一个面元,移动鼠标依次捕获相邻的两个面元,系统即将后捕获的面元合并到先捕获的面元中,合并后,面元的图形参数及属性与先捕获的面元相同。

9)分割区

在数据输入时,有可能出现少线的情况,这样会在输入区造了两个区,但得到了一个区,那么用户通过分割区来解决这个问题,分割区是将一个区元分割成相邻的两个区,步骤如下所述。

第 1 步:在该区分割处输入分割弧段(用"输入弧段"或"线工作区提取弧段"均可),如图3.30 所示。

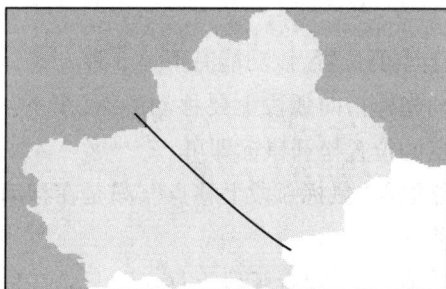

图 3.30　分割区示意图

第 2 步:执行"分割区"命令,然后捕获该分割弧段,系统即用捕获的弧段将区分割成相邻的两个区。

注意:输入的弧段一定要适当穿越要分割的区。

10)自相交检查

面元自相交检查是检查构成面元的弧段之间或弧段内部有无相交现象。这种错误将影响区输出、裁剪、空间分析等,故应预先检查出来。

本菜单项有两个选项,检查一个区和所有区。

"检查一个区":单击鼠标左键捕获一个面元并对它的弧段进行自相交检查。

"检查所有区":需要用户给出检查范围(开始面元号,结束面元号)系统即对该范围内的面元逐一进行弧段自相交检查。

(3)弧段编辑

组成区域边界的曲线段称为弧段,弧段编辑属于区域几何数据的编辑。其功能包括纠正弧段上的偏离点,增加、删除弧段,改正"造区域"中反向的弧段等。弧段编辑主要用来修改区域形态。将该编辑功能与"窗口"技术相结合,可以精确修正区域边界线,以提高绘图精度。

弧段编辑的具体操作和线编辑一样,不同之处将分别阐明。弧段编辑之后,编辑器会更新与其相关的区。为了将弧段显示在屏幕上,在编辑弧段时,需在"选择"菜单中打开"弧段可见"选项。

1)输入弧段

"输入弧段"与线编辑中"输入线"操作一模一样,唯一区别是"输入弧段"所得到的线作为弧段存入面元工作区中,请参考线编辑中"输入线"。

2)从线工作区提取弧段

从线工作区中捕捉一条或一组线作为弧段存入面元工作区中。如果捕捉到的线与面元工作区中的弧段有重叠现象,系统将提醒用户继续进行该项操作。

3)弧段加点(删点、移点)

在弧段上增加(删除、移动)数据点,以改变弧段形态。

"弧段加点":移动光标指向要增加点的弧段的两个原始数据点之间,按下鼠标左键,即在这两点与光标间产生拖动橡皮线,再移动光标到指定的位置按下鼠标器左键,该弧段在此处则增加一点。

"弧段删点":移动光标指向弧段上要删除的点,按下鼠标左键,该弧段在此处则删除一点。

"弧段移点":移动弧段上点的位置,该功能有下述 3 种方式。

①鼠标弧段上移点:移动光标指向弧段上要移动的点,按下鼠标左键,拖动鼠标,则产生拖动橡皮线,拖动光标到指定的位置松开鼠标即可。

②鼠标连续移点:该功能类似"鼠标弧段上移点",只是在移动完一个点后,鼠标自动跳到弧段上的下一个点,供用户移动。

③键盘弧段上移点:该功能类似"鼠标弧段上移点",只是在移动完一个点后,屏幕弹出该点的具体坐标位置,供用户修改。

注意:为了看清弧段上的点,可在"设置"菜单中打开"点标注"选项,则在弧段上的每个原始数据点上标注红色小"+"。

4)删除弧段

从屏幕上删除指定的弧段。如果将被删除的弧段是两个区的共同边界,删除弧段与合并区相似的,其删除弧段后相邻的两个区即合并为一个区;如果将被删除的弧段不属任何区,系统即将这条弧段删除;如果这条弧段作为一个区的边界而不是两个区的共同边界,即该弧段不能被删除。

5）移动弧段

从屏幕上用鼠标选择弧段，并将其拖动到需要的位置，它对整个弧段进行移动。该功能有下述 4 种操作方式。

"移动一条弧段"：移动光标单击捕捉要移动的弧段，后按下鼠标左键，拖动鼠标光标到指定的位置松开鼠标即可。

"移动一组弧段"：在屏幕上，用窗口（拖动过程）捕获若干弧段，按下鼠标左键，拖动鼠标光标到指定的位置松开鼠标即可。

"推移弧段"：移动光标指向要移动的弧段，按下鼠标左键，拖动鼠标光标到指定的位置松开鼠标后，屏幕弹出具体移动的距离，供用户修改。

"移动一组弧段坐标调整"：在屏幕上，用窗口（拖动过程）捕获若干弧段，按下鼠标左键，拖动鼠标光标到指定的位置松开鼠标后，屏幕弹出具体移动的距离，供用户修改。

注意：在移动弧段后，与该弧段相关的区域边界将同时更新。

6）剪断弧段

将一条连续的弧段剪断，使其成为两条弧段。剪断的目的大多是处理区域邻接时的公共边界问题。

注意：

第一，为了提高剪断精度，可先在"设置"菜单中打开"坐标点可见（ON）"选项，则弧段上的原始数据点都用小"+"标注。

第二，剪断点必须是在两个原始数据点之间，剪断时可在剪断点处"加点"或"不加点"。

第三，剪断弧段常用于造区，如果一条弧段的一部分属于某个区域，另一部分不属于该区域，那么用户就应将它从分界点剪断。

7）弧段改向

在某个区中将某个弧段的方向取反。

8）延长缩短弧段

本功能有 3 个选项，即延长弧段、缩短弧段和靠近弧段，具体如下所述。

"延长弧段"：先指定弧，然后指定新点则弧将延长到新点。

"缩短弧段"：先指定弧，然后每按一下鼠标左键，弧段将退回一点。

"靠近弧段"：相当于延长弧或缩短弧的端点到指定弧上，先指定要延长（缩短）的弧，再指定延长（缩短）到的弧，则弧将延长（缩短）到该弧上。

9）光滑弧段

该功能利用 Bezier 样条函数对弧段进行光滑，分为"整段光滑"和"分段光滑"两种，其中分段光滑需要由用户指定光滑的起始和终止点。

10）结点平差

由于数字化误差，几条弧段在交叉处，即结点处没有闭合，留有空隙。为了拓扑处理的需要，也为了保证拓扑关系的严格性，需要将它们在交叉处的端点捏合起来，成为一个真正的结点。结点平差前后的图如图 3.31 所示。结点平差分为"取圆心值"和"取平均值"两种。

①取圆心值：落入平差圆中的线头坐标将置为平差圆的圆心坐标，操作和"圆心，半径"造圆相同。

②取平均值:是一拖动过程,落入平差圆中的线头坐标将置为诸线头坐标的平均值,操作和开窗口相同。

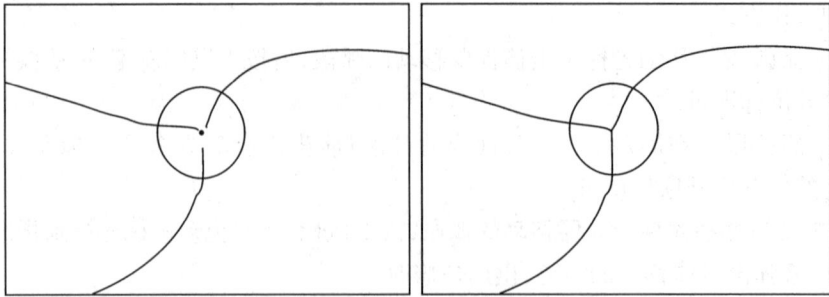

图 3.31 线接点平差

11)抽稀弧段

选择合适的抽稀因子对"选择的曲线"或"所有的曲线"进行数据抽稀以在满足精度要求的基础上达到减少数据量的目的。

12)弧段放大

将一弧段放大给定倍,若输入的倍数小于 1,实际为缩小;本菜单项有两个选项,可放大一条或一组弧,先选择欲放大的弧或弧组,再选择基点,系统即弹出对话框要求输入放大倍数及基点。

13)弧段旋转

将指定的弧段或一组弧段旋转一定角度,使用时先选择对象,然后用鼠标左键点取旋转中心,拖动鼠标产生一橡皮筋线,所选对象将跟着旋转,放开鼠标即确认了所旋转的角度。

14)设置基线

"指定基线":先捕捉到欲使用"基线-包络线"填充的面元,然后逐一指定构成基线的弧段,被指定的弧段必须是连续的。按右键结束指定操作,被指定的弧段数放入面元的图形参数中的"基线弧段数"中。

"清除基线":单击左键捕获一个面元或拖动鼠标形成窗口捕获许多面元,然后将这些面元的基线清除。

(4)参数及属性修改

本小结的菜单项中都包括区和弧段两部分,这里只对区的相关项进行说明,弧段的参数及属性与线类似。

1)修改参数

移动光标捕获某一个区后,系统就将该区的参数显示供用户修改。修改参数后,该区域立即按重新给定的参数显示在图屏上。区参数板上的"填充图案""填充颜色""图案颜色"以按钮形式出现,可供用户选择"填充图案""填充颜色"及"图案颜色"。透明输出的选项允许用户选择图案填充时是否以透明方式进行。

2)统改参数

区域统改参数功能是将满足条件的参数统改为用户设定的参数,若所列的替换条件都没有选择,则为无条件替换,即将所有区域参数统一改为用户设定的参数。相反,若所列的替换结果都没有选择,则不进行替换。各选项前的小方框内若打钩为选择,否则为不选择。

选中该功能项后,编辑器弹出区参数统改面板,供用户输入统改条件与替换结果。用户根据自己的要求设置好替换条件和替换结果的参数后,按 OK 键系统即自动搜索满足条件的区域参数,并将其替换为结果设定的值。在替换时,凡是替换结果选项前没有打钩的项,都保持原先的值不变。如要统改填充颜色,只需将填充颜色前的小方框按鼠标左键打钩,其他选项不设置,那么替换的结果就只是颜色,其他值不变。

注意:在以上替换中的条件和结果中有关图层号的选择,利用此功能可以将符合某种条件的图元放到某一层中,然后对该层进行处理,如删除等。

3)修改属性

"修改属性"工具用来编辑修改图元的属性信息,该功能主要用在地理信息系统进行信息分析、查询的软件系统中。选中"修改属性"功能项后,移动光标捕获某一个区域后,系统将该区的属性信息显示出来,供用户修改。

4)根据属性赋参数

该功能根据用户输入的属性条件,将满足条件的图元参数自动更新为用户设置的参数。该操作过程分为两步。首先,输入属性查询条件,选中该功能后系统会弹出属性条件表达式输入窗口;然后,系统会弹出图元参数输入窗口,供用户输入统改后的图元参数,输入完毕,系统自动搜索满足条件的图元,并进行修改。

5)根据参数赋属性

该功能根据图形参数条件和属性条件来确定。属性条件表达式为空时,只根据图形参数条件;图形参数条件没有设置时,只根据属性条件;两项条件都已设置时,将同时满足两项条件。满足条件后欲改的属性项必须确认(打"√"),将满足条件的图元属性更新为用户设置的值。如欲将"面积>= 2 200"并且"颜色等于 128"的图元的 ID 值赋以 10,其设置参数如图3.32所示。

图 3.32　根据参数赋属性面板

六、点元编辑

点图元包括字符串、子图、圆、弧、版面、图像 6 种类型。点元编辑包括空间数据编辑和参数编辑。前者是改变控制点的位置,增减控制点等操作;后者包括改变点元内容、颜色、角度、大小等图形参数。

（1）点图元参数说明

1）注释参数

①注释高度：注释中字符的高度，以 mm 为单位。

②字符宽度：字符宽度，以 mm 为单位。

③字符间隔：注释串每个字符之间的距离，以 mm 为单位。

④字符角度：注释串与 X 轴间夹角。以度为单位（逆时针旋转为正）。

⑤字符颜色：字符颜色。

⑥字体：注释串使用的字体编号。

MapGIS 既可以使用系统本身所带的矢量字库，也可以使用 Windows 的 TrueType 字库。若选择使用 Windows 的 TrueType 字库，则需通过 MapGIS 的"字库设置"功能下的"配置 TrueType 字体"功能，设置不同的字体顺序。若使用 MapGIS 本身所带的矢量字库，简体字体对应见表 3.4，繁体对应表见表 3.5。

表 3.4　MapGIS 自带的矢量字库中的简体字体编号

基本配置的各种字体的编号			
0	单线体		
1	宋体	2	仿宋体
3	黑体	4	楷体
各种扩展字体的编号如下			
5	隶书	6	大黑
7	行楷	8	魏碑
9	姚体	10	美黑
11	隶变	12	标宋
13	细圆	14	粗圆

表 3.5　MapGIS 自带的矢量字库中的繁体字体编号

各种字体的繁体编号如下			
16	繁单线	17	繁宋体
18	繁仿宋	19	繁黑体
20	繁楷体	21	繁隶变
22	繁大黑	23	繁行楷
24	繁魏碑	25	繁细圆
26	繁粗圆	27	繁美黑
28	繁综艺		

注意：使用空心字时，字体采用相应字体编号的负数。如：-3 表示黑体空心字。

⑦字型：显示及输出的字的变形，字型编号见表 3.6。

表 3.6　字型参数

0	正字	1	左斜字	2	右斜字	3	左耸肩	4	右耸肩
100	立体正字	101	左斜立体	102	右斜立体	103	左耸立体	104	右耸立体

⑧特殊字串编排控制。为了方便编排一些特殊的字串，如上下标和分式，可利用排版控制符，用这些符号来编排控制。这些符号分别有以下几种：

a.上下标编排。

"#+"上标控制，"#-"下标控制，"#="恢复正常。如 T_2j^1，在文本编辑框中输入"T#-2#=j#+1"，如图 3.33 所示。

图 3.33　上下标的输入

b.分式编排：/分子/分母/。

如输入/123/456/　表示：$\dfrac{123}{456}$。

⑨排列方式。定义字串的排列方式，包括横向排列和纵向排列两种。

⑩透明输出。每一图元在输出时有"透明方式"和"覆盖方式"两种。

2）子图参数

子图高度：输出的子图的高度，以 mm 为单位。

子图宽度：输出的子图的宽度，以 mm 为单位。

子图号：子图在库中的编号。

子图角度：子图与 X 轴夹角，以度为单位。

子图颜色：子图输出时可变色部分的颜色。

旋转角度：子图与水平方向的夹角。

3）圆参数

圆填充否：表示圆是否填充，打"√"时表示填充。

轮廓颜色：圆周的颜色。

填充颜色：圆内的颜色。

笔宽：轮廓的线宽（1~32）。

圆半径：点圆的半径。

层号：点圆所在图层的编号。

4)弧参数

弧半径:圆弧的半径,以 mm 为单位。

弧起始角:弧起始点与 X 轴的夹角,以度为单位,逆时针为正角,反之为负角。

弧结束角:弧结束点与 X 轴的夹角,以度为单位,逆时针为正角,反之为负角。

弧线颜色:弧线的颜色编号。

笔宽:弧线的线宽。参见附录"笔宽表"。

5)图像参数

图像宽度:这幅图像输出时的宽度,以 mm 为单位。

图像高度:这幅图像输出时的高度,以 mm 为单位。

6)版面参数

注释高度:版面中字符的高度,以 mm 为单位。

字符宽度:版面中字符宽度,以 mm 为单位。

列间隔:版面中注释串间每个字符之间的距离,以 mm 为单位。

行间隔:版面中注释行间的距离,以 mm 为单位。

注释角度:注释串与 X 轴间夹角,以度为单位(逆时针旋转为正)。

汉字字体:注释串使用的中文字体编号。

西文字体:注释串使用的西文字体编号。

注释字型:显示及输出的字的形状。

注释颜色:注释串使用的颜色编号。

版面高度:所输入版面的高度,以 mm 为单位。

版面宽度:所输入版面的宽度,以 mm 为单位。

排列方式:版面中字符串的排列方式,有横排和竖排两种。

透明输出:每一图元在输出时有"透明方式"和"覆盖方式"两种。

(2)点编辑

1)编辑指定点图元

编辑指定的点图元是用户输入将要编辑的点号,编辑器将此点黄色加亮,然后用户可再进入其他点编辑功能,对该点进行编辑。例如在图形输出过程中,输出系统报告出错图元的图元号,利用此功能将出错图元定位,便可对出错图元进行修改。

2)输入点图元

点图元有 6 种类型:注释、子图、圆、弧、图像、版面。输入点图元时有下述几种方式。每一种图元对应几种相应的输入方式,当选择图元类型时,系统会自动显示图元的输入方式。

"光标定角参数缺省":用光标定义点图元的角度,而其他的参数是缺省的。

"光标定角参数输入":用光标定义点图元的角度,而其他的参数是通过键盘即时输入的。

"光标定义参数":可分解为两个拖动过程,第一个拖动过程定义图元的位置和角度,第二个拖动过程定义图元的高度;然后编辑器弹出图元参数板,其中的参数除图元号和颜色外,均已赋值,用户此时输入图元号和颜色号,可直接输入,也可利用选择板进行选择。

"键盘定义参数":按鼠标左键定义图元位置,编辑器弹出图元参数板,用户此时输入图元参数。

"使用缺省参数":按鼠标左键定义子图位置,编辑器将缺省参数赋予该点。

3)删除点

"删除一个点":用鼠标左键来捕获一点图元,将之删除。

"删除一组点":用一拖动过程定义一窗口来捕获点图元,将之删除。

4)移动点

"移动一个点":具体操作步骤参见"移动一条线"。

"移动一组点":具体操作步骤参见"移动一组线"。

5)移动点坐标调整

首先捕捉操作点对象,然后再按下左键拖动点对象到大概位置后放开左键,此时弹出一个对话框,用户可精确调整横纵坐标位移量。

6)复制点

"复制一个点":捕获一个点,移动鼠标将该点拖到适当位置按下左键将其复制,然后继续按左键将连续复制直到按右键为止。

"复制一组点":分解为两个拖动过程,第一个拖动过程确定一个窗口,落入此窗口的所有点为将要被复制的点;第二个拖动过程确定复制点的移动增量。

7)阵列复制点

参见线的阵列复制功能。

8)点定位

将指定的点移到指定的位置。用鼠标左键来捕获点图元,捕获要定位的点后,按系统提示依次输入这些点的准确位置坐标,这些点就移动到了坐标指定的位置上。

9)对齐坐标

用一拖动过程定义一窗口来捕获一组点图元,将捕获的所有点在垂直方向或水平方向排成一直线。它有"垂直方向左对齐""垂直方向右对齐"和"水平方向对齐"3 项子功能。

①"垂直方向左对齐":靶区内所有点的控制点 X 坐标取用户给定的同一值,Y 值各自保留原值。

②"垂直方向右对齐":靶区内所有点的控制点 X 坐标变化,使点图元的右边符合用户给定的同一值,Y 值各自保留原值。

③"水平方向对齐":靶区内所有点的 Y 坐标取用户给定的同一值,X 值各自保留原值。

10)剪断字串

"剪断字串"的功能是将一个字串剪断,使其成为两个字串。

用鼠标左键来捕获一个需剪断的字串后,编辑器弹出需剪断的字串对话框,这时可按"增""减"来确定剪断位置。

11)连接字串

"连接字串"的功能是将两个字串连接起来,使其成为一个字串。

用鼠标左键捕获第一个字串后,再用鼠标左键来捕获第二个字串,系统自动地将第一个字串连接到第二个字串的后面。

12）修改图像：用鼠标左键来捕获图像，修改插入图像的文件名。

13）修改文本：用鼠标左键来捕获注释或版面，修改其文本内容。

"子串统改文本"：系统弹出统改文本的对话框，用户可输入"搜索文本内容"和"替换文本内容"，系统即将包含有"搜索文本内容"的字串替换成"替换文本内容"，其替换条件是只要字符串包含有"搜索文本内容"即可替换。

"全串统改文本"：系统弹出统改文本的对话框，用户可输入"搜索文本内容"和"替换文本内容"，系统即将符合"搜索文本内容"的字串替换成"替换文本内容"，其替换条件是只有字符串与"搜索文本内容"完全相同时才进行替换。

14）改变角度：用鼠标左键来捕获点，再用一拖动过程定义角度来修改点与 X 轴之间的夹角。

（3）点参数编辑

参数编辑是用于对点图元的属性进行修改或对系统的缺省参数进行修改、设置，以及对注释的文本内容进行修改。点图元包括注释参数、子图参数、圆参数、弧参数、图像参数和版面。

①修改点参数：修改指定的一个或多个点图元的参数。

②替换点参数：编辑器弹出点参数统改面板，供用户输入统改条件与结果。点参数统改的替换条件和替换结果的输入与线参数统改相似。

③缺省点参数。输入或修改"注释参数""子图参数""圆参数""弧参数""图像参数"等点图元的缺省参数值。

④修改点属性。"修改点属性"工具用来编辑修改点图元的专业属性信息，该功能主要用在地理信息系统中。

⑤根据属性赋参数。操作与前述步骤类似，只是修改点图元的参数。

⑥根据属性标注释。在点文件中，图面上有很多字符串是作为点图元的属性存储的。选择该功能，系统将弹出标注属性选择对话框，如图 3.34 所示。

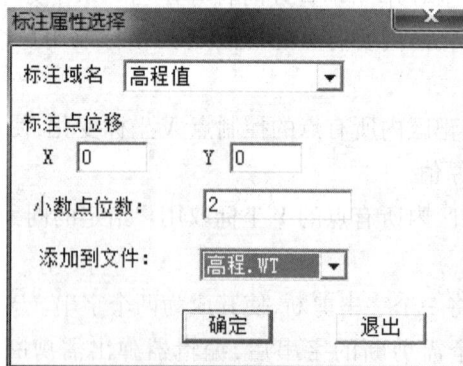

图 3.34　标注属性选择

选择欲生成注释串的字段，如"地名"字段，输入要注释的字符串左下角与该点的相对位移的 X,Y 值。接下来，系统要求输入生成字符串的图形参数，输入完毕，系统自动将该属性字段的内容在其相应的位置上生成指定参数的注释串。

⑦注释赋为属性。其作用为将点文件中的注释赋给属性中的某一个字段作为字段值。

图 3.35 中的点文件是图斑的地类标注,现在将地类标注作为图斑的属性,就充分利用了根据注释赋为属性和 lable 与区合并的功能。

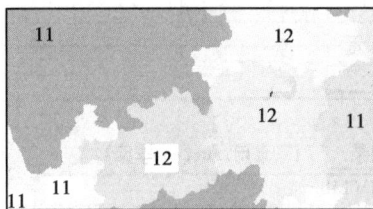

图 3.35　图斑地类标注

首先,编辑地类标注点文件的点属性结构,增加一个"地类"属性字段,类型为"字符串"。

然后,选择注释赋属性功能,即选择地类字段,接下来系统将注释字符串的内容自动写到该字段中,然后关闭点文件。

最后,将对应的图斑文件(.wp)设置为可编辑状态,选择"其他"菜单中的"lable 与区合并"功能,系统要求选择点文件,选择完毕后,系统就将地类标注作为图斑的属性了。

⑧根据参数赋属性:请参考面元编辑中的"根据参数赋属性"。

七、系统库编辑

MapGIS 系统库目录下有子图库(SUBGRAPH.LIB)、填充图案库(FILLGRPH.LIB)、线型库(LINESTY.LIB)和颜色色谱库(COLORLib.LIB)。这些库是系统提供的,但是各行各业制图的标准不同,系统不可能包含所有的内容,因此有时需要根据自己的实际情况来丰富系统库内容。

MapGIS 系统库编辑镶嵌在"编辑子系统"中,其功能主要位于"系统库"菜单下,故可借助"编辑子系统"的强大编辑功能对子图、图案、线型的图元进行有效的编辑修改。

(1)符号库拷贝

不同类型或不同比例尺的图件,需要的符号有所不同。因此在制图的过程中,可以按不同比例尺的国家标准图式将符号分成不同类型的符号库。

在编辑一个特定类型的符号库,并且这个库需要的某一个符号时,而这一个符号在其他类型的符号库中已经出现。这样,人们可以通过符号库拷贝的功能直接将这个符号复制到所需要的库中。

第 1 步:进行系统设置,将系统库目录设置为源符号库所在的目录,如图 3.36 所示。

第 2 步:进入图形编辑系统,选择"系统库"菜单下的"拷贝子图库"菜单功能。

第 3 步:系统要求用户选择目的符号库。在此,选择 c:\MapGIS6.7\slib5000 的 subgraph.lib,如图 3.37 所示。完毕,弹出"拷贝子图库"对话框。

第 4 步:在"拷贝子图库"对话框的左边,选择要拷贝的符号;在右边给这个符号选择一个合适的位置。建议:最好将此符号放置到目的符号库的尾部。然后,选择箭头,这样就实现了符号库之间的拷贝,如图 3.38 所示。用插入、删除的操作来实现符号库的编辑。按确定按钮后,退出操作。

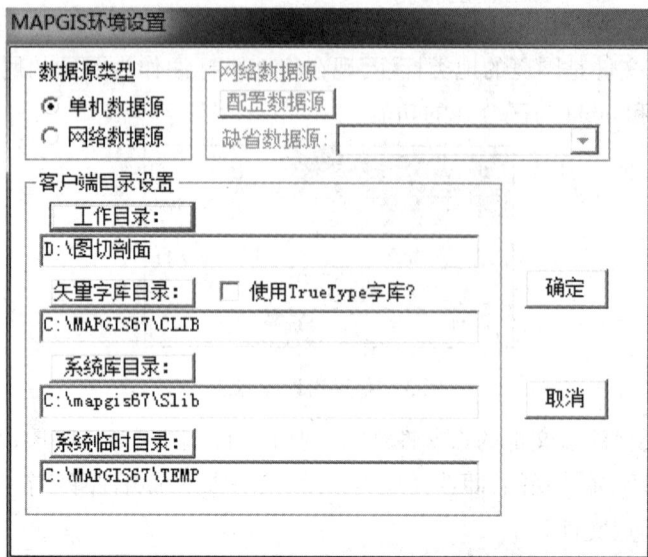

图 3.36　设置系统环境

图 3.37　选择目的符号库

（2）子图、线型、图案的编辑

若是编辑修改库中已有的库内容，则直接到"编辑子系统"中的"系统库"菜单下选择"编辑符号库""编辑线型库""编辑图案库"功能，将需要编辑的子图、线型、图案提取出来再进行修改、保存；如果编辑新的子图、图案或线型，可以充分利用系统提供的编辑工具精确地绘制出形状后再保存。

1）符号编辑框

子图、线型、图案的编辑框如图 3.39 所示，符号编辑框即是一个边长为 1 个单位（mm）的正方形，宽和高均 20 等分，因此，每一个格子的刻度为 0.05 mm，在编辑框中间，有一个十字叉,在造线型时,基线一定经过十字叉(造子图时,控制点的位置就落在十字叉上),十字叉的坐标为(0,0)。

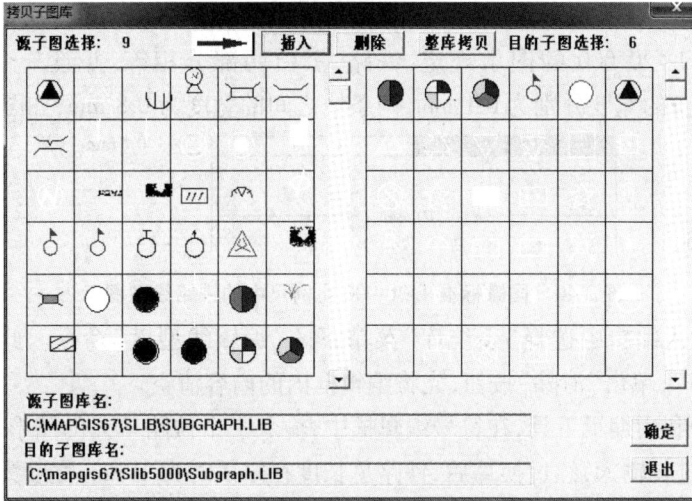

图 3.38　拷贝子图库

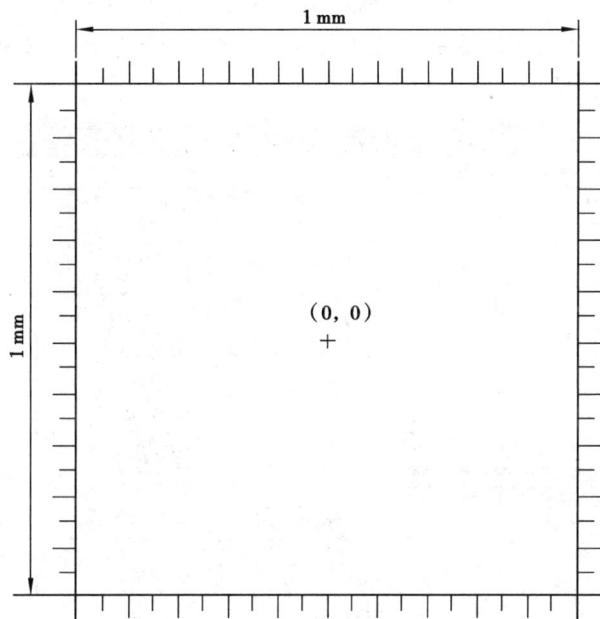

图 3.39　系统库编辑框

基线:表示线图元空间分布的主干线。在数字化线图元时,有一个符合日常习惯的约定,一般沿着线图元的基线跟踪,像行人沿右侧在路上行走一样,而图形则在左边形成。

控制点:是控制点图元位置的标示。形状规则的点图元控制点一般在中心,形状不规则的点图元控制点在左下角。不论是造线型,还是点图元,在编辑框中首先要确定基线和控制点的位置。

2)制作方法

造线型、子图、填充图案的方法是一样的,假设线型库中没有铁路线型,在此以造铁路线型为例。

铁路的线型表象黑白相间,在不同比例尺的国家标准图示中,要求不同。现将一个黑白相间看作一个单位。造线型时只造一个单位就可以了。

按国家标准 1:20 000 的图示规定:铁路,黑白两部分相等,并且一个单位的长度为 10 mm,两条线本身的宽度分别为 0.1 mm,两条线之间的宽度为 0.8 mm,如图 3.40 所示。

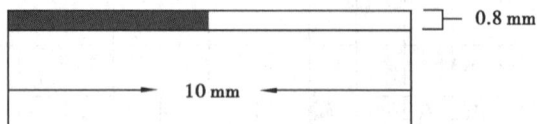

图 3.40   国家标准 1:20 000 比例尺中的铁路线型图示

第 1 步:在输入编辑中选择"系统库"菜单下的"编辑线型库"命令。此时,系统会弹出"线型库编辑窗口",单击"清除"按钮,先将编辑框内的内容清空。

第 2 步:充分利用编辑工具,在符号编辑框中,输入一个铁路单元的图形。这里可利用键盘输入线的方式进行输入,经过换算后,铁路总长度在输入时为 1 mm,宽度为 0.08 mm。然后造区填充颜色,如图 3.41 所示。

第 3 步:保存线型。保存线型时,要输入主替换色。只有当主替换色的参数与造线型时铁路单元的颜色一致,那么在以后的使用过程中,本线型的颜色才可任意改变。线型保存参数及利用该线型绘制的结果如图 3.42 所示。

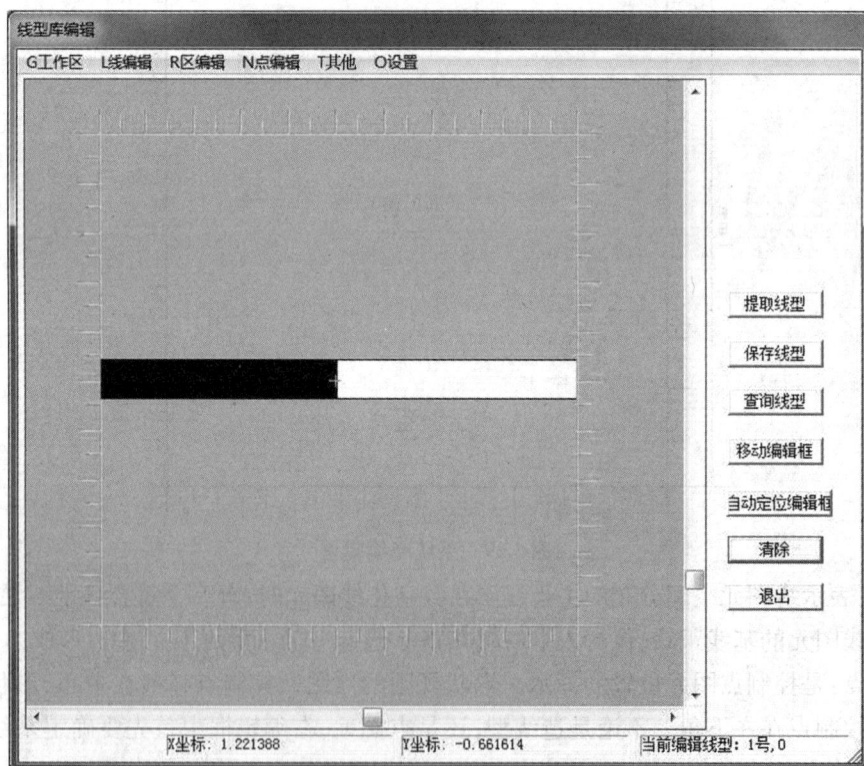

图 3.41   线型库编辑对话框

86

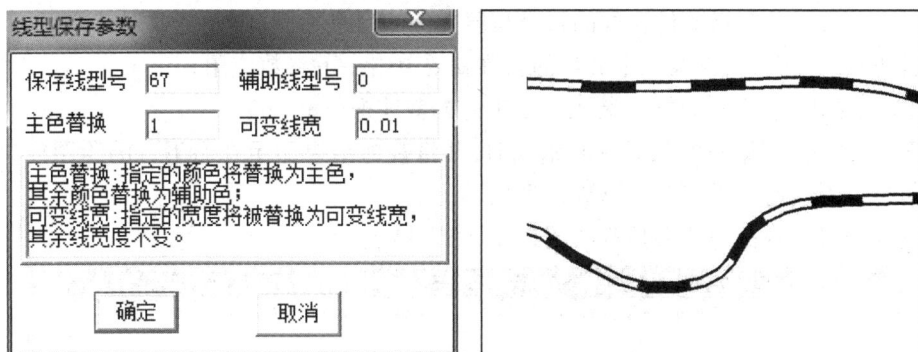

图 3.42 线型保存参数及线型绘制结果图

3)系统库编辑应注意的问题

在系统库编辑过程中,有时会出现符号、线型、图案不能保存的情况。出现这种情况的主要原因及解决方法如下所述。

①系统库(SLIB)目录中的文件为只读状态。解决方法:将系统库中的所有文件属性修改为存档状态。

②删除系统库中的临时文件(以 TMP 结尾)。

③系统库被其他的 MapGIS 程序占用着(即同时打开了多个 MapGIS 窗口)。解决方法:退出所有 MapGIS 应用程序,重新启动 MapGIS,只启动一个 MapGIS 输入编辑系统。

另外,有时打开线型库或子图库时,库中图元若隐若现,这主要是因为操作系统加载了某些实时监控软件和汉化软件,如"瑞星杀毒"软件,金山词霸、东方快车等。解决方法:将这些应用程序退出。

八、工程裁剪

图形编辑完成后,由于用途不同,经常会出现需要图形中的一部分的情况,为了满足该需求,MapGIS 软件提供了裁剪功能,裁剪方法一般包括线裁剪(图形裁剪)和工程裁剪两种,前者在图形裁剪子系统中完成,后者在输入编辑子系统中完成,以下以工程裁剪为例介绍裁剪的总过程。

第 1 步:在 MapGIS 主界面下,单击"图形处理"→"输入编辑"项,打开编辑子系统,在该系统下,打开待裁剪的工程文件。

第 2 步:建立裁剪框。工程裁剪的裁剪框是一个区文件,在输入编辑子系统新建一个区文件(cut.wp),按照前面造区的方法输入一个裁剪区并保存,结果如图 3.42 所示。最后将该区文件在工程中关闭或从工程中删除该项目文件。

第 3 步:建立用于存放裁剪结果的文件夹。

第 4 步:单击"其他"→"工程裁剪"菜单功能项,在弹出的对话框中选择裁剪后文件的存放目录(选择第三步创建的文件夹)。

第 5 步:在弹出的对话框中选择"添加全部"或"添加"按钮,将需要进行裁剪的文件全部添加到右边的列表中,然后单击"选择全部"按钮,在裁剪类型的下拉列表中选择"内裁",裁剪方式选择"拓扑裁剪",然后单击"参数应用"按钮,系统将选中的文件内容显示到左下方的绘图区域内。如果裁剪后文件存放的目录与原文件的目录相同,则还需要对裁剪后的工程和每个文件进行重命名,每修改一个文件的名称就要单击一下参数应用。

第6步:单击"装入裁剪框",装入已编辑好的裁剪框(cut.wp)。

第7步:单击"开始裁剪",系统开始裁剪,并将裁剪结果显示在右下方的绘图窗口中,复位窗口可以查看裁剪结果,完成后单击"退出"。

裁剪参数设置及裁剪结果预览如图3.43、图3.44所示。

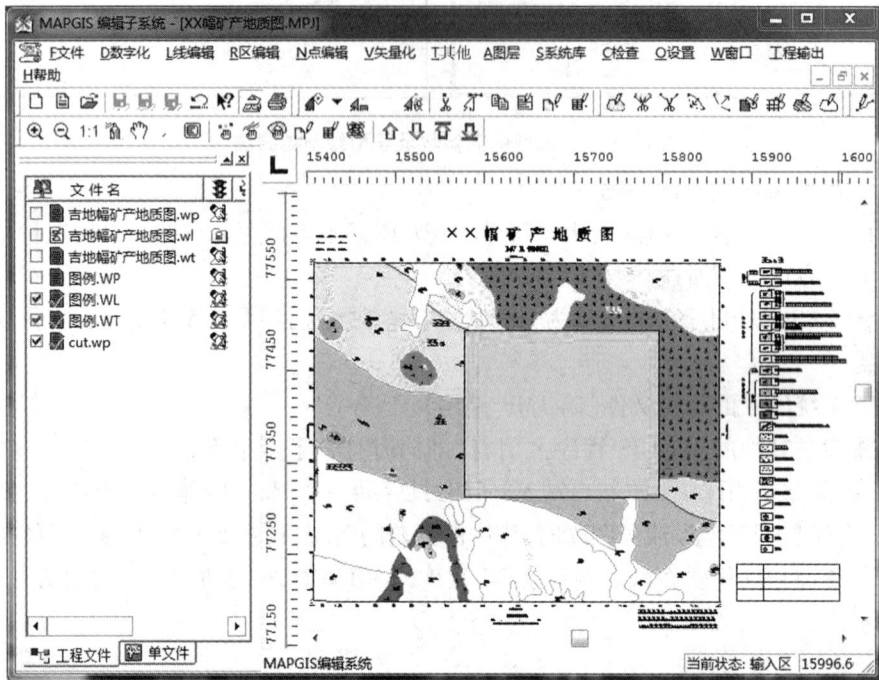

图3.43 建立裁剪区(cut.wp)

九、工程输出

"输入编辑"模块中的工程输出功能实则为"单工程文件"的输出,即一次只能输出一个工程文件,如果要实现"多工程文件"的输出,需要在"输出"模块中完成。

工程输出的步骤如下所述。

第1步:打开"输入编辑"模块,并在该界面中打开一个工程文件。

第2步:单击"工程输出"菜单,系统界面将发生变化,如图3.45所示。

第3步:在系统界面中选择"文件"→"页面设置"菜单项,在弹出的对话框中进行参数设置,如图3.46所示,其中版面定义项一般选择"系统自动检测幅面",其他参数说明请参考本书中的"打印输出"章节中相关内容。页面设置完成后单击"确定"返回系统主界面。

第4步:根据实际需要选择相应的"Windows 输出""光栅输出""PostScript 输出"功能。例如,选择"光栅输出"→"生成JPG图像"菜单项,系统会弹出如图3.47所示的对话框进行图像分辨率的设置,一般将分辨率设置为300,然后单击"确定",系统将在该工程文件(.MPJ)所在的文件夹目录中生成一幅与工程文件同名的JPG图像文件。其他输出方式参考本书中"打印输出"章节的内容。

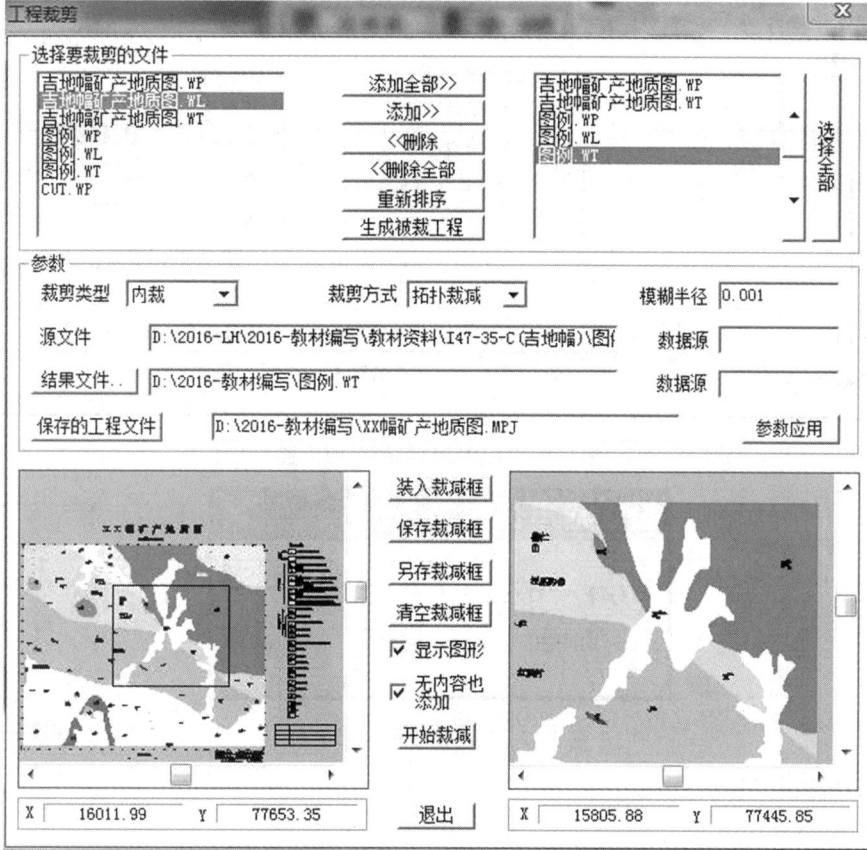

图 3.44　工程裁剪

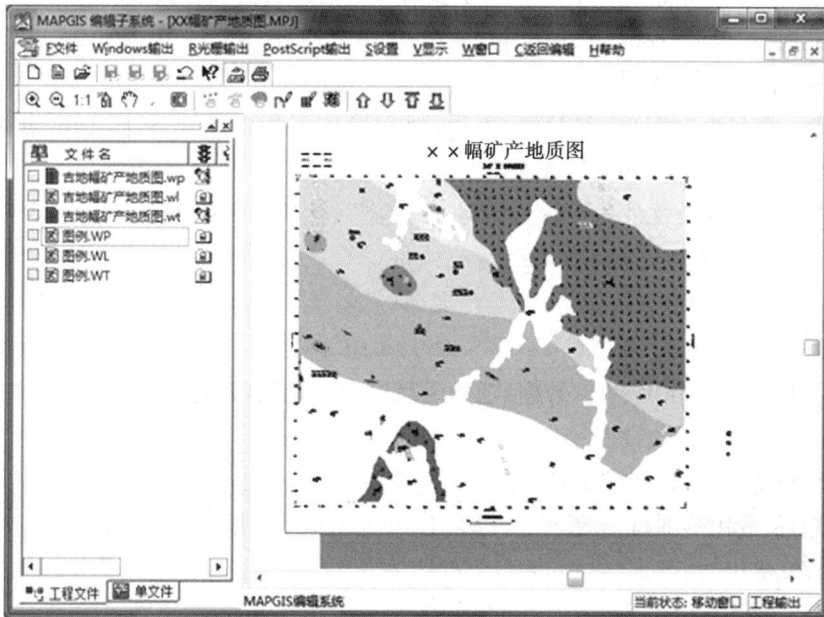

图 3.45　"输入编辑"子系统中的工程输出界面

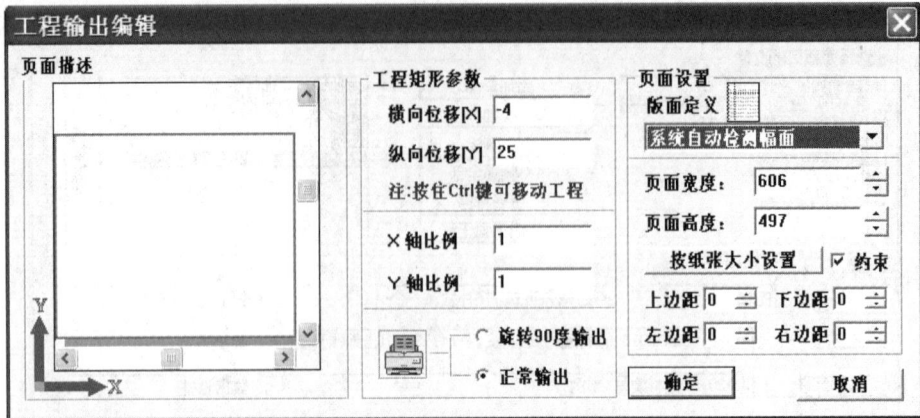

图 3.46　工程输出编辑页面设置

图 3.47　输出图像分辨率设置

[任务实施]

1.界面基本操作

(1)在电脑 F 盘新建一名为"MapGIS 任务 3.2"文件夹。

(2)进行 MapGIS 环境设置,将工作目录设置在刚建立的新文件夹下。

(3)打开"输入编辑"模块,在菜单"设置"→"参数设置"中,将"还原显示"和"使用十字大光标"打开,其余采用默认设置。

(4)新建一个名为"实训 1.MPJ"的工程,然后在该工程中新建 3 个文件,分别为"实训1.WT""实训 1.WL""实训 1.WP",并进行文件排序。

(5)将点、线、区 3 个文件均设置为"可编辑状态",然后输入如图 3.48 所示内容,其中点、线、区参数可自定义,等高线如图 3.49 所示。

(6)保存文件和工程。

2.自动矢量化

示例数据路径:\MapGIS 示例数据\任务 3.2\自动矢量化\等高线.JPG。

(1)新建工程和点线文件。

(2)装入光栅文件"等高线.JPG"

(3)设置"矢量化范围与参数"

(4)自动矢量化

(5)保存工程与文件

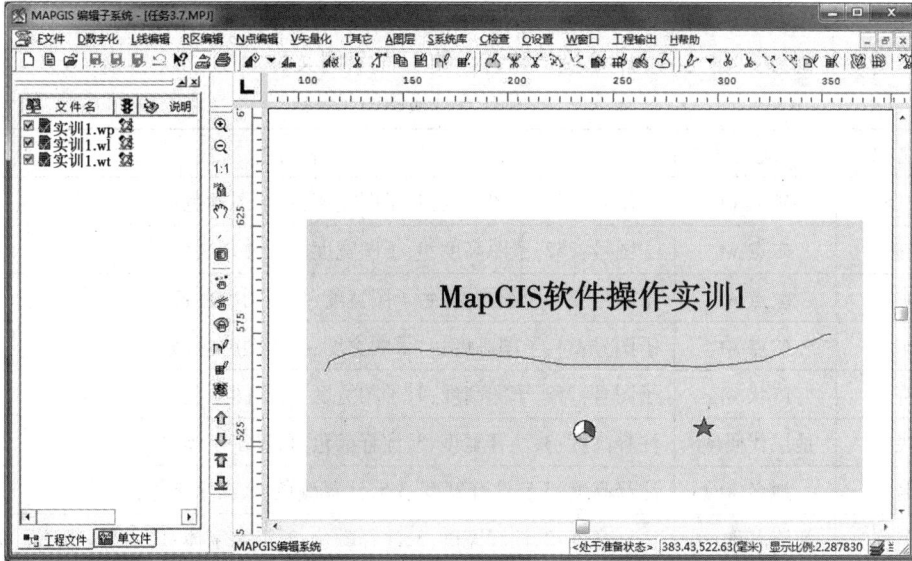

图 3.48　实训 1 编辑结果

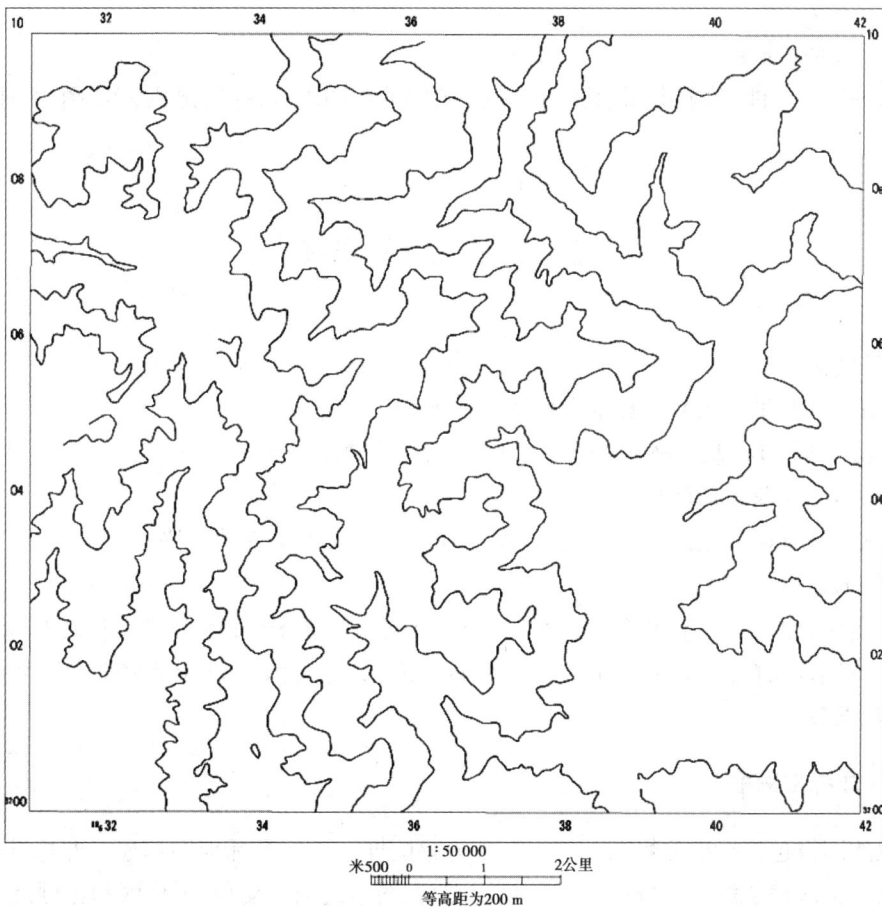

图 3.49　等高线

3.新建工程图例

按表 3.7 所列参数建立名为"地质图.CLN"的工程图例文件。

表 3.7　××幅矿产地质图图元参数

图例名称	对应文件	备　注
金矿点	矿点.wt	子图号:252,子图高度:4,子图宽度:4,子图颜色:1
铜金矿	矿点.wt	子图号:252,子图高度:4,子图宽度:4,子图颜色:1
铜矿	矿点.wt	子图号:34,子图高度:4,子图宽度:4,子图颜色:7
钼矿	矿点.wt	子图号:34,子图高度:4,子图宽度:4,子图颜色:5
产状符号	产状.wt	子图号:252,子图高度:4,子图宽度:4,子图颜色:1
地层代码	地层代码.wt	注释高度:3,注释宽度:3,注释颜色:1,汉字字体:1
地名	地名.wt	注释高度:3.5,注释宽度:3.5,注释颜色:1,汉字字体:1
河流名称	河流名称.wt	注释高度:3,注释宽度:3,注释颜色:2,汉字字体:1,注释字形:左倾
河流线	河流线.wl	线型:1,线颜色:2,线宽:0.2

4.工程裁剪与输出

自选一工程文件,裁剪出制图区中某一矩范围的地图内容,并输出成 JPG 图片,原始图和结果图。

任务 3.3　投影变换

[任务目标]

1.掌握生成标准图框与非标准图框的操作方法。

2.掌握将 TXT 用户文件转换为 MapGIS 点线文件操作方法。

3.掌握成批文件投影转换的方法。

4.掌握将 MapGIS 的点图元的空间坐标输出为属性文本文件的方法。

[任务描述]

通过本任务的学习,生成给定图幅的标准图框、非标准图框,将 TXT 文件转换为 MapGIS 点线图元,对给定的矢量文件进行投影转换,将点图元的空间坐标输出为属性文本文件。

[知识准备]

一、生成标准图框

图幅的图框包括标准分幅图框和非标准分幅图框。不管是标准图框还是非标准图框,生成图框之前都应该了解该图框所采用的投影类型、图幅范围及编号、坐标网和比例尺。

标准图框的生成位于投影变换子系统中,在系列标准生成不同比例尺图框的选项菜单,如图 3.50 所示。

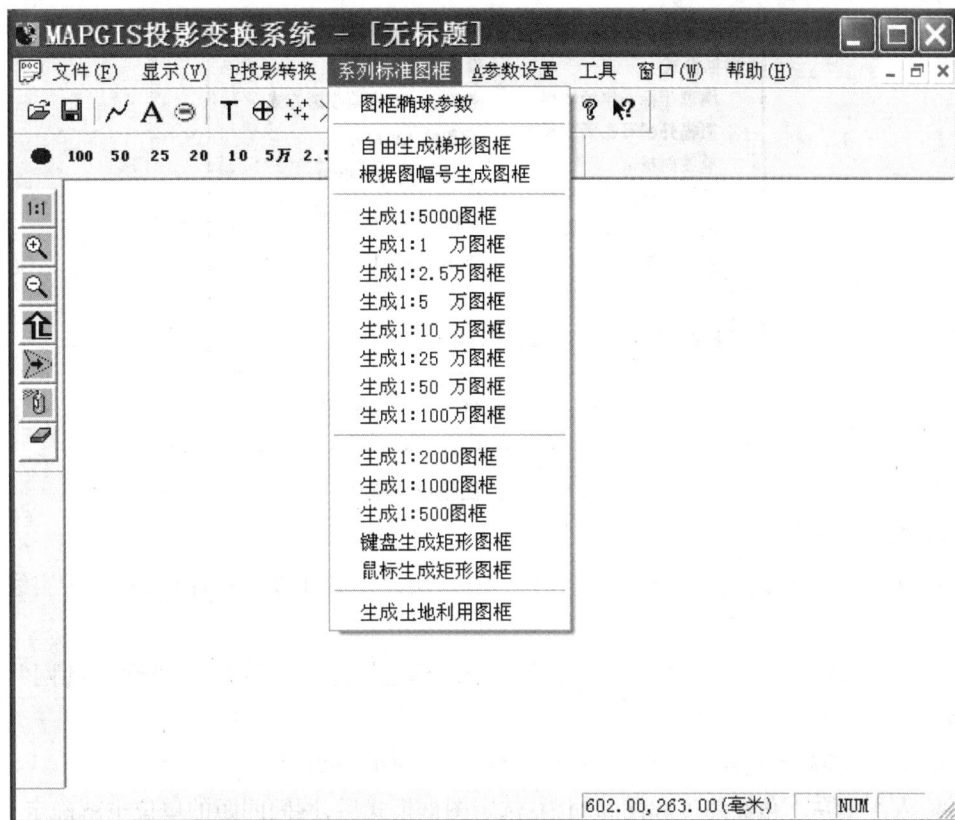

图3.50　标准图框生成主菜单

（1）经纬网标准分幅图框

在系统提供的8种不同比例尺的经纬网标准分幅图框中,生成时其参数的设置都是类似的。下面以1:5万的地图为例讲解如何生成标准分幅地图的标准图框,具体操作过程如下所述。

第1步:在投影变换模块中选择"系列标准图框"→"生成1:50 000图框"功能选项,则系统弹出1:5万图框参数设置对话框,如图3.51所示。

第2步:设置图框参数,主要包括图框模式、投影参数、椭球参数等。

①图框模式:为了制作地图和使用地图的方便,通常在地图上都绘有一种或两种坐标网,即经纬线网和方里网(公里线构成)。我国规定1:1万~1:10万地形图上必须绘出方里网。在1:5 000~1:25万比例尺的地形图上,经纬线只以图廓线形式直接表现出来,并在图角处标注出相应度数。为了在用图时加密成网,在内外图廓间还绘有加密经纬网的加密分划短线,必要时对应短线相连,就可构成加密的经纬线网。经纬网与方里网的结合使用,就构成了多种图框模式。本系统的图框模式有6种,生成图框时究竟选择哪一种需根据用户的实际情况而定。其区别具体说明如下所述。

a.地理坐标十字经纬网: 即在外框用短线画地理坐标标记(1′),用"+"画经纬网并标记分秒数。

b.图幅外框写高斯坐标: 即在外框写高斯坐标,用短线画经纬标记(1′)。

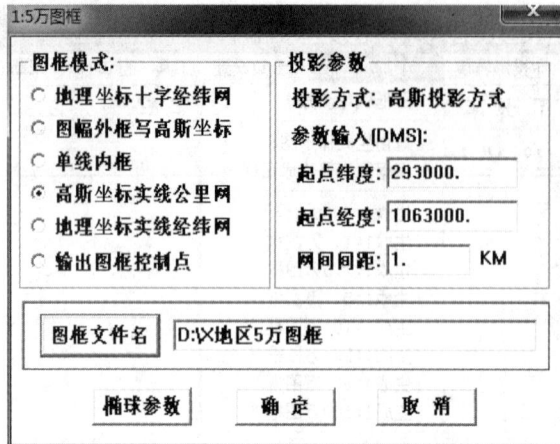

图 3.51　1:5 万图框参数设置

c.单线内框:即只画内框。

d.高斯坐标实线公里网:即在外框写高斯坐标,用短线画地理坐标标记(1′),用实线画公里网。

e.地理坐标实线经纬网:即在外框用短线画地理坐标标记(1′),用实线画经纬网并标记分秒数。

f.输出图框控制点:输出控制点坐标到文件 F5_COOR.DAT 中。

②输入图框左下角经纬度和网间间距:选定图框模式后,网间间距的单位也就确定了。

若选择模式为经纬网,则网间间距的单位是 DMS;若选择模式为公里网,则网间间距的单位是千米(km)。一般情况下,网间间距不需修改,使用缺省参数即可。只需输入图框左下角的经纬度。

图框左下角的经纬度既可输入图框左下角的经纬度,也可输入该标准图框内任意一点的经纬度,输入格式为"DMS",即"度分秒"。在此,用户输入左下角的纬度为 293000(即 29°30′00″),经度为 1 063 000(即 106°30′00″)。

③输入图框文件名:图框文件名可通过按"图框文件名"按钮输入,也可直接在其后的空白框内键入。

④选择椭球参数:按"椭球参数"按钮选择椭球参数。此例中设置为"西安 80"的椭球体,如图 3.52 所示。

第 3 步:输入图框辅助选项及内容。图框参数设置完成后单击"确定"按钮,系统弹出图框辅助选项对话框,如图 3.53 所示。其中空白编辑窗口为用户输入内容窗口,是否使用选择项内容由用户通过打"√"来决定。

①图幅名称:在图框生成过程中是否生成图幅名。若选择并输入图框名称,则系统会自动将图名按相应国家标准的要求写在图框对应位置。

②坡度尺等高距:在图框生成过程中是否生成坡度尺,若选择生成,则输入等高距,缺省情况下系统会自动给出一个等高距值。有了坡度尺和等高距,就可以量测图上坡度。

③资料来源说明:在图框生成过程中是否输出资料来源。选择项右边的输入窗口是个多

行文本输入窗口,按 Shift+Enter 键即可换行。按方向键或滑动右边的滚动条可以浏览输入的多行文本内容。一般资料来源的格式为:

　　本图依据 19××年印刷的 1:××××××地形图

　　×××测绘局于19××年编绘

　　19××年印刷

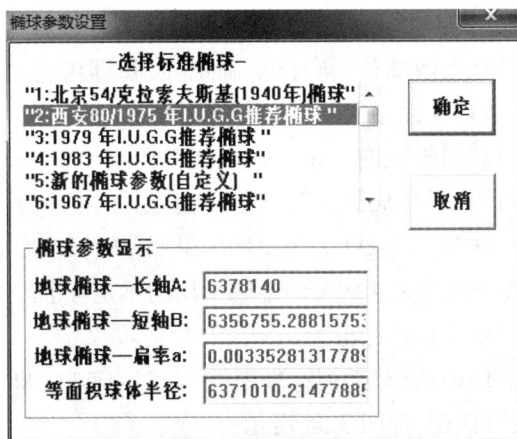

图 3.52　设置椭球参数

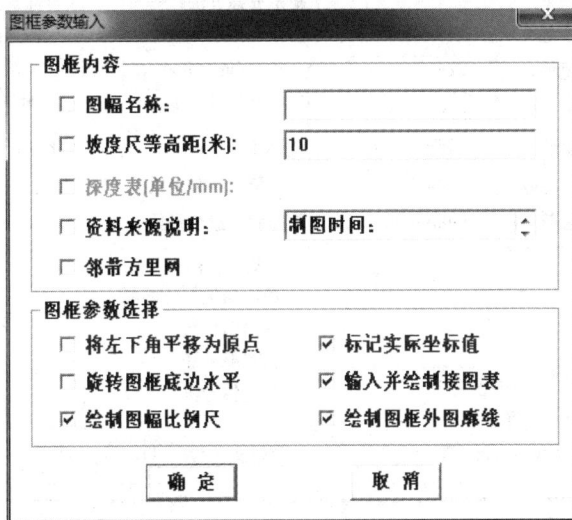

图 3.53　图框辅助参数设置

　　④将左下角平移为原点:系统生成的图框是按高斯投影的大地坐标系确定的,即 X 轴为赤道,Y 轴为中央经线西移 500 km,所以生成的图框坐标值较大。选择此项将图框左下角平移为(0,0)点。

　　⑤旋转图框底边水平:按高斯投影的大地坐标系确定的图框,在中央经线两侧的图会是倾斜的。选择此项可将图框旋正,使图框底边两个角点的 Y 值相同。

　　⑥输入并绘制接图表:选择此项在生成图框时自动绘制接图表,接图表中的内容由用户输入。

⑦标记实际坐标值:选择此项,在标记图框的经纬网或公里网值时,用相应点的图形位置坐标,而非经纬度或公里值。

注意:在图框参数选择6个选项中,若所绘图框仅仅是为了出图,则需参照上面的说明根据实际情况选取有关选项;若所绘的图框是为了建立图库完成多幅图的拼接,则6个选项都不需要选择,即去掉选项前面的"√"。图框的辅助选项输入完毕后,按"确定"按钮,系统即自动绘制出所要求的标准图框。

第4步:绘制图框。各项参数准备完毕,按"确定"按钮即可自动绘制出用户所要求的标准图框。生成的图框文件被自动保存在用户指定的文件中,无须用户保存。

注意:输入的经纬度值和间隔值的单位在输入窗口中有提示,用户按要求输入即可。另外,这类图框也可用"根据图幅号生成图框",直接在相应对话框中输入图幅号即可。

(2)生成1:500,1:1 000 和1:2 000 等大比例尺矩形分幅标准图框

1:2 000、1:1 000 比例尺或更大比例尺的地图采用的不是标准经纬网分幅,而是采用标准矩形分幅,下面以1:500 的标准矩形图框为例介绍其生成步骤。

第1步:在投影变换模块中选择"系列标准图框"→"生成1:500 图框"功能选项,则系统弹出1:500 图框参数设置对话框,如图3.54 所示。

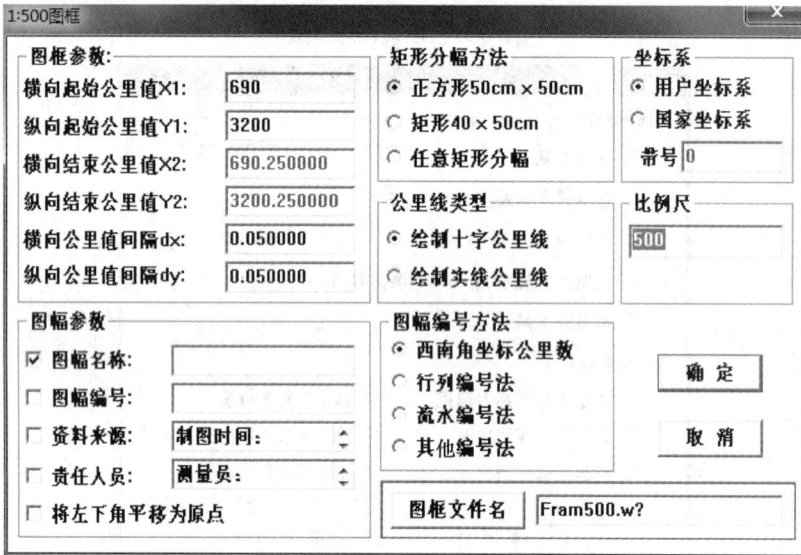

图 3.54 1:500 标准矩形图框参数设置对话框

从图中可看出,对于大比例尺的矩形图框,其图框范围的输入参数与小比例尺不同,其输入的参数是公里值,而非经纬度值。

第2步:设置图框参数。1:500 矩形图框的参数说明具体如下:

①选择矩形分幅方法:这几种大比例尺的图框一般采用40 cm×50 cm(横向 40 cm,纵向50 cm)的矩形分幅或50 cm×50 cm 的正方形分幅;此外,也可以根据实际需要使用任意矩形分幅。

②输入图框参数:若分幅为标准的40 cm×50 cm 或50 cm×50 cm,则只需输入左下角起始公里值即可,公里线间隔一般用缺省参数即可。若是任意矩形分幅,则需用户根据实际情况

输入公里值的起始范围和结束范围及其间隔了。

③图幅参数：对于初学者，只需注意是否"将左下角平移为原点"。它与上面所讲的小比例尺图框的参数一样：选择"是"（打"√"为选中），则图形为非绝对坐标；选择"否"，图框为绝对坐标。其他的图幅参数则可以不输入。

④选择公里线类型：选择是绘制十字公里网还是实线公里网。

⑤选择图幅编号方法：一般可采用默认的西南角坐标公里数。

⑥选择坐标系：包括用户坐标系和国家坐标系两种。一般情况下，选择用户坐标系。用户坐标系是用户根据自己的测区所建立的坐标系，而国家坐标系实际上是采用统一6度、3度分带所建立的坐标系。所以在采用国家统一坐标系时，图廓间的公里数根据需要加注带号和百公里数，如：X：^{19}29.2　Y：^{375}58.0。其中百公里数可以根据输入的起始值来确定，而带号需要用户输入。在国家坐标系选项下有带号输入窗口用来输入坐标带号。若选择国家坐标系选项即可激活该窗口。

⑦输入文件名：直接输入生成图框的文件名或先通过按钮打开一个对话框，然后再输入文件名。

各项参数都设置好后，单击"确定"按钮，系统即可自动生成所需图框。

二、生成非标准图框

非标准图框的生成主要是针对1∶5 000以下的小比例尺梯形图框而言的（包括1∶5 000）。对1∶5 000以上的大比例尺矩形图框的非标准图框，则可直接在其标准图框中选择"任意矩形分幅"的分幅方法即可。

小比例尺的非标准图框的生成主要是通过"投影转换"菜单下的"绘制投影经纬网"功能生成的。其生成步骤具体如下：

第1步：执行菜单命令："投影转换"→"绘制投影经纬网"，系统会弹出如图3.55所示的参数输入对话框。

第2步：设置投影经纬网参数：需要设置的主要图框参数如图3.55所示。以下按照设置参数的因果顺序，分别介绍各参数的设置。

①设置输入起始及结束经度（纬度）的角度单位：单击对话框右侧左下角的"角度单位"按钮，系统弹出如图3.56所示的输入投影参数对话框。

设置角度单位的参数时，椭球面和投影面高程有则输入，没有则不管。

注意：A.坐标系类型是"地理坐标系"时，坐标单位就不能选择长度单位，只能选择经纬度，并可根据需要设置为度、秒或度分秒。一般情况下，选择度分秒（DDDMMSS.SS）。B.角度单位的设置决定了要输入的经纬度等参数的单位。

在此以最小起始经度98°，最小起始纬度28°的一组数据（98°，28°）为例进行详细说明。

选择坐标系类型为"地理坐标系"，如果选择的坐标单位是"度"，则输入值为（98，28）；若选择的单位为"秒"，则输入的值为（37800000，11520000），即将"度"换算为"秒"；若选择的单位为度分秒（DDDMMSS.SS），则输入的值为（980000，280000）。

②设置投影参数：投影参数的设置决定了所绘制图框的坐标单位及图框的位置、大小及

变形等。其参数对话框与角度单位的参数对话框完全相同,显著区别是:其坐标系类型除了可使用"地理坐标系外",还可根据需要选用其他类型的坐标系,如投影平面直角坐标系等。

图 3.55 投影经纬网参数输入

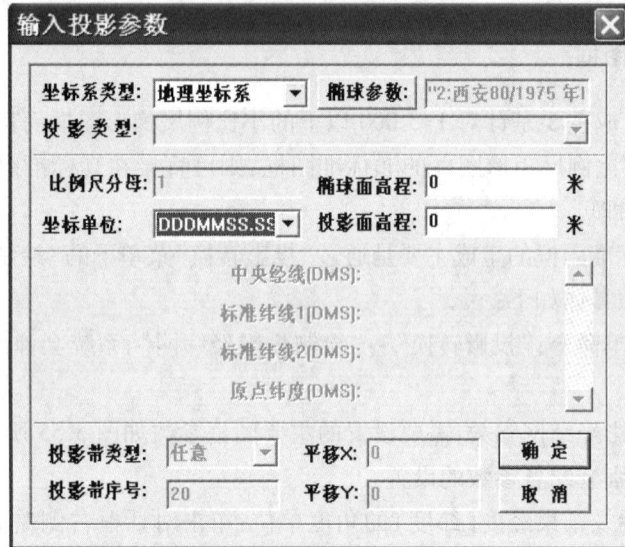

图 3.56 角度单位设置

在设置投影参数时,应注意以下几点:

A.若选择"投影平面直角坐标系",则坐标单位只能选择长度单位,而不能选择经纬度单位。

B.若选择"地理坐标系",则坐标单位只能选择"度"或"秒",而不能选择"DDDMMSS.SS"。

③设置线参数:线参数可根据用户的实际需要设置,一般情况下使用缺省参数即可。

④设置点参数:设置点的宽度和高度,其他的参数一般不需设置,只需使用缺省参数即可。

⑤输入经纬度:输入起始经纬度的范围、经纬线间隔(即每隔多少画一条经线或纬线)、经

线点密度(即每隔多少纬度在经线上画一个坐标点)、纬线点密度(每隔多少纬度在经线上画一个坐标点)。点密度越小绘制的点就越密,所绘出的经纬网就越光滑,同时绘制的速度也越慢。

在输入经纬度时,应注意以下几点:

A.经线(纬线)点密度大于等于经纬线间隔或密度设置为 0 时,点密度以经度线(纬度线)间隔值为准。

B.经纬度参数的单位要与①中所设置的角度单位保持一致。

⑥设置公里网:若选择"绘制经纬网"(打"√"为选中),则绘出来的图框是公里线构成的公里网图框,在该图框上,除了图框 4 个角点标注的是经纬度外,其他标注则为公里值。

第 3 步:设置经纬网的辅助参数。设置完上面所讲的经纬网主参数后,按"确定"按钮,系统弹出如图 3.57 所示的对话框。

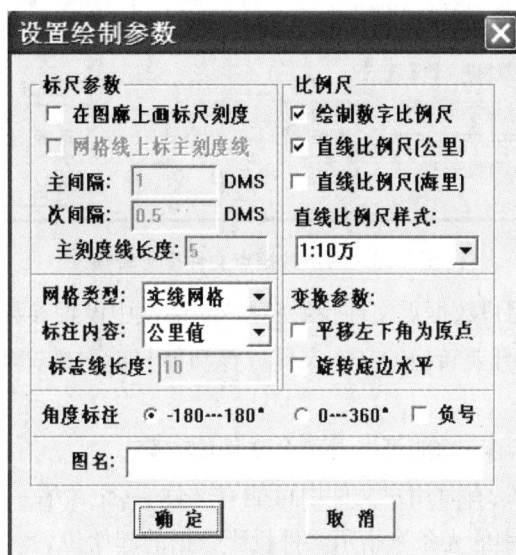

图 3.57　图框辅助要素设置

在辅助参数对话框中,需要设置的几个重要参数说明如下:

①直线比例尺样式:辅助对话框中最重要的一个参数,该参数设置得正确与否,将直接影响到图框的正确与否。

②网格类型的设置:网络类型的设置与标准图框相同。

③图框参数:非标准图框的图框参数与小比例尺标准图框的图框参数设置相同。

标尺参数、比例尺及图名则根据用户的需要取舍;对于初学者,可以不管。

参数设置完毕后,按"确定"按钮,系统即自动绘制出图框。

注意:绘制出的图框名为"NONAME.W＊",该文件名是一个临时文件名,系统不会长久保存。如需保存结果,一定要到"文件"菜单下选择"保存文件"或"另存文件"。

三、用户文件投影转换

"用户文件投影转换"功能就是在用户有成批文本数据需投影转换时,利用该转换功能来完成此任务。选中该功能项后,系统随即弹出用户文件投影转换窗口。用户文件投影转换的步骤如下所述。

第 1 步:进入 MapGIS 的投影变换功能模块,执行如下操作:"投影转换"→"用户文件投影转换",弹出如图 3.58 所示对话框。

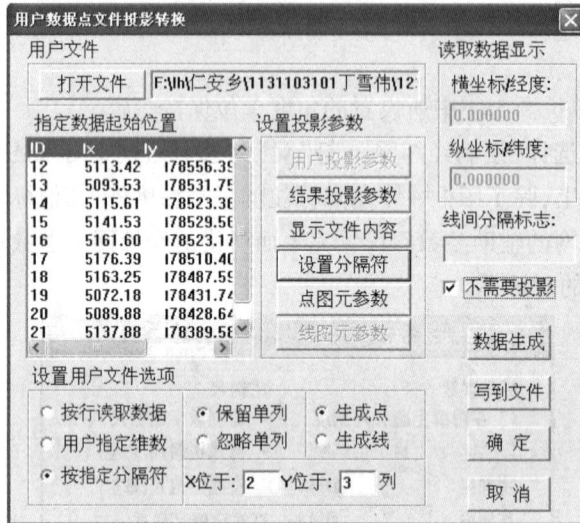

图 3.58　用户数据点文件投影转换

第 2 步:在弹出的"用户数据点文件投影转换"对话框中设置参数。

"打开文件":用来打开要转换的文本文件。该功能只能对纯文本文件进行转换,目前不支持其他类型的文件。

"显示文件内容":利用该功能可查看整个文件的内容。

"指定数据起始位置":有时用户文件中可能有文件头,记录着一些不需要转换的文字信息,通过方向键移动列表中的光条来指示文件投影数据的起始位置。

"按行读取数据":若文件中的每一个投影数据(x,y)或(L,B)存放在同一行,即按一行一行存放的,就选择"按行读取数据"。同时输入投影点在行内偏移的个数以及投影点的顺序,即 x 在 y 之前还是之后。"x->y 顺序"表示 x 数据放在 y 数据之前,"y->x 顺序"表示 y 数据放在 x 数据之前。读取数据正确与否可通过屏幕右上角的数据显示窗口来观察。

"用户指定维数":若是有多维数据,如三维数据(x,y,z),每一个投影数据点并不要求都放在同一行,此时就得选择按维读取数据。同时输入数据维数以及投影点数据从第几维开始。同样,还得选择投影点的顺序,即 x 在 y 之前还是之后。

"按指定分隔符":如果所给文本文件列中除位置坐标外,还有相应的属性数据,而且这些数据还要插入投影生成的图元文件的属性中;或者仅仅想将位置坐标进行投影,而其他信息根据用户需要保留相应列,再写到另一个文本文件中,这时只有使用"按指定分隔符"。选择该选项,则必须通过"设置分隔符"功能按钮来指定分隔符号,分隔数据列,此时"设置分隔符"按钮变为可用。

"设置分隔符":选择"设置分隔符"按钮后,系统会弹出如图 3.59 所示对话框。在该对话框中,上边是分隔符号,包括 Tab 键、分号、逗号、空格及其他由用户指定的单个符号的分隔符号。中间列表是浏览数据列表,用来显示当前分隔符号分隔的数据列及分列结果。其中分隔出的数据列不能有任何非数值型字符,否则提取出的数据会有问题。在输入其他分隔符号时,先输入分隔符号,再选择"其他"选项,才能生效。

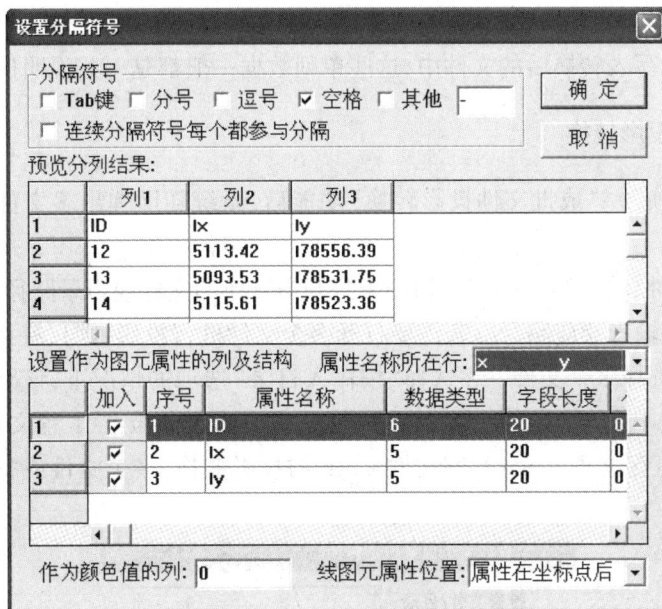

图 3.59　设置分隔符号

在分隔符号下,有"连续分隔符号每个都参与分隔"选项,该功能表示对于连续的分隔符号(如,,或,;等)是否看作一个分隔符号。若选择该选项,则每个符号都要进行分隔列,即认为连续的分隔符号间有数据,只不过是空数据。若不选择该选项,则这些连续的分隔符号将一起被看作一个分隔符号,即认为连续的分隔符号间没有数据,可能是用户误操作,或仅仅为了数据对齐等。对于空格分隔符号,系统内定为连续分隔符号视为单个处理,即是否选择该选项,对于连续的空格分隔符号,都被看作为一个空格,选项不起作用。

"用户投影参数":通过"用户投影参数"功能设置当前文件的投影坐标系及参数。如果转换过程中不需要投影,则设置右边不需要投影选项,此时该按钮将变灰,且投影按钮将变为"数据生成"按钮。

"结果投影参数":通过"结果投影参数"功能设置转换后目的文件的投影坐标系及参数。

"点图元参数""线图元参数":用户文件的投影结果既可以生成 MapGIS 子图,也可以生成 MapGIS 线图元。可通过用户文件选项下的"生成点"和"生成线"选项来设置。若选择"生成点",则投影点结果生成子图,子图的缺省参数可通过"点图元参数"按钮来设置。若选择"生成线",则投影点结果可以连接生成线,此时得在文本文件中输入线结束标志,并在上图投影窗的线间分隔标志窗口中输入该标志,来说明哪些点应该连接成一条线。生成线的缺省参数可以通过"线图元参数"按钮来设置。

"投影变换/数据生成":所有选择项设置完毕,单击"投影变换/数据生成"按钮,即可开始投影转换,投影结果生成相应的 MapGIS 图元文件。投影完毕可通过复位窗口来查看投影结果,投影结果文件名为 noname。

"写到文件":生成明码或 MapGIS 表结果文件。若用户需将投影结果写到文本文件中,那么单击"写到文件"按钮,此时系统提示用户输入投影结果文件名,输入完毕即开始转换,并将结果写到该文件中。若用户选择"按指定分隔符"选项来读取数据,那么写入文件的数据、格式及顺序由设置分隔符号窗口的属性列表来指定,同时,应设置下边的选项,指定是否将原文件中的单列数据写入转换后的文件中,这些单列数据一般都是一些说明信息。

四、成批文件投影转换

选择"投影变换"→"成批文件投影转换"功能后,系统随即弹出多文件或整个目录投影变换功能窗,其中:

"投影变换文件/目录":该功能按钮用来打开需转换的文件或目录路径,也可以在该按钮右边的窗口中直接输入相应路径。若需要打开多个文件进行投影,则只有按该按钮打开文件选择窗口,再同时选择多个文件。在选择"按输入目录"选项的情况下,该路径输入窗口支持通用匹配符,如 *.wl 或 A *.w? 等。目前成批文件投影变换支持工程文件 *.mpj、线文件 *.wl、点文件 *.wt、区文件 *.wp 和网文件 *.wn 的投影变换,多个文件或整个目录投影转换如图 3.60 所示。

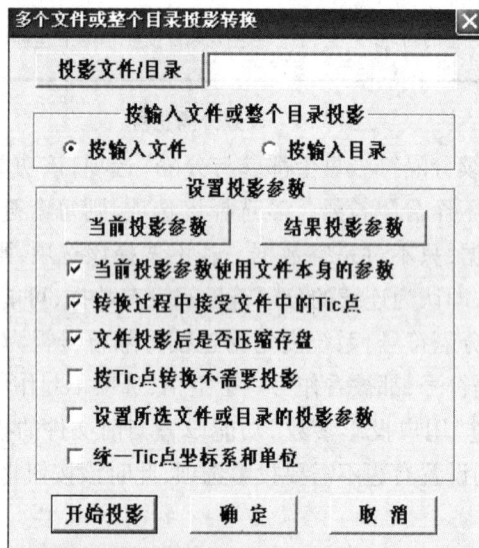

图 3.60　成批文件投影转换

"按输入文件"或"按输入目录":该功能选项用来指定投影数据源,"按输入文件"选项表示只投影所选的文件(单个文件/多个文件),"按输入目录"表示投影整个目录下的文件,此时若指定通用匹配符,将只投影满足条件的文件。

"设置投影参数":既然要进行投影转换,就得设置投影转换前后的坐标系及投影参数。其中,"当前投影参数"功能用来设置文件投影转换前的投影坐标系及参数,"结果投影参数"功能用来设置转换后的投影坐标系及参数,即目的投影。

"当前投影参数使用文件本身的投影参数":若所选文件的当前投影参数不一样,则不能使用由"当前投影参数"功能设置的统一参数,此时就得选择该选项。当选择该选项时,每个需转换的文件中必须有投影参数才行。

"转换过程中接受文件中的 TiC 点":若所转换文件的坐标系与其投影参数对应的大地坐标系不相吻合,就得输入控制点来实现坐标系的转换。该选项决定在转换的过程中是否要进行坐标系转换。若需要使用文件中的 TiC 点进行转换,就选择该选项。

"文件投影后是否压缩存盘":若选择该选项,转换后的文件将进行压缩存盘,清除文件中记录有删除标记的图元。

"按 TiC 点转换不需要投影":如果数据不需要投影,仅根据文件中的 TiC 点进行位置变换,则选择该选项,否则必须取消该选项。

各项参数设置好后,按"开始投影"功能按钮开始转换,转换后的文件将自动保存在原文件名中。所以用户若需要保留原文件,需要将其保存到另外一个目录中,再开始转换。

五、点位置转换为属性并导出

(1)点位置转换为属性

①打开"投影变换"模块,选择"工具"菜单下的"点位置转换为属性"命令,如图 3.61 所示。

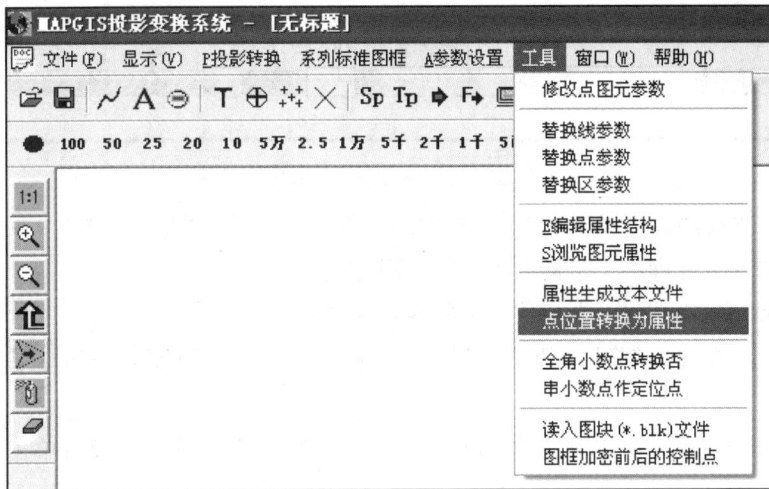

图 3.61　点位置投影转换

②设置参数并进行转换

a.在弹出的"点位置或注释生成属性"对话框中设置参数,如图 3.62 所示。

"选择文件方式":选择文件打开的方式。

"图元文件":从计算机中选择需要将点位置转为属性的点文件(此处为:矿点.wt)。

转换条件:选择"转换所有"。

b.编辑点文件属性结构。

单击对话框右边的"属性结构"按钮,出现如图 3.63 所示的"编辑属性结构"对话框,在该对话框中建立两个新的属性字段 x,y,分别用来存储点的 x 坐标值和 y 坐标值,然后单击 OK 回到前面的"点位置或注释生成属性"对话框中继续设置。

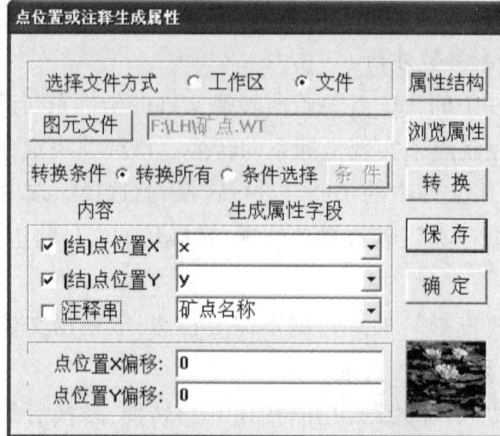

图 3.62　点位置或注释生成属性

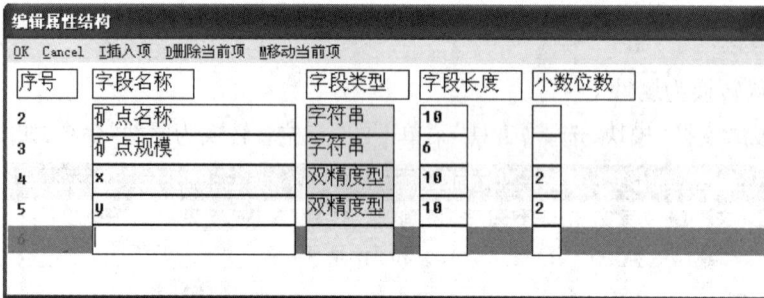

图 3.63　编辑属性结构

c.在"点位置或注释生成属性"对话框中继续设置后面的参数。

"结点位置 x":x(即将 x 坐标放到 x 属性列存储)。

"结点位置 y":y(即将 y 坐标放到 y 属性列存储)。

设置完成后,单击"转换"按钮,然后单击"保存"按钮,保存刚刚转换的结果点文件(保存为矿点-123)。

d.单击"浏览属性"可以查看其转换后的结果,如图 3.64 所示,最后单击"确定"按钮退出。

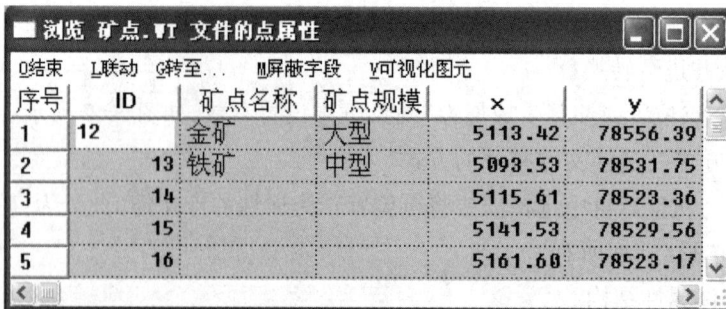

图 3.64　浏览矿点文件的点属性

(2)导出属性表

第 1 步:进入 MapGIS 的"投影变换"模块,在"工具"菜单下打开"属性生成文本文件"命令,如图3.65所示。

第2步:设置图元属性转换生成文本文件的参数,如图3.66所示。

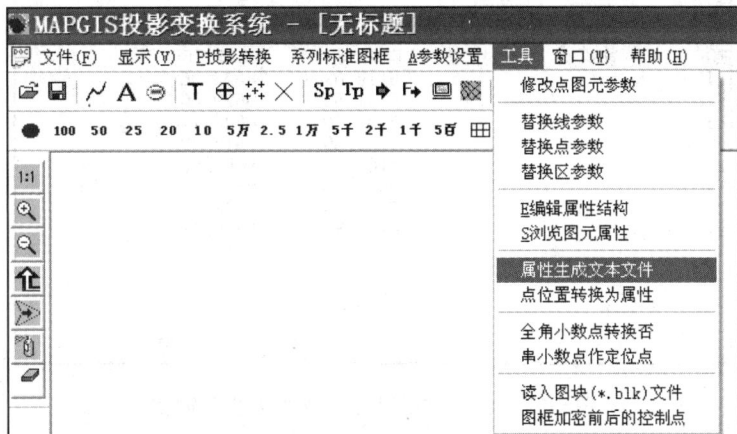

图3.65　属性生成文本文件

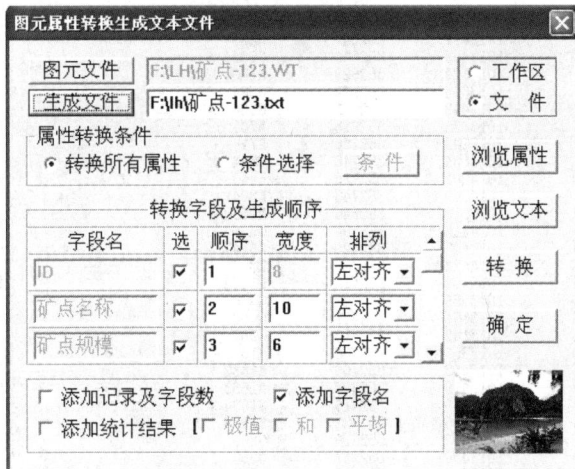

图3.66　图元属性转换生成文本文件的参数设置

参数设置好后,单击"转换"按钮进行转换,然后单击"确定"按钮退出即可,在计算机中找到生成的TXT文件并打开,如图3.67所示。

[任务实施]

1.在MapGIS6.7中生成"析届日幅矿产地质图"的图框,图幅参数为:

图幅编号:I47E004023

图幅范围:101°30′ E~101°45′ E,35°20′ N~35°30′ N

坐标网间距:1 km

2.利用MapGIS6.7的"用户文件投影转换"功能将如图3.68所示的"矿点属性列表.txt"文本文件转换为MapGIS点文件,其中点图元用34号子图表示。转换过程中需要进行投影转换,结果投影参数为1∶5万比例尺、投影类型为高斯-克吕格投影、西安80坐标系;原始投影参数:西安80坐标系。

示例数据路径：\MapGIS 示例数据\任务 3.3\矿点属性列表.txt。

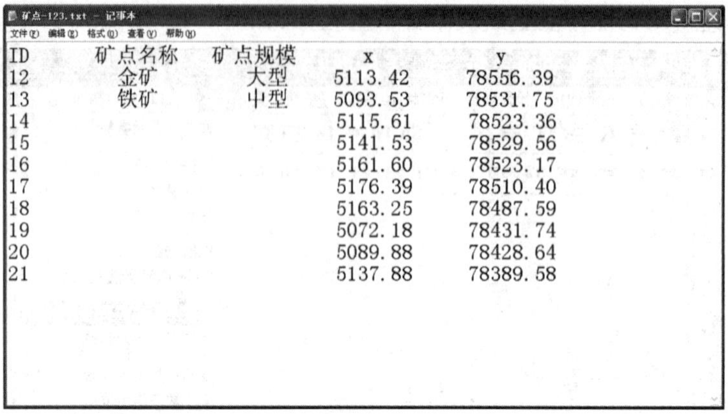

ID	矿点名称	矿点规模	x	y
12	金矿	大型	5113.42	78556.39
13	铁矿	中型	5093.53	78531.75
14			5115.61	78523.36
15			5141.53	78529.56
16			5161.60	78523.17
17			5176.39	78510.40
18			5163.25	78487.59
19			5072.18	78431.74
20			5089.88	78428.64
21			5137.88	78389.58

图 3.67　图元属性转换生成的文本文件内容

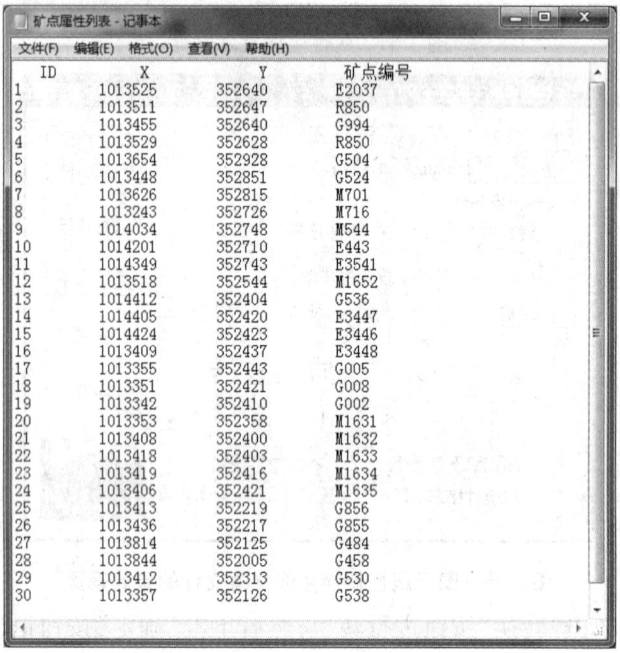

ID	X	Y	矿点编号
1	1013525	352640	E2037
2	1013511	352647	R850
3	1013455	352640	G994
4	1013529	352628	R850
5	1013654	352928	G504
6	1013448	352851	G524
7	1013626	352815	M701
8	1013243	352726	M716
9	1014034	352748	M544
10	1014201	352710	E443
11	1014349	352743	E3541
12	1013518	352544	M1652
13	1014412	352404	G536
14	1014405	352420	E3447
15	1014424	352423	E3446
16	1013409	352437	E3448
17	1013355	352443	G005
18	1013351	352421	G008
19	1013342	352410	G002
20	1013353	352358	M1631
21	1013408	352400	M1632
22	1013418	352403	M1633
23	1013419	352416	M1634
24	1013406	352421	M1635
25	1013413	352219	G856
26	1013436	352217	G855
27	1013814	352125	G484
28	1013844	352005	G458
29	1013412	352313	G530
30	1013357	352126	G538

图 3.68

任务 3.4　图像校正

[任务目标]

1.掌握影像文件格式（＊.MSI）与常用的各种影像数据格式文件（如 Tiff、GeoTiff、Raw、Bmp、Jpeg）的相互转换。

2.掌握图像校正的流程和具体操作方法。

[任务描述]

通过本任务的学习,能对 JPG 或 TIFF 格式的地图进行图像校正并输出成 MSI 格式影像文件。

[知识准备]

地图的图像校正需要在 MapGIS 的图像处理分析系统(MsiProc)中完成,该系统是一个集分析处理、编辑等功能的专业图像处理软件,它能对各种栅格化数据(包括各种遥感数据、航测数据、航空雷达数据、各种摄影图像数据,以及通过数据化和网格化得到的地质图、地形图、各种地球物理、地球化学数据和其他专业图像数据)进行分析处理。

单击 MapGIS 主界面上的"图像处理"→"图像分析"即可进入图像处理分析系统,该系统提供了下述功能。

①数据转换:支持系统专用影像文件格式(∗.MSI)与常用的各种影像数据格式文件(如 Tiff、GeoTiff、Raw、Bmp、Jpeg 等)的输入输出转换,以及 MSI 与 MapGIS 其他子系统数据文件格式(如 ∗.grd、∗.rbm)的相互转换。此外系统还支持源格式影像数据的输入输出。

②图像显示:支持各种类型影像数据的显示漫游,像元灰度信息检索和空间位置查询,直方图(灰度、RGB 及多信道的直方图)信息显示,图像直方图的动态编辑显示。

③图像分析处理:支持各种低频、高频、线性和非线性函数的滤波增强和自定义滤波变换;支持多种彩色模型的彩色合成及分解,色度空间变换;支持图像的自定义算术表达式运算;提供方便灵活的感兴趣区的编辑。

④图像分类:提供统计分类功能,包括直方图统计、多元统计、主成分分析、非监督聚类(平行六面体分类、最小距离分类和广义距离分类)、监督分类(平行六面体分类、最小距离分类和广义距离分类)和分类后处理;支持可视化的监督学习。

⑤图像镶嵌配准:提供图像控制点编辑,图像之间的配准,图像与图形之间的配准,图像镶嵌,图像的几何校正,图像重采样以及 DRG 数据生产。

⑥图像融合:提供图像的加权融合、IHS 彩色空间变换融合、基于小波的 IHS 变换融合和基于小波的特征融合。

⑦图像裁剪:支持对图像进行任意形状的裁剪。

⑧图像编辑:支持对图像进行复制、粘贴、拷贝、画线、画点处理。

⑨栅格矢量转换:支持栅格影像文件和矢量文件的相互转换。

API 开发函数库:定义了支持各种功能多数据源的 MSI 栅格数据格式(支持所有的数据类型,包括从 8 位的字节数据到 64 位的双精度浮点数据),完成了 16 位和 32 位的图像处理和分析函数库。

地质制图主要用到该系统的图像镶嵌配准、数据转换等功能。

一、数据转换

多源图像处理分析系统(MSIPROC)处理采用的是专用文件格式(∗.MSI),因而在影像处理前后需要进行其他格式的影像文件与 MSI 文件间的互相转换。系统提供 MSI 与常用图像文件格式(如 Tiff、GeoTif、Bmp、Jpeg),原格式影像文件以及 MapGIS 栅格文件(∗.Rbm),MapGIS 高程格网文件(∗.Grd)间的互换处理。此外系统还提供 RGB 影像和索引影像的互相转换。

（1）数据输入

该选项用来将其他格式的影像数据转换成 MSI，执行"图像处理"→"图像分析"→"文件"→"数据输入"命令，弹出对话框如图 3.69 所示。

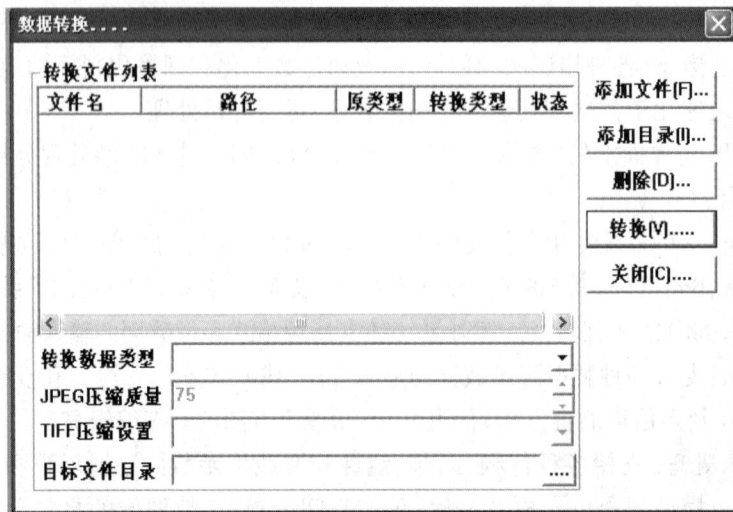

图 3.69　数据转换对话框

参数说明：

"转换数据类型"：可转换成 MSI 文件的其他影像文件格式，目前支持的影像文件类型包括 Bmp、Tiff、GeoTif、Dom、JPG、RBM 和 GRD 等。

"JPEG 压缩质量"：此项在进行数据输入时不需设置。

"目标文件目录"：转换生成的 MSI 文件的存放目录。

操作说明：

数据输入功能可对单一影像进行转换或同时对多个影像进行批次转换，具体操作如下。

①选择"转换数据类型"列表，从中选择需要进行转换的数据类型。

②单击"添加文件"或"添加目录"按钮，添加所要转换的文件。单击"添加文件"则弹出文件选择对话框，从中选择需要进行转换的文件，该文件将显示在转换文件列表中；单击"添加目录"则弹出目录选择对话框，从中选择转换文件所在目录，则系统会将所选取目录下所有符合转换数据类型的文件添加至转换文件列表中。

③若要删除转换文件列表中的某一文件时，在转换文件列表中选择该文件，然后单击删除按钮即可。若还需转入其他格式的文件，则重复步骤 1~2 直至所有进行转换的文件添加完毕。

④选择"目标文件目录"，弹出目录选择对话框，从中选择转换后的 MSI 文件存放的目录。

⑤单击转换，则系统自动会对转换文件列表中的文件进行转换，当弹出"转换完毕"对话框时，则文件全部转换完毕。转换成功的文件将在转换文件列表中的状态项显示成功，否则显示失败。

注意：

①文件转换过程中可能会出现警告对话框（一般在转换 Tiff 文件时），此时单击忽略即可，不影响文件转换。

②在批次转换时的两个文件转换间以及转换完毕后，系统可能需要等待一段时间整理数据，只有当"转换完毕"的对话框弹出时数据转换才进行完毕。

（2）数据输出

该选项用来将 MSI 转换成其他格式的影像数据，执行"图像处理"→"图像分析"→"文件"→"数据输入"命令，弹出如图 3.70 所示对话框。

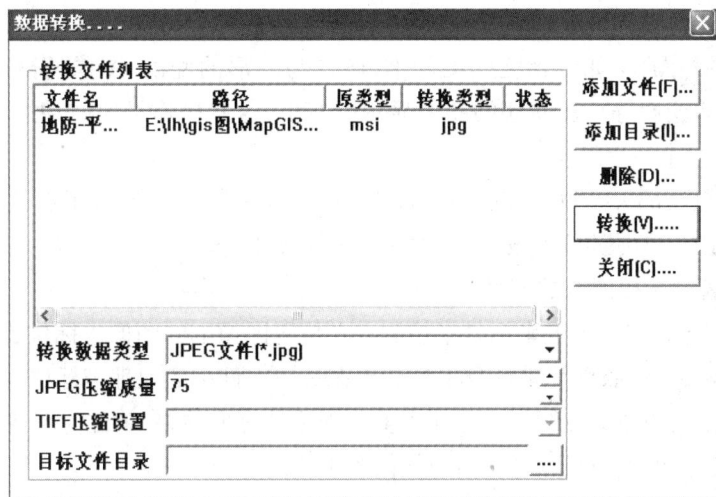

图 3.70　数据输出对话框

此处的参数设置及操作可参照数据输入部分，需要注意的是：当输出文件格式为 JPEG 时，需要设置 JPEG 压缩质量，缺省值为 75，选择范围为 0~100，其中 0 对应的压缩比最大，100 对应的压缩质量最好，但压缩比较小。

二、图像校正

镶嵌配准是图像处理中一个重要的组成部分，利用该功能可以完成影像几何校正，影像镶嵌等实用操作。

（1）校正文件和参照文件

在图像镶嵌配准部分有两类文件：校正文件和参照文件。

①校正文件。

a.校正文件是指需要进行几何校正和坐标参照处理的文件。

b.校正文件以参照文件为标准进行处理（例如，在进行坐标参照时，通过控制点使得校正文件以参照文件为标准加上坐标信息；图像镶嵌时，校正图像的灰度以参照图像的灰度为标准进行灰度变换处理）。

c.校正文件仅包括 MSI 图像文件。

d.校正文件中的控制点信息是镶嵌配准部分的主要处理对象，用户通过编辑校正文件中的控制点信息,从而完成各项功能。

②参照文件。

a.参照文件是指在对校正文件进行处理时作为标准的文件。

b.参照文件包括参照 MSI 图像,参照点图形文件(＊.WT),参照线图形文件(＊.WL),参照区图形文件(＊.WP),参照图库文件(＊.dbs)。

(2)控制点

在图像镶嵌配准部分,控制点信息是主要处理对象,用户通过编辑校正文件中的控制点信息,从而完成其他各项功能。

①控制点作用。在 MSI 图像中加入几何控制点信息后,MSI 图像便具有地理坐标的概念,它就能完成各种操作,如图像之间的配准、图像与图形的配准、图像的镶嵌、图像几何校正、几何变换、投影变换等。在 MSI 的图像显示引擎下,这些操作可实时动态完成,无须生成新的图像文件。

②控制点的组成部分。每个控制点由以下部分构成:控制点号、校正点 X 坐标、校正点 Y 坐标、参照点 X 坐标、参照点 Y 坐标、计算残差和控制点状态。

a.控制点号表示该控制点的编号。

b.校正点 X 坐标、校正点 Y 坐标是指控制点在校正图像上的图像坐标位置。

c.参照点 X 坐标、参照点 Y 坐标是指控制点在参照文件中的地理坐标位置。

d.残差表示校正图像上控制点实际输入值与理论计算值的差,单位为图像坐标(像素)。

e.控制点状态标识该控制点是否参与几何校正等运算。

③控制点列表显示窗口。显示校正文件中当前所有控制点的 4 个坐标值、残差及状态。

在控制点删除和更新状态下,用户单击该窗口中的一个控制点信息行,系统将以该点为当前控制点并弹出校正文件局部放大显示窗口和参照文件局部放大显示窗口,供用户进一步进行操作。对于用户已知控制点精确坐标的情况,用户可在控制点列表栏中直接进行编辑。

④参照控制点输入编辑窗口。用户只打开一幅校正图像时,系统处于单窗口工作方式;此时添加参照控制点时,将弹出参照控制点输入编辑窗口,以接受用户输入的参照控制点。

⑤控制点个数与校正多项式次数。在 MSIPROC 系统中,几何校正的模型采用了多项式拟合法,系统支持一阶到五阶的多项式几何校正变换。

不同阶的多项式几何校正变换最少控制点数在理论上为:

一阶多项式几何校正(理论最小值):3 个控制点;

二阶多项式几何校正(理论最小值):6 个控制点;

三阶多项式几何校正(理论最小值):10 个控制点;

四阶多项式几何校正(理论最小值):15 个控制点;

五阶多项式几何校正(理论最小值):21 个控制点。

⑥添加控制点的方法。添加一个控制点的操作为:

a.首先,对校正图像做放大、缩小、移动等操作,使校正图像上的目标点明显。

b.其次,单击校正图像上的目标点,系统将弹出一个以目标点为中心的局部放大窗口,目标点在该窗口内被标注为红色"+",可在该窗口内通过单击鼠标左键确定目标点,此时目标点的标注将由红色变为黄色显示。

c.再次,在参照图形用同样的方法找到对应的目标点位置,并用鼠标左键选定目标点精确位置,然后按下"空格"键,系统将弹出添加控制点的确认窗口,用户可以根据需要选择"确认"或"取消"。

d.最后,单击"确认"按钮,则成功输入一个新的控制点,单击"取消"按钮,则取消本次操作。

新添加的控制点的校正坐标和参照坐标将立即在控制点列表窗口中显示出来,在控制点列表窗口中单击鼠标右键,从菜单中选取计算控制点残差,则添加点后的残差将重新计算并显示在控制点列表窗口中。

[任务实施]

在 MapGIS6.7 软件中,对"矿产地质图.JPG"进行图像校正,示例数据路径:\MapGIS 示例数据\任务 3.4\矿产地质图.JPG。操作步骤参考如下:

第 1 步:在 MSIPROC 系统中执行"文件"→"打开影像"命令,打开待校正的 MSI 格式影像。

第 2 步:执行"镶嵌融合"→"打开参照文件"→"参照线文件(或参照点文件)"命令,加载图像校正所需要的参照线(或点)文件,即标准图框。加载参照点线文件后的窗口,如图 3.71所示。

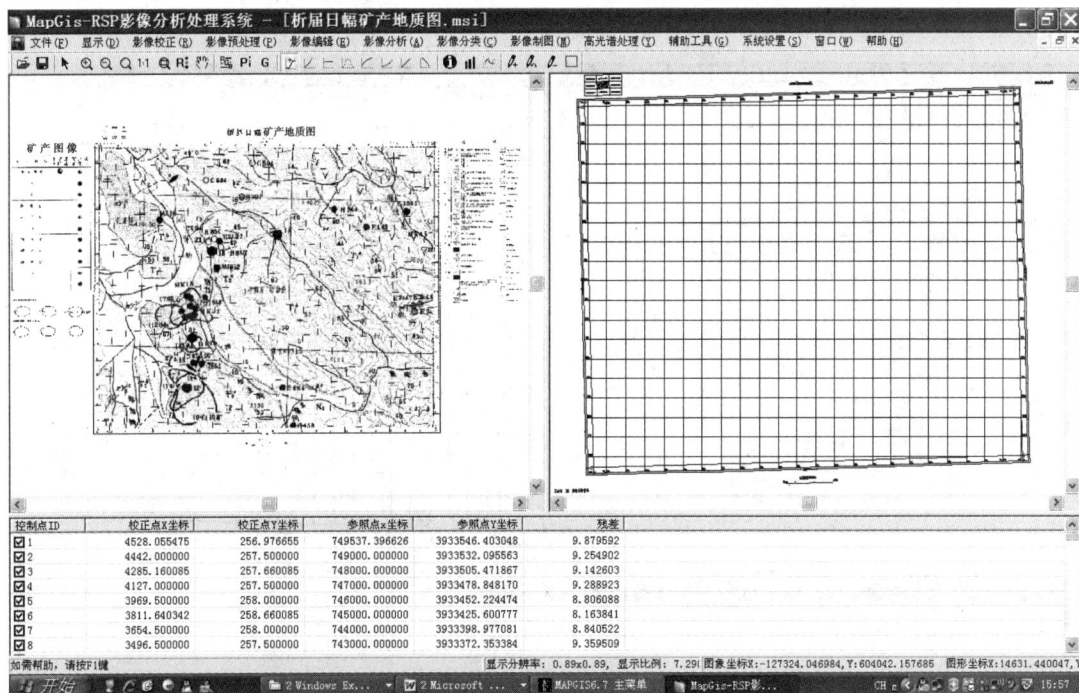

图 3.71 图像校正窗口

第 3 步:执行"镶嵌融合"→"删所有控制点"命令,将图幅自动生成的控制点全部删除,如图 3.72 所示。

第 4 步:执行"镶嵌融合"→"添加控制点"命令,此时可在窗口中添加控制点(可选择图

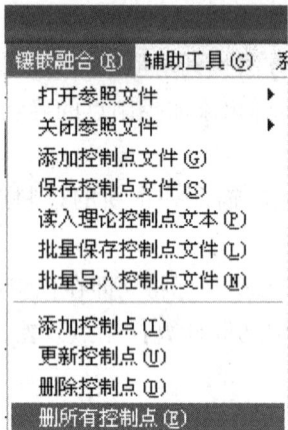

图 3.72　删除自动生成的控制点

幅内框的 4 个角点),控制点添加完成后可执行"镶嵌融合"→"控制点浏览"命令,系统将所有控制点显示出来,如图 3.73 所示。

注意:若此时已有控制点的个数不少于 3 个,在校正图像中选择第 4 个控制点后,系统会自动弹出建议的"参照图像/图形"的局部放大窗口,系统预测的"参照图像/图形"的目标点显示在该窗口的中心,同时被标注为红色"+",用户可以在该窗口中精确定位相应的目标点,也可在局部放大窗口外单击鼠标右键关闭该窗口,重新在"参照图像/图形"窗口中选取目标点。

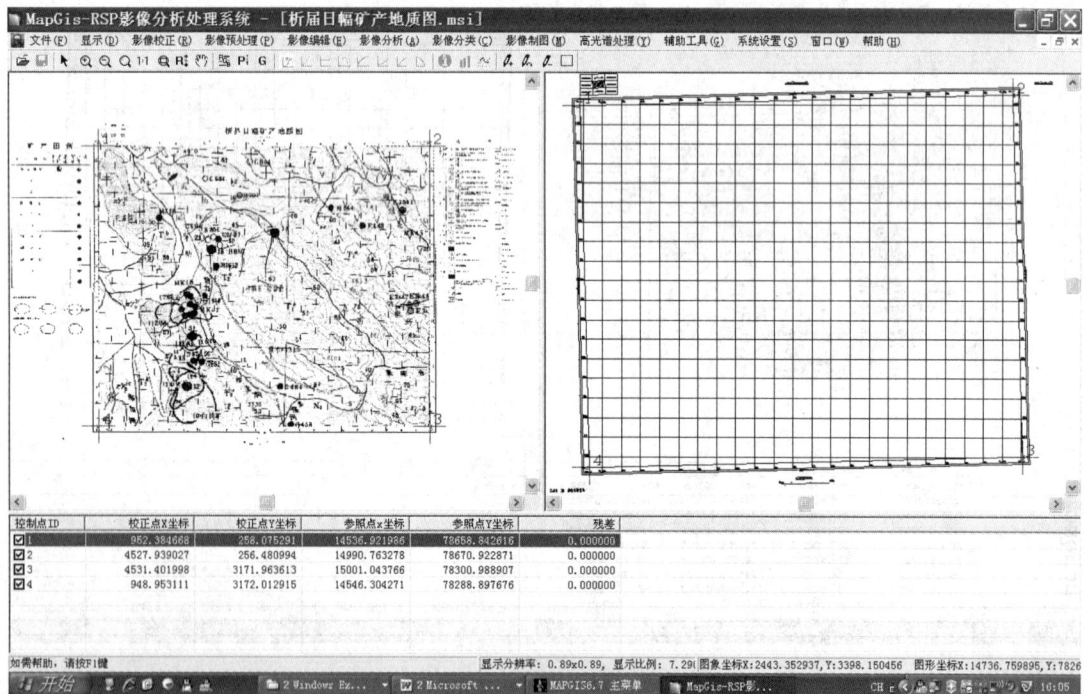

图 3.73　校正控制点浏览窗口

第 5 步:添加完所有控制点后,在控制点列表窗口中单击鼠标右键,从菜单中选取计算控制点残差,则添加点后的残差将重新计算并显示在控制点列表窗口中,残差越小,校正的精度越高,尽量保证残差小于 0.5 个像元。

第 6 步:执行"镶嵌融合"→"校正预览"命令,可在参照图形窗口预览校正效果,如果校正误差较大,效果不满意,可修改某些控制点或重新校正。

第 7 步:校正完成,系统会自动将控制点信息保存在 MSI 图像文件中,也可执行"镶嵌融合"→"保存控制点文件"命令,将这些控制点保存到.gcp 文件中,下次需要校正同一图幅的图像时可直接调出来使用。

注意:如果要进行影像精校正,即逐网格校正,控制点的选取要有一定的顺序,首先要确定 4 个角点,将误差控制在一定的范围内,然后再按顺序添加所有控制点。控制点添加完成后执行"镶嵌融合"→"影像精校正"命令,即可进行逐网格校正。

任务 3.5 误差校正

[任务目标]

1.掌握矢量数据误差校正控制点的采集方法。

2.掌握误差校正的操作流程与操作方法。

[任务描述]

在 MapGIS6.7 软件的"误差校正"功能模块对矢量数据进行交互式误差校正。

[知识准备]

在图件数字化输入的过程中,通常由于操作误差、数字化设备精度、图纸变形等因素,输入后的图形与实际图形所在的位置往往有所偏差,即存在误差。个别图元经编辑、修改后,虽可满足精度,但有些图元,由于位置发生偏移,经编辑后仍很难达到实际要求的精度。此时说明图形经扫描输入或数字化输入后,存在着变形或畸变。出现变形的图形,必须经过误差校正,清除输入图形的变形,才能使其满足实际要求。

误差校正方法包括全自动误差校正和交互式误差校正。

全自动误差校正的基本原理:系统自动采集实际控制点和理论控制点的坐标值,并计算出实际控制点的误差系数,根据所得的误差系数来依次校正点、线、面文件。自动校正适用于控制点较多,误差校正精度要求较高的图形。

交互式误差校正是由用户来选择控制点,适用于所选控制点较少,误差校正精度要求不高的图形。

一、采集校正控制点

控制点是指能代表图形中某块位置坐标的变形情况,其实际值和理论值都已知或可求得的点。如图形中经纬网交点,从位置上它可表示一幅图的位置情况,其周围点的位置坐标往往是以其为依据。在一幅图中,具体经纬网点的理论坐标可以经计算或根据标准经纬网求得,故经纬网点往往作为校正用的控制点。控制点的选取应尽量能覆盖全图,而且要均匀,至于控制点的多少则根据实际情况确定,若图件较大,要求的精度较高,要求的控制点就越多。一般控制点为三角点、水准点和经纬点,控制点越多,控制越精确。

第 1 步:将矢量化好的图形(包括图框)保存为文件,注意图框内的坐标线要和内图框靠近或出头,不要外图框。操作之前,先对线文件进行重叠线、重叠坐标及自相交检查。为了校正方便,也可将同类文件先合并到一起(最好不同要素放在不同图层上,方便后面的文件分离)。

第 2 步:打开"误差校正"子系统,并打开待校正的文件。

第 3 步:在"误差校正"子系统中,执行"控制点"→"控制点参数设置"命令,在弹出的"控制点参数设置"对话框中将"采集数据值类型"为"实际值",如图 3.74 所示。

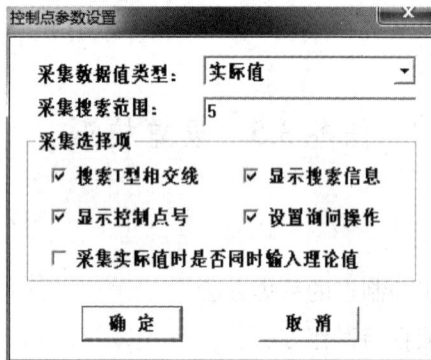

图 3.74　控制点参数设置

第 4 步:执行"控制点"→"选择采集文件"命令,在弹出的对话框中选择前面打开的待校正文件。

第 5 步:执行"控制点"→"添加校正控制点"命令,然后在图形显示区单击鼠标左键来添加控制点的实际值。

第 6 步:采集控制点的理论值。控制点理论值的采集方法有两种:一是直接手动输入;二是从标准数据文件中采集。

方法 1:直接输入。如果在图 3.74 中将"采集实际值时是否同时输入理论值"打钩,则在第 5 步采集控制点实际值时系统会弹出如图 3.75 所示的对话框,在该对话框中可直接输入该控制点的理论值。

方法 2:从标准数据文件中采集。

①打开控制点的理论值采集文件,即标准数据文件,一般为图幅的标准图框。

②执行"控制点"→"设置控制点参数"命令,在弹出的控制点参数设置对话框中将"采集数据值类型"为"理论值"。

③执行"控制点"→"选择采集文件"命令,在弹出的对话框中选择前面打开的标准数据文件。

④执行"控制点"→"添加校正控制点"命令,然后在前面添加的实际值控制点位置单击鼠标左键,系统弹出如图 3.76 所示对话框,在该对话框中输入该点对应的实际值控制点号,单击"确定"按钮。以此方法顺序添加其他理论控制点并输入其对应的实际值近制点号即可完

成理论值的采集。

图 3.75　编辑控制点界面

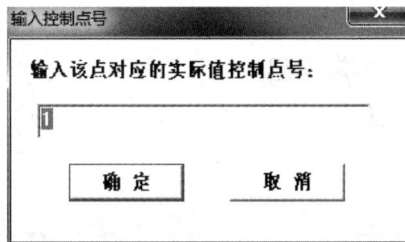

图 3.76　输入对应的实际值控制点号

第 7 步:理论值采集完成后,可执行"控制点"→"浏览控制点文本"命令进行浏览,看是否有误,如有误则需进行更正,最后执行"文件"→"保存控制点"命令,将所采集的控制点保存为控制点文本文件(∗ .pnt)。

二、交互式误差校正

第 1 步:在"误差校正"子系统中打开待校正的文件。

第 2 步:装入校正控制点文件,如果校正控制点文件已装入,则直接进行第三步操作。

第 3 步:分别对点、线、区文件进行校正。执行"数据校正"→"点文件校正转换"命令,对点文件进行校正;执行"数据校正"→"线文件校正转换"命令,对线文件进行校正;执行"数据校正"→"区文件校正转换"命令,对区文件进行校正。

第 4 步:保存校正后的点、线、区文件。

注意:在进行文件校正过程中,如果有几个同类型的文件需要校正,操作过程中要校正一个保存一个,以防校正结果被替换,也可在校正前在"输入编辑"子系统中将需要校正的文件分层保存后合并为一个文件再进行校正,校正完成后再在"输入编辑"子系统中利用"根据图层分离文件"功能将该文件分开。

[任务实施]

对示例数据中的点线区文件进行误差校正,待校正文件路径:\MapGIS 示例数据\任务3.5\待校正文件\,理论参考文件路径:\MapGIS 示例数据\任务 3.5\理论参考文件\。

1.采集实际控制点

在 MapGIS 误差校正系统中装入已经矢量化但未进行坐标校准的"点-待校正.WT""线-待校正.WL""区-待校正.WP"3 个文件。设置控制点参数为"实际值",并选择采集文件,然后依次添加 4 个控制点(在此以 4 个控制点为例,实际应用中为了提高校正精度,可增加控制点数量),实际控制点采集结果如图 3.77 所示。

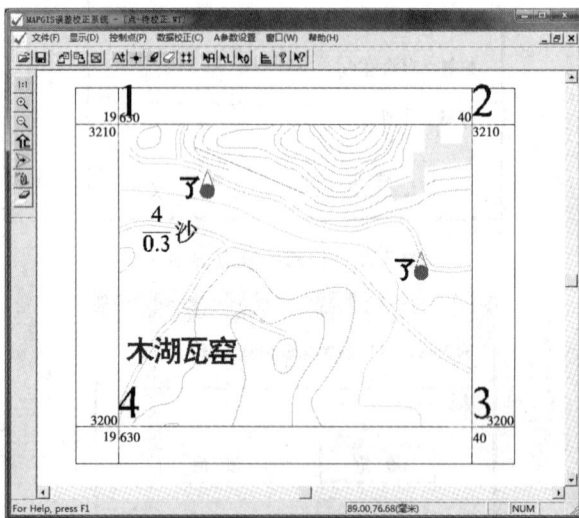

图 3.77　在待校正文件中采集的实际控制点

2.采集理论控制点

实际值添加完成后,打开示例数据中的"理论图框.WL""理论图框.WT"文件,设置控制点参数为"理论值",并选择采集文件(此时将"理论图框.WL""理论图框.WT"作为采集文件),然后依次添加理论控制点,并输入对应的实际控制点的点号,如图 3.78 所示。

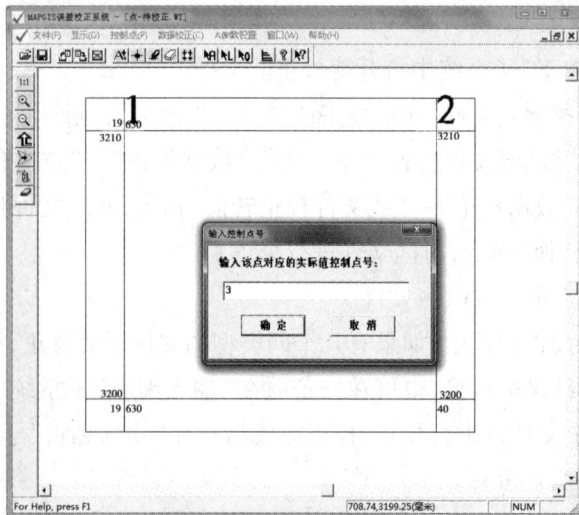

图 3.78　采集理论控制点

3.文件校正

控制点采集完成后,便可依次对"点-待校正.WT""线-待校正.WL""区-待校正.WP"3 个文件进行误差校正,并保存校正结果。

任务 3.6　文件转换

[任务目标]

1.掌握 MapGIS 点线区文件与 AutoCAD 文件格式之间的相互转换方法。

2.了解 MapGIS 点线区文件与 ARC/INFO 数据格式之间的相互转换方法。

[任务描述]

通过本任务的学习,能熟练地将 MapGIS 点线区文件转换为 AutoCAD 的文件格式,也能将 AutoCAD 的文件导入 MapGIS 中进行进一步的编辑处理。

[知识准备]

MapGIS 数据接口转换子系统为 MapGIS 系统和其他系统间架设了一座桥梁,实现了不同系统间的数据转换,从而达到资源共享的目的。

数据输入接口:MapGIS 数据输入接口包括 MapGIS 的明码格式数据接口、DXF 格式接口、DLG 接口、STDF 格式、瑞得全站仪格式、MAPINFO 格式接口及 ARC/INFO 接口,其中 ARC/INFO 接口包括内部格式接口、EOO 格式接口、ARC/INFO 公开格式接口。

MapGIS 的明码格式数据接口是一个开放式的软件数据接口,用户由其他应用软件绘制的图件,只要按本接口的格式写成图形文件,就可以由 MapGIS 系统读入,进行编辑修改和图形输出。MapGIS 系统的图形文件也可输出为明码格式,由其他应用软件调用。AutoCAD 的 DXF 格式也被很多软件广为使用,DXF 格式输入接口可以将其转换为 MapGIS 的标准数据格式,以达到数据共享的目的。ARC/INFO 的数据格式在 GIS 领域应用得十分广泛,因此,MapGIS 提供了与 ARC/INFO 在各个层次上的接口,供用户灵活使用。

数据输出接口:MapGIS 数据输出接口包括 MapGIS 的明码格式数据接口和 DXF 格式、DLG 格式、CGM 格式、STDF 格式、MAPINFO 及 ARC/INFO 接口,其中 ARC/INFO 接口包括内部格式接口、EOO 格式接口、公开格式接口。

一、CAD 与 MapGIS 的转换

AutoCAD 是当今常用的专业绘图软件之一,具有强大的画图、制图功能,在不少行业得到了广泛的应用,包括地质矿产部门。随着 3S 技术的飞速发展,MapGIS 成为众多行业的首选标准软件是必然趋势,在地矿行业尤其如此。因此,CAD 格式文件与 MapGIS 下的图形文件之间的相互转换操作在工作中尤为常用。

(1)AutoCAD 数据转入 MapGIS 数据

AutoCAD 格式的图像转入 MapGIS6.7 平台要注意下述 4 点。

①每一张图纸必须作为一个单独的文件,不能有其他不相关的内容。

②AutoCAD 图件中的图层划分要清晰,不同性质的要素放在不同的图层中。图层划分的原则可以参照建库要求中对图层划分的规定。如果在 AutoCAD 中的分层能满足建库要求,转入 MapGIS6.7 则不需要再分层。

③AutoCAD 图件转入 MapGIS6.7 前,要将所有的填充内容分解,不能分解的全部删除,在点和线转入 MapGIS6.7 后,再建区充色。

④AutoCAD 图件转出时,如果图件所占空间不大,可以存储为一个 DXF 文件。

注: * .dxf 文件用于与 MapGIS 进行数据交换 AutoCAD 格式文件。

在将 AutoCAD 数据转入 MapGIS 时,经常会遇到两边的线型库、颜色库的编码不一致,而且在 AutoCAD 中有些图元是以块的形式组成,这样就造成转换后形成"张冠李戴",有时两边无法对应;另外在转换时还经常需要将 AutoCAD 的某层转为 MapGIS 的对应层。因此,系统提供了一套对照表文件接口:

符号对照表-"arc_map.pnt":CAD 的块名与 MapGIS 的编码对应表。

线型对照表-"arc_map.lin":CAD 的形名与 MapGIS 的编码对应表。

颜色对照表-"cad_map.clr":MapGIS 的颜色号与 CAD 的颜色号对应表。

层对照表-"cad_map.tab":MapGIS 的图层号与 CAD 的图层名对应表。

用户编辑生成这些表文件并将其放在系统库目录下,系统成批或单个文件转换时都会按这个表文件的对应情况来自动进行转换。

AutoCAD 数据转入 MapGIS 数据的转换步骤如下:

第 1 步:将 AutoCAD 的 dwg 格式转换为 AutoCAD 的数据交换格式 DXF,最好选择 R12 版本;转换 DXF 文件时,不要对原图的块(符号)作爆破处理,并且注意原图是否有样条曲线,如果有最好作爆破处理;

第 2 步:将系统库目录设为..\suvslib,并将..\slib 目录下的上述 4 个对照表文件复制至系统库目录..\suvslib 下;

第 3 步:对系统库目录..\suvslib 下这 4 个对照表文件进行编辑,可直接以 Windows 写字板或记事本方式打开,需要注意的是,对照表中 MapGIS 编码是在"数字侧图"系统中查到的,并且要区分对照表的大小写。4 个对照表编辑方法如下:

①符号对照表(arc_map.pnt):符号对照表是 CAD 的块名与 MapGIS 的编码对应表。编辑方法如下:首先在 CAD 中查看符号的"块名",右键单击该符号,在弹出的快捷菜单中选择"特性"命令,系统会将该符号的所有参数显示在一个窗口中,在该窗口的"名称"一栏中可查看到该符号的"块名",将其记录在记事本的第一列;然后在 MapGIS 的"数字测图"系统中查看其在 MapGIS 中对应的编码,方法是在"数字测图"系统中单击"文件"菜单下的"新建"命令,选择"测量工程文件",单击"确定"并保存新建的文件,然后单击"工具"菜单下的"地物编码表"命令,在弹出的对话框中找到与 CAD 中该符号对应的编码,并将其记录在记事本的第二列,格式如下所示:

AUTOCAD(块名)MAPGIS(编码)(此行不记录到记事本中)

W-L	9431
718A	9511
5261	9531

……

②线型对照表(arc_map.lin):线型对照表是 CAD 的形名与 MapGIS 的编码对应表,其编辑方式与符号对照表类似。首先在 CAD 中利用线的"特性"命令查看"线型"一栏中该线的线型编号,将该编号记录在记事本的第一列;然后在 MapGIS 的"数字测图"子系统中打开"地物编码表"对话框,找到该线型在 MapGIS 中的编码,将其记录在第二列,具体格式如下所示:

AUTOCAD(线型)MAPGIS(编码)(此行不记录到记事本中)

CONTINUOUS	2110
DASH1	1402
DASH4	4320
DOT1	1403

……

③颜色对照表(cad_map.clr):MapGIS 的颜色号与 CAD 的颜色号对应表。编辑方法:首先在 MapGIS 的"输入编辑"子系统中新建一个空的工程,单击"系统库"菜单下的"编辑颜色表"命令,在系统弹出的"编辑色标"对话框中可查看某颜色的索引编码,如黑色的索引编码为"1",将该编码记录在记事本的第一列;然后在 CAD 中单击"格式"菜单下的"颜色"命令,系统会弹出"选择颜色"对话框,在该对话框中可查看同一颜色的索引号,如黑色的索引号为"7",则将"7"记录在记事本的第二列,具体格式如下所示:

MAPGIS(颜色号)AUTOCAD(颜色号)(此行不记录到记事本中)

1	7
2	4
3	6

……

④层对照表(cad_map.tab):层对照表是 MapGIS 的图层号与 CAD 的图层名对应表。在 CAD 的"图层特性管理器"中查看图层名称,并将其与 MapGIS 中的图层号对应起来。

MAPGIS(图层号)AUTOCAD(图层名)(此行不记录到记事本中)

0	0
1	等高线
2	河流
3	居民地

注意:

a.AutoCAD 代码与 MapGIS 代码之间不能使用 Tab 键,只能使用空格键。

b.MapGIS 代码后为"Enter"键,不能出现空格。

c.上面列举的对照表文件中第一行(代码说明行)是不需要输入文本中的。

第 4 步：进入"文件转换"模块，选择"输入"→"装入 DXF"菜单命令，将需要转换的 Auto-CAD 文件装入系统中，此时，系统会提示"选择不转出的层"，选择后确定，则系统会按照用户已经设定好的对照关系开始转换。

第 5 步：在窗口中单击右键选择"复位窗口"，则系统会弹出对话框选择需要显示的文件，选择完成后单击"确定"，就可以在窗口中看到转换后的结果文件图了，最后对转换后的结果文件进行存档。

（2）MapGIS 数据转出为 AutoCAD 数据

系统提供了 3 种转换方式将 MapGIS 数据转出为 AutoCAD 的 DXF 格式数据，用户可根据具体情况自由选择。一般来说，数据方式适用于 DXF 文件被作为一个接口供其他软件调用；图形方式和全部图形方式适用于在 MapGIS 上作图，在 AutoCAD 上出图或集成，它仅是字体上与 MapGIS 不同，这种方式将花费大量的时间，占用大量的空间。

GIS 数据方式输出 DXF：这种方式转向 AutoCAD 的线无线型、点无子图、汉字为 AutoCAD 下的单线字（汉字代码）。

部分图形方式输出 DXF：这种方式转向 AutoCAD 的线有线型、区有填充图案（无颜色），子图可以输出，仅汉字为 AutoCAD 下的单线字，不过单线字可以通过 AutoCAD 下的一些简单的编辑替换操作换为用户所期望的字体。

全图形方式输出 DXF：这种方式是在 AutoCAD 上看到的图与 MapGIS 下看到的除线颜色、符号颜色、注记、填充不同外，其余的基本一致。

注意：在向 AutoCAD 转换输出时，由于 AutoCAD 中高程是用 Z 坐标来表示的，而 MapGIS 系统中的高程是放在属性中的，所以转换时系统要求选择一个字段作为高程来输出。在将来 MapGIS 中引入三维坐标后，既可将高程放在属性中输出，也可将其放在图形上输出，用户可灵活选择。

二、MapGIS 与 ArcGIS 数据转换

（1）ARC/INFO 数据输入为 MapGIS 数据

这里以某单位 ARC/INFO 的 EOO 数据为例，说明 ARC/INFO 数据转入 MapGIS 的过程和要点。

1）ARC/INFO 数据说明

要转换的 ARC/INFO 数据为 EOO 格式，数据分 B、L、E、P、T、F、A 7 层，见表 3.8。各图元要素都有相应的编码，所以数据转换前的第一任务是要将 ARC/INFO 下的图示符号与 MapGIS 的图示符号对应起来。

表 3.8　待转换的 ARC/INFO 的 EOO 格式数据

层　名	层码	内容（举例）	ARC/INFO 数据特征类
建筑物	B	建筑物（包括房屋、围墙等）	POLYLINEANNO
道路等	L	道路、部分线状要素、部分面状要素（除房屋外）	LINEPOLY

层　　名	层码	内容（举例）	ARC/INFO 数据特征类
管线	E	各种管线及附属设施（水、电、讯、气等管线以及检修井、杆位等）	LINE
点状要素	P	点状地物（如独立地物、散列植被符号等）	POLY
地形	T	等高线、高程注记点、控制点	LINEPOINTANNO
辅助线划	F	辅助线划（如台阶内短线划、斜坡线、示坡线等）	LINE
汉字注记	A	各类地物的汉字注记（包括建筑物、道路、山体、水系等的汉字注记）	ANNO

2）编辑代码对照表

此项工作是数据转换质量好坏的关键,如果代码对应错误或不全,则转换后的图形会出现错误或丢失信息。图元要素分为点、线、面 3 类,转换前分别编辑点、线、面 3 类图元信息的代码对照表。

代码对照表在记事本下编辑即可,方法与上述 dxf 转换类似。格式如下:

ARC/INFO 代码 MAPGIS 代码

……

点、线、面 3 类图元信息的代码对照表格式相同,制作完成后分别按以下文件名保存:

点 arc_map.pnt

线 arc_map.lin

面 arc_map.reg

保存后将这 3 个文件复制到 MapGIS 大比例尺符号库目录下,即工作目录..\suvslib 下,如 C:\MAPGIS6.7\SuvSlib。

注意要点:

a.ARC/INFO 代码与 MapGIS 代码之间不能使用 Tab 键,只能使用空格键。

b.MapGIS 代码后为"Enter"键,不能出现空格。

c.在 ARC/INFO 下会有一些多余的符号,如汉字注释左下角的定位点,这些点的代码又各不相同,如果不处理则在转换后会随机生成一些点状符号。用户可以按以下方法来处理。在代码点对照表中最后一行加入:

Other MAPGIS 编码

这样转换后会统一生成指定的 MapGIS 符号,可以统一关闭或删除。

3）转换 ARC/INFO 数据

第 1 步:进入 MapGIS 文件转换子系统;

第 2 步:选择"输入"菜单下的"成批转换 EOO"进行大批量数据转换,其中"输入 ARC/INFO(＊.EOO)"为转单个文件。

第 3 步:选择 EOO 数据所在目录:打开后系统会询问是否将成果数据放在原目录下。选择"否"则可指定目录,文件名称前面带有路径;而选择"是"即开始转换,文件名称为原来的名称。

第 4 步:在转换过程中将分别弹出对话框要求点、线、面的颜色,一般选择"CODE",若取消,则转换后符号颜色不统一。

转换后系统会自动将成果数据保存到指定的目录。

注意:为了方便利用 MapGIS 建立底图库,在转换前最好将 EOO 数据按层分类保存,因为原来的数据是按图幅分目录的,要将这些按图幅分类的数据按层分为 7 个目录,即将同一层的数据保存到一个文件夹中,这样方便大批量的转换。

总结以上论述,用户可以看出,在进行数据转换时一般按下述几个步骤完成。

①分析需要转换的数据,分清数据中的层。以层为单位,将数据合并到同一个文件夹中。

②按照相应的规范和说明,尽可能详细和精确地编制出代码对应表。

③在 MapGIS 平台中运行数据转换子模块,将数据转化为 MapGIS 格式。

④对照检查转换前后的数据图形,进一步细化和改进代码对照表,并重新进行转换。

在转换完成后要建立地图库,一般来说,需要转换的数据中都有一个地图库索引,可以利用这个索引来建立图库,具体的步骤如下所述。

①将需要转换数据提供的接图表按上述步骤直接转化为 MapGIS 格式的区文件并保存。

②打开地图库管理,在"文件"中选择"新建图库"。

③在弹出的对话框中"新建图库分幅方式"中选择"不定形的任意分幅",按"下一步"按钮。

④在弹出的对话框中,按"图库分幅索引区引入"按钮,选择转换后的接图表区文件,按"完成"按钮。在这一步中可以进行图库投影参数的设置。

⑤如果在被转换数据中都是规则的分幅,就可以选择"等高宽的矩形分幅"或"等经纬的梯形分幅",其他步骤与建立规则图库的步骤相同。

⑥图库索引建立起来以后,就可以将转换后的数据入库了。选择"图幅管理"菜单下的"图库层类管理器"按层添加各层,注意,在转化后的数据中,由于 ARC/INFO 的数据是不按点线区划分的,因此,在转化后的数据中,每一个文件夹中都包含了点、线和区文件,只要是不同的文件夹(也就是不同的数据结构)就需要作为层类来添加。另外还应该注意层类的名称应尽量简捷明了,一目了然。

图库的层类提取完以后,需要将数据入库。选择"图库管理"菜单下的"图幅批量入库",按层确定数据所在的目录,确定图幅的标识,即完成数据的入库。

(2)MapGIS 数据输出为 ARC/INFO 数据

系统提供了 3 种转换方式:ARC/INFO 标准格式、ARC/INFO 内部交换格式(即 EOO 格式)、ARC/INFO 公开格式(即 GENERATE 格式),用户可根据自己的需要来选择。

输出 ARC/INFO 标准格式:这种输出方式通常被用作由 MapGIS 转 ARC/INFO 时,在 ARC/INFO 上,既希望有空间数据,又希望有与之相对应的属性数据的情况。此时,MapGIS 的点文件应以 EOO 的方式转入 ARC/INFO,使用时点为一个覆盖层,线、区为一个覆盖层,然后在 ARC/INFO 上叠加即可。MapGIS 中点文件的子图、注释都可以转入 ARC/INFO,只不过子图是以子图号的方式输出,用户只需在 ARC/INFO 上建立一套与 MapGIS 对应的子图库即可,子图的属性可以使用菜单上的输出点属性功能输出,然后在 ARC/INFO 上属性连接。

　　输出 ARC/INFO 的 EOO:这种输出方式通常被用作输出 MapGIS 的点文件,以及向高版本的 ARC/INFO(如 ARC/INFO7.0)输出空间数据。MapGIS 在以这种方式工作时,只输出图元的缺省属性,如线文件只输出 ID、长度、起始终止点、左右多边形。

　　输出 ARC/INFO 公开格式:这种输出方式通常被用作只向 ARC/INFO 输出空间数据,而属性数据在 ARC/INFO 上建立。

　　注意:

　　①由于 ARC/INFO 的微机版对点、线、区的数量有一定的限制,如一条线不能超过 500 个点,在 EOO 格式中,一条注释不能超过 80 个字符,所以用户在转换输出时应予以注意,并且在输出到 ARC/INFO 文件前,必须在编辑器中使用压缩存盘,以去除逻辑上删除的点和线,然后再输出。在用 ARC/INFO 标准格式输出时,系统为用户提供了自动剪断超过 500 个点的线的功能,所以转到 ARC/INFO 的数据可能比 MapGIS 上的实体要多。

　　②MapGIS 数据转入工作站版的 ARC/INFO,比较好的方法是先用 EOO 输出空间数据,用标准格式输出属性数据,也就是一幅图分别用两种方式输出,输出的 EOO 在 ARC/INFO 上形成覆盖层,然后将标准格式的属性数据 AAT 和 PAT,用属性连接的方式连入 EOO 形成的覆盖层中,再在 ARC/INFO 上重建拓扑关系。

　　③如果既有工作站版的 ARC/INFO 又有 PC 版的 ARC/INFO,可采用标准格式先将数据输出到 PC 版的 ARC/INFO,然后在 PC 版的 ARC/INFO 上整理通过,再输出 EOO,然后由工作站上的 ARC/INFO 读入即可。

[任务实施]

　　将示例数据中的"数据转换.dwg"文件转换为 MapGIS6.7 的点、线、区文件,要求转换后所有参数与原图保持一致。

　　示例数据路径:\MapGIS 示例数据\任务 3.6\数据转换.dwg。

任务 3.7　打印输出

[任务目标]

1.掌握工程输出拼版文件设计方法。

2.掌握 Windows 输出的操作方法。

3.掌握栅格输出的操作方法。

[任务描述]

通过本任务的学习,能熟练完成单工程文件和多工程文件的 Windows 输出和栅格输出操作。

[知识准备]

MapGIS 输出系统是 MapGIS 系统的主要输出手段,它读取 MapGIS 的各种输出数据,进行版面编辑处理、排版,进行图形的整饰,最终形成各种格式的图形文件,并驱动各种输出设备,完成 MapGIS 的输出工作。MapGIS 输出系统有 3 种方式输出:Windows 输出、栅格输出、POSTSCRIPT 输出。

Windows 输出:打开一个.MPB 版面或一个.MPJ 工程后,可以直接选择打印输出,它可以驱动 Windows 打印设备进行图形输出(必须安装该设备的打印驱动程序)。在打印前,用户可以使用"打印机设置"功能对打印机的参数、打印方式等进行设置,设置方法请参考打印机的使用手册。"Windows 输出"由于受到输出设备的 Windows 输出驱动程序及输出设备的内部缓存限制,有的图元输出效果可能不令人满意,有的图元不能正确输出,但是对于一些比较简单,而且幅面较小的图来说,这种方法输出速度快,而且能驱动的设备比较多,适用范围也比较广。

栅格输出:栅格输出是将地图进行分色光栅化,形成分色光栅化后的栅格文件。将生成的栅格文件在"文件"菜单下打开后,就可以对形成的栅格文件进行显示检查。

PostScript 输出:如果地图要进行出版印刷,就要利用 PostScript 语言文件输出。MapGIS 提供了多种 PS 输出格式,可以根据为用户提供制版服务输出中心的激光照排机所配 RIP 情况和配置的汉字库选择正确的输出格式。如果激光照排机所配 RIP 是通用 RIP(除方正以外的 RIP 如:Agfa、LinoHell 等),不论是软 RIP 还是硬 RIP 都可以选择通用 RIP 输出。

MapGIS 输出系统是一个具有 Windows 多文档界面的软件系统,它提供"多工程输出"和"单工程输出"两种排版的输出界面。即"多工程输出"和"单工程输出"操作界面及功能是不一样的,在创建或打开时,只要指定版面(*.MPB)或工程(*.MPJ)即可进入对应的"多工程输出"文档界面或"单工程输出"文档界面状态。

一、输出拼版设计

输出拼版设计有两种情况:一种是多幅图在同一版面上输出。另一种是单幅图在一版面上输出,又称为"多工程输出"和"单工程输出"。"多工程输出"拼版设计使用拼版文件(*.MPB),一个拼版文件管理多个工程(幅图)。"单工程输出"拼版设计使用单个工程文件(*.MPJ)即可。因此"多工程输出"拼版设计和"单工程输出"拼版设计操作界面及功能也不一样,在创建或打开的时候,只要指定版面(*.MPB)或工程(*.MPJ)即可进入对应的"多工程输出"拼版设计或"单工程输出"拼版设计状态。

(1)单工程输出编辑

在日常的工作中,有时把单幅图在一个版面上输出,这样的输出称为单工程输出。在进行单工程输出时,首先要新建单工程,当然这里用到的工程文件,也可以是在编辑系统早已产生的。

第 1 步:在 MapGIS 主界面上依次选择"图形处理"→"输出"→"文件"→"创建",系统会自动弹出如图 3.79 所示对话框,单击"确定"按钮,系统就改变了原来的主框架,如图 3.80 所示。

第 2 步:选择文件菜单下的"编辑工程文件",系统弹出如图 3.81 对话框,利用界面上的插入项目、添加项目、删除项目、修改项目和设编辑项功能等功能选择或修改需要输出的图形文件。

图 3.79　新建工程文件

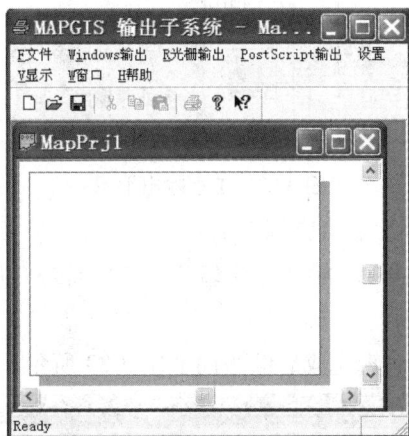

图 3.80　单工程文件输出系统界面

第 3 步：在工程文件管理器中选择"工程输出编辑"菜单项，弹出如图 3.82 所示对话框，在该对话框中设置输出参数。

"工程矩形参数"：图幅输出范围是从原点开始的第一象限的范围。若图不在第一象限范围内，注意修改位移参数，使其移动到第一象限的范围内。或者把光标放到红色的边框中，按住 Ctrl 键拖动蓝色边框到合适位置，此时位移参数也随之变化。

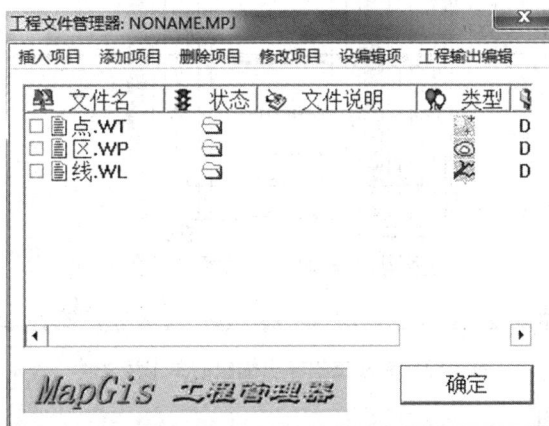

图 3.81　工程文件管理器

"页面设置"：在版面定义的选择栏中选择"系统自动检测幅画"，由系统自动检测图幅大小来设定页面大小，同时将蓝框完全包含在红色页面之中。若纸张小于图幅大小，但还要完全输出，那么选择"按纸张大小设置"，此时 X、Y 比例发生改变。

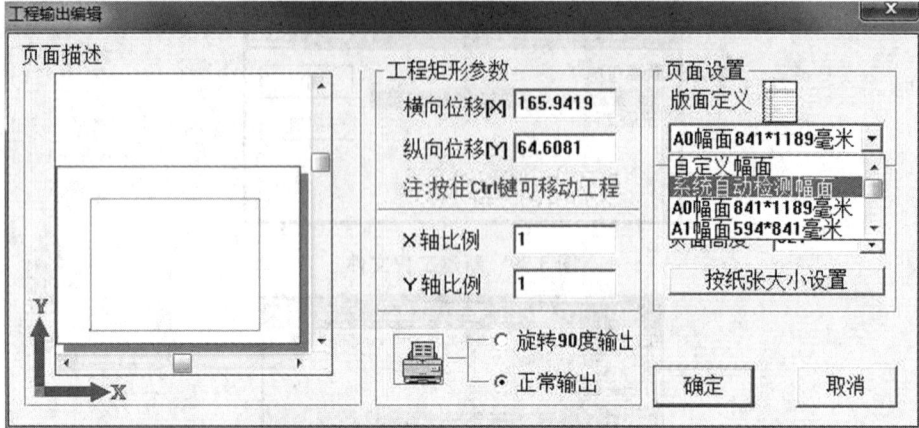

图 3.82　工程输出编辑

"X 轴比例、Y 轴比例":等大输出比例为 1。

"设置输出方式":其输出方式分为"正常输出"和"旋转 90 度输出"两种,选择适合自己的输出方式即可。

设置完成后点确定完成,编辑完成后的版面如图 3.83 所示。

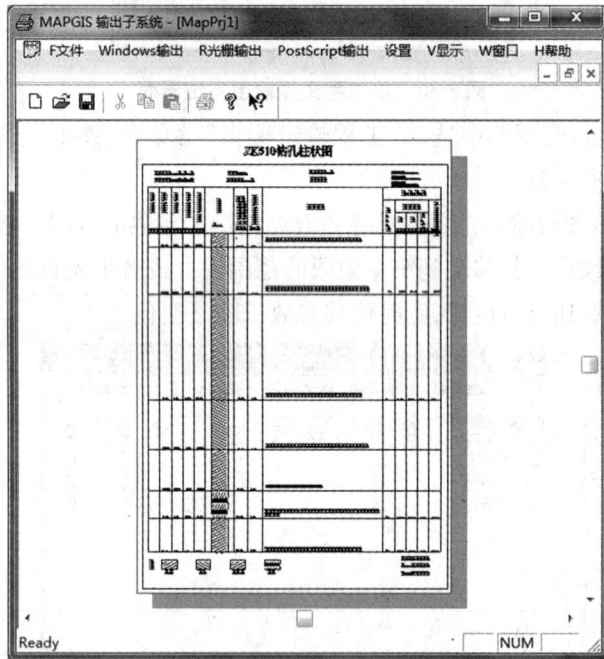

图 3.83　完成工程输出编辑的单工程文件

(2)多工程输出编辑

第 1 步:在主界面中依次选择"图形处理"→"输出"→"文件"→"创建",系统会自动弹出如图 3.84 所示对话框,在该对话框中选择"拼版文件"后单击"确定"按钮,弹出如图 3.85 所示的多工程文件输出系统界面,可在该界面中进行参数设置。

第 2 步:选择"新建拼版文件"按钮,保存新建的 MPB 文件。

图 3.84　新建拼版文件

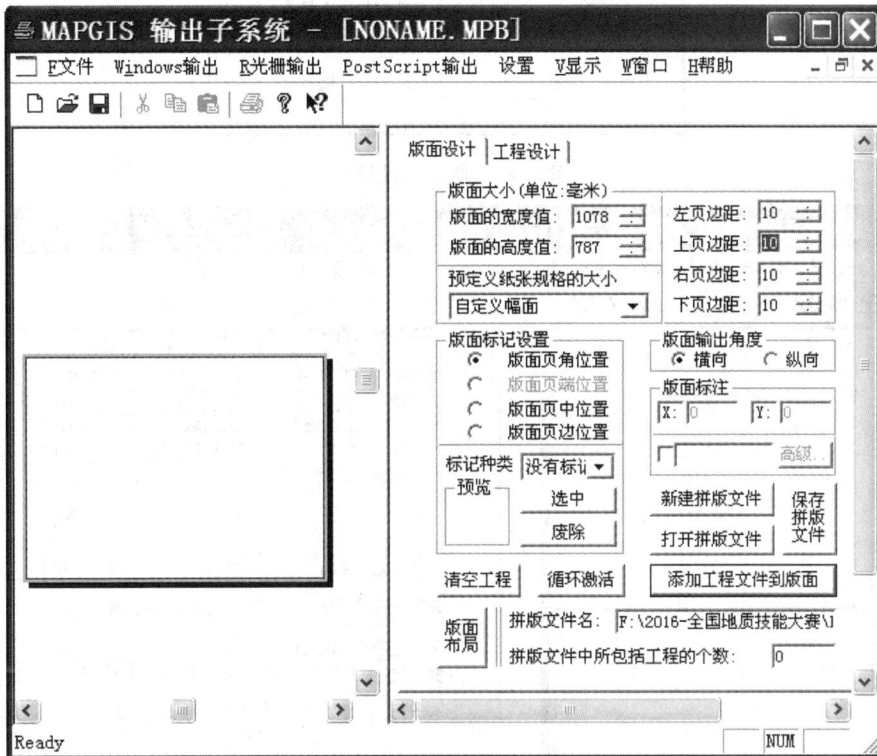

图 3.85　多工程文件版面设计窗口

第 3 步：选择"添加工程到版面按钮"，此时弹出一个对话框，请用户选择要添加的文件，此时添加的两个文件将重叠在一起。

第 4 步：在"版面设计"中选择"版面布局"，选择版面布局的方案类型，如图 3.86 所示，选择紧凑平铺方式，系统根据各工程间的距离和版面大小调整各工程的布局，并按选定按钮后完成操作，如图 3.87 所示。

第 5 步：设置版面大小。一般选择系统自测幅面的大小。

第 6 步：设置版面标志。首先确定标志在版面的位置，然后选择标志的种类，最后按"选中"即可。同时还可选择"废除"选项来删除版面上相应位置的标记。

第 7 步：设计版面标注。输入的 X、Y 参数和编辑框的内容，是用来设置版面中标注的位置和内容，还可以选择"高级"选项来定制标注的参数。

第 8 步：设置版面输出角度。系统设置的输出方向有横向和纵向两种方式。

第 9 步：保存拼版文件，关闭设计窗口。

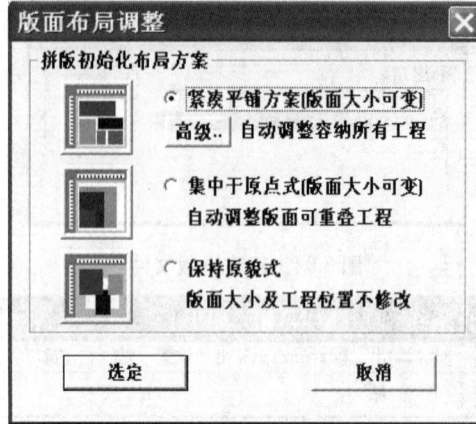

图 3.86　版面布局调整

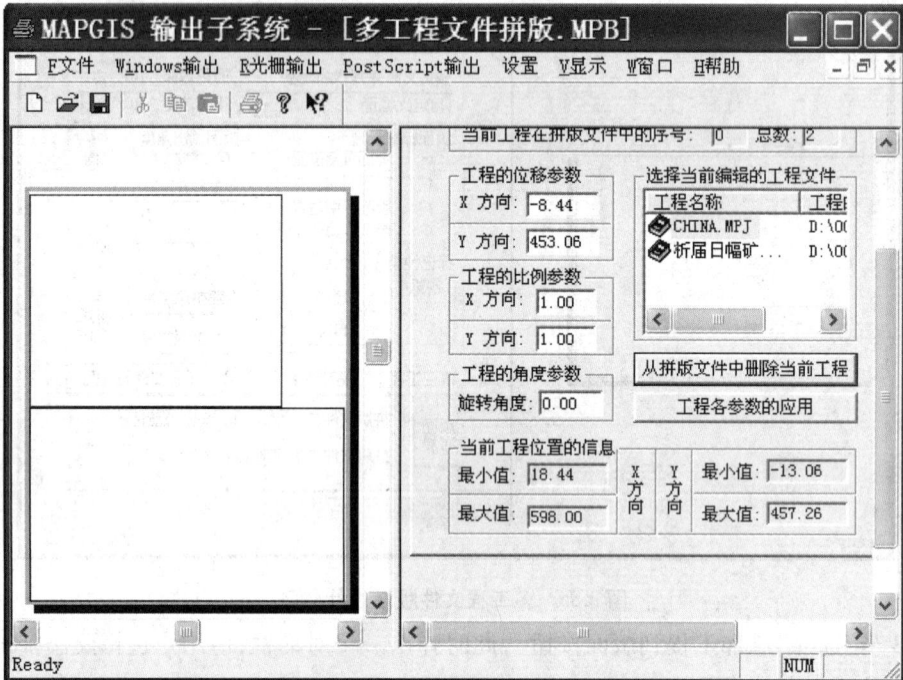

图 3.87　拼版文件示意图

二、打印输出

（1）Windows 输出

打开一个 ∗.MPB 版面或一个 ∗.MPJ 工程后，直接选择"Windows 输出"→"打印输出"菜单项，系统弹出打印机设置对话框，如图 3.88 所示。设置好打印机名称等参数后，单击"确定"，系统便开始打印。

（2）光栅输出

①设置光栅化参数：在"R 光栅输出"选项菜单下选择"设置光栅化参数"，系统弹出如图 3.89 所示对话框，一般采用系统提供的缺省参数，按"OK"按钮结束。

128

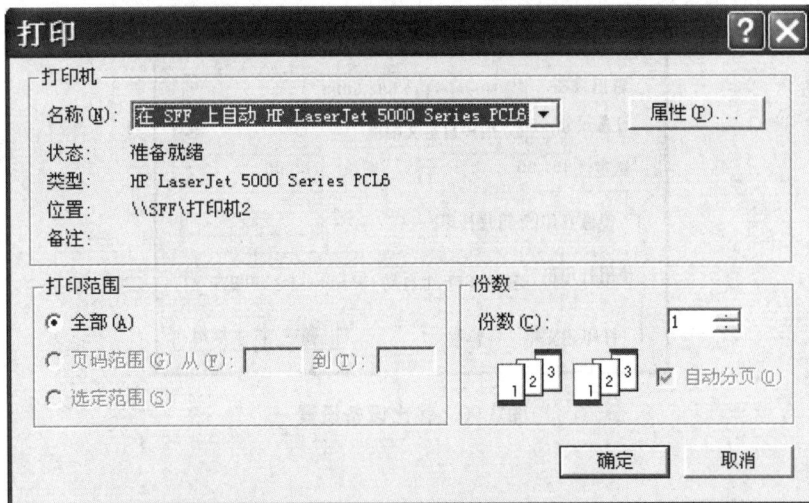

图 3.88 打印设置

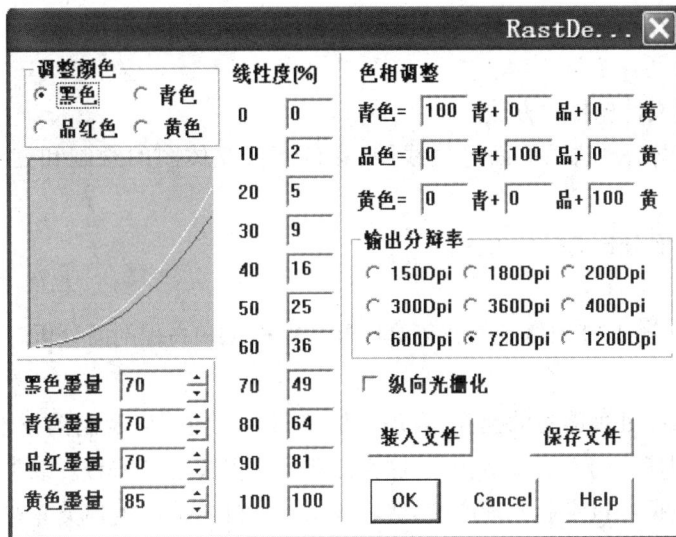

图 3.89 设置光栅参数对话框

②进行光栅化处理。处理后,系统会在保存的拼版文件的目录中生成以 NV1 为后缀的光栅文件。

③打印光栅文件,选择刚刚生成的 ∗.NV1 光栅文件,系统将输出设备设置对话框,如图 3.90 所示。

设备尺寸可以重新进行设置,纸宽、纸长应该适当大于所设置的页面大小。按"确定"后,出现进度条,随后便开始进行打印。

[任务实施]

组织学生对示例数据中的工程文件输出为 JPG 栅格图片。

示例数据路径:\MapGIS 示例数据\任务 3.7\任务 3.7.MPJ。

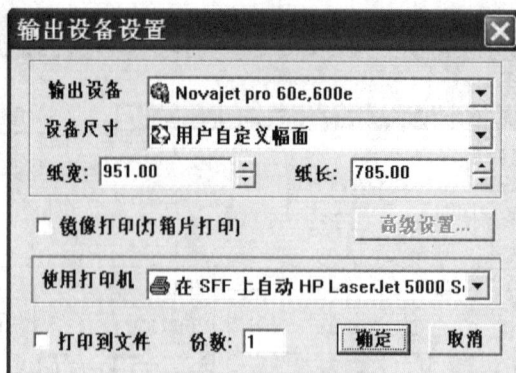

图 3.90　输出设备设置

任务 3.8　DTM 分析

［任务目标］

1.掌握等高线文件栅格化方法。

2.了解格网立体图绘制、平面等值线图、彩色等值立体图的绘制和三维立体图的生成方法。

3.掌握高程剖面分析的操作方法。

［任务描述］

通过本任务的学习,能熟练地操作等高线文件栅格化和高程剖面分析。

［知识准备］

随着计算机数据处理能力的提高,自动测量仪器广泛使用以及制图技术的发展,一种全新的数字描述地理现象的方法日渐普及,这就是数字高程模型(DTM)。该类模型的数据必须利用已有的观测数据经过专业处理产生,然后利用计算机自动产生各类专业地学图件并进行各类专业分析。数字高程模型子系统完成此类图形数据的处理及专业地学图件的自动生成。

MapGIS 系统为用户提供了两种原始数据建模的方法,如下所述。

第一种:当用户的观测数据是等高线数据时,用户可选择使用下述几种流程形成高程数据文件。

①原始等高线数据→由"等值线高程栅格化"→直接形成规则网 GRD 高程文件。

②原始等高线数据+特征线/点数据→由"高程点线栅格化"→直接形成规则网 GRD 高程文件。

③原始等高线数据→由"线数据提取高程点"→先形成离散高程点文件→再由"快速生成三角剖分"→形成三角网高程文件。

④原始等高线数据+特征线/点数据→由"高程点线三角化"→形成三角网高程文件。

第二种:当用户的观测数据是离散点数据时,用户可选择使用下面的流程形成高程数据文件。

①离散点数据→由"快速生成三角剖分"→直接形成三角网高程文件。

②离散点数据→由"离散数据网格化"→直接形成规则网 GRD 高程文件。

DTM 分析中的功能较多,本书将不再列举,下面将地质制图中可能用到的部分功能进行介绍。

一、等高线文件栅格化

第 1 步:打开已赋值的等高线文件。单击"文件"菜单下的"打开数据文件"→"线数据文件"命令,则系统弹出打开文件对话框,找到等高线赋值后的文件"等高线.WL",然后单击"打开"按钮,结果如图 3.91 所示。

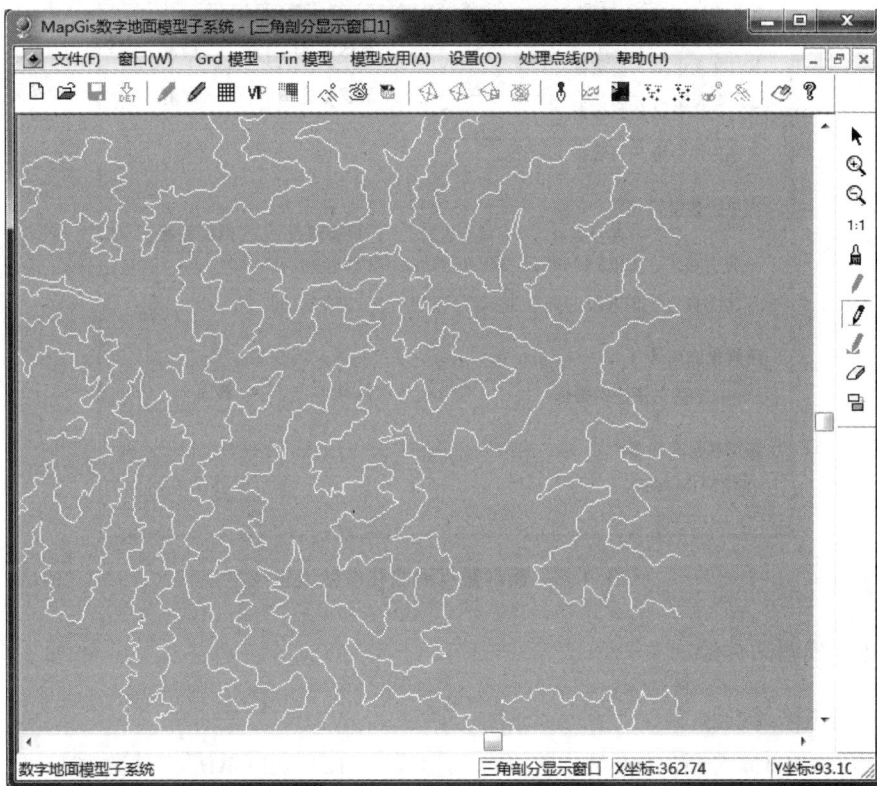

图 3.91　打开等高线文件

第 2 步:线数据高程点提取。单击"处理点线"菜单下的"线数据高程点提取"命令,则系统弹出"设置线抽稀提取高程数据点参数"对话框,如图 3.92 所示。

其中,"抽稀提点"参数越小,则在等高线上提取的高程点就会越多,则后面生成的 GRD 数据的精度就会越高,则生成三维地形后,对实际的地形拟合也就越精确;需注意的是"线属性高程数据域"要选择高程值所在的字段。设置好各项参数后,单击"确定"按钮。

第 3 步:离散数据网格化。单击"GRD 模型"菜单下的"离散数据网格化"命令,系统弹出"离散数据网格化"对话框,如图 3.93 所示。然后单击对话框中的"文件换名"按钮,系统会弹出一保存文件的对话框,将生成的 GRD 文件命名存盘。然后单击"确定"按钮,即可生成 GRD 数据。

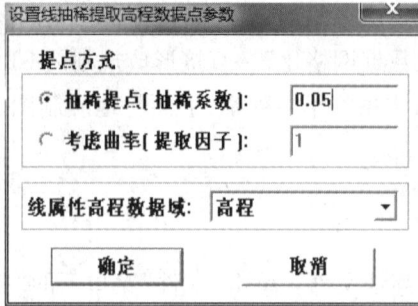

图 3.92　设置线抽稀提取高程数据点参数

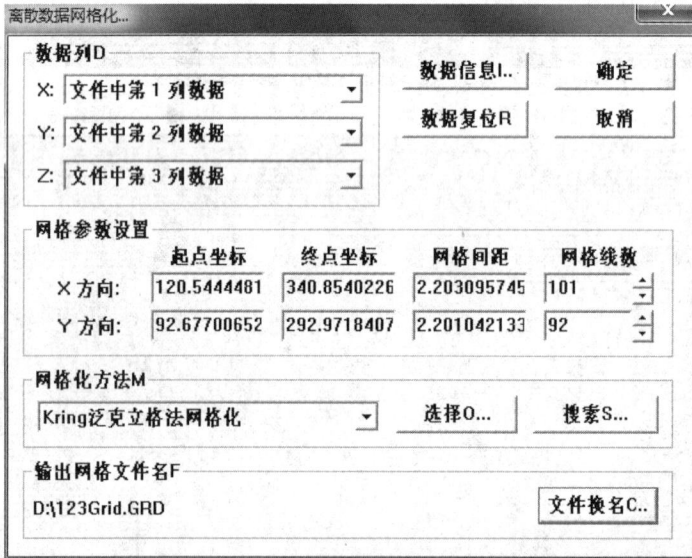

图 3.93　离散数据网格化参数设置

二、GRD 模型图件绘制

（1）格网立体图绘制

第 1 步：在"DTM 分析"子系统中打开前面生成的"123Grid.GRD"文件数据。

第 2 步：单击"Grd 模型"菜单下的"格网立体图绘制"命令，系统弹出规则网立体图绘制参数设置对话框，如图 3.94 所示，设置完成后单击"确定"按钮即可生成格网立体图，结果如图 3.95 所示。

第 3 步：保存结果文件（点、线、面文件）。

（2）平面等值线图的绘制

第 1 步：在"DTM 分析"子系统中打开前面生成的"123Grid.GRD"文件数据。

第 2 步：单击"Grd 模型"菜单下的"平面等值线图的绘制"命令，系统弹出设置等值线参数对话框，如图 3.96 所示。

第 3 步：设置等值线参数。

a.将"等值线套区"打"√"，将"等值线光滑处理"打"√"，并将光滑度选择为"高程度"。

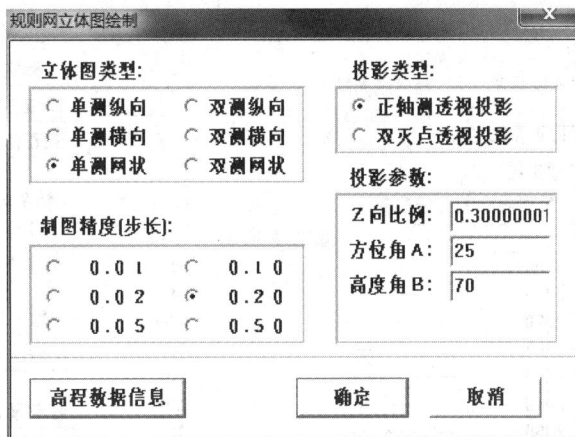

图 3.94　规则网立体图绘制参数设置

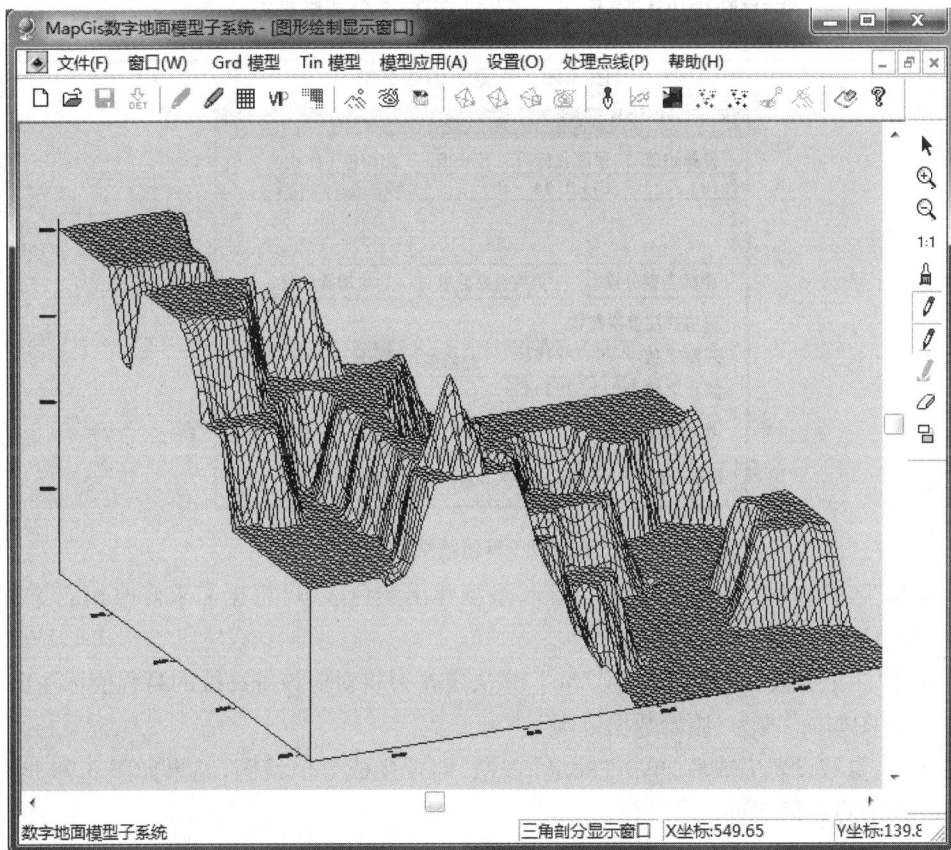

图 3.95　格网立体图

b.单击"等值层值"按钮,系统会弹出等值线层设定对话框,如图 3.97 所示,在此可以修改高程值之间的间隔,比如将图中的"步长增量"改为 40,此时要单击"更新当前分段"按钮,否则修改无效,然后单击"确定"按钮返回到设置等值线参数对话框。

c.单击"线参数"按钮,系统将弹出修改线参数对话框,以供用户修改结果文件的线型。

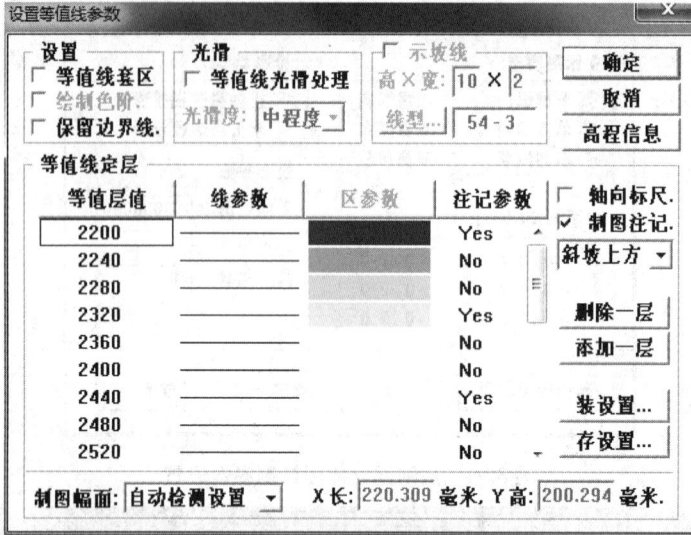

图 3.96　设置等值线参数

图 3.97　等值线层设定

d.双击"区参数"列下面的"颜色"选项,系统弹出颜色表,可根据需求修改相应等高线的颜色,一般情况下选择"默认"即可。

e.双击"注记参数"列的"Yes"或"No",来决定是否将对应该等高线的高程值标注出来。

f.将"制图幅面"改为"原始数据范围"。

第 4 步:参数设置完成后,单击"确定"按钮,即可生成等值线图,结果如图 3.98 所示,最后保存生成的点线区文件。

(3)彩色等值立体图的绘制

第 1 步:在"DTM 分析"子系统中打开前面生成的"123Grid.GRD"文件数据。

第 2 步:单击"Grd 模型"菜单下的"彩色等值立体图绘制"命令,系统弹出参数设置对话框,如图 3.99 所示。

第 3 步:单击"三维等值体图参数设置"对话框中的"等值图参数设置"按钮。则系统弹出"设置等值线参数"对话框,如图 3.96 所示,在"等值线套区"前打"√",单击"确定"按钮,返回"三维等值体图参数设置"对话框,并单击该对话框中的"确认"按钮,则生成结果文件,如图 3.100 所示。

第 4 步:保存点线区文件。

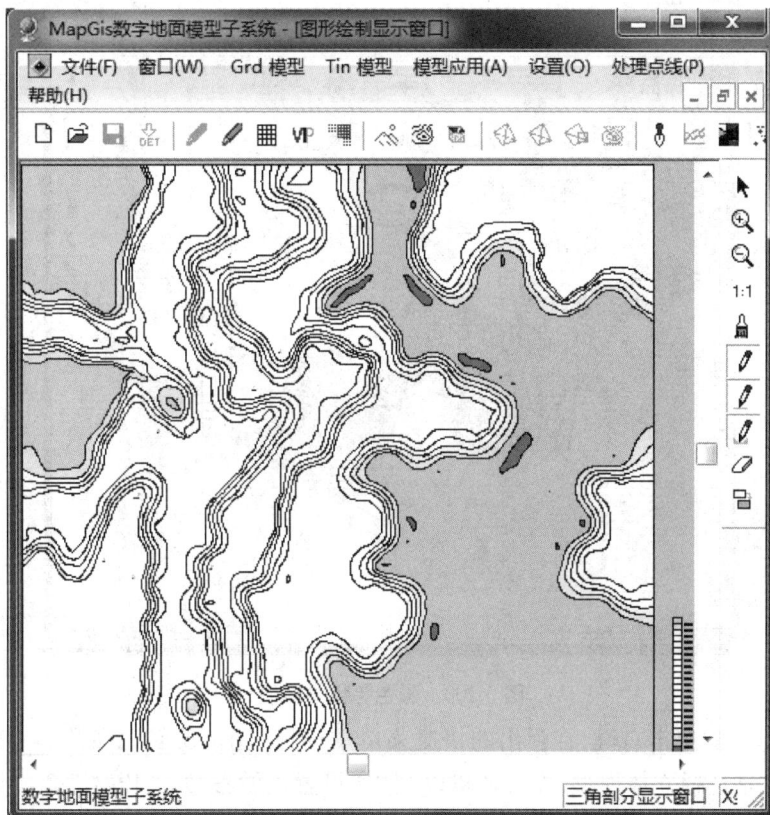

图 3.98　平面等值线图

图 3.99　三维等值体图参数设置

(4)生成三维立体模型

第 1 步:在"DTM 分析"子系统中打开"123Grid.GRD"文件数据。

第 2 步:单击"窗口"菜单下的"新建三维窗口"命令,则系统会自动生成三维的立体模型,如图 3.101 所示。

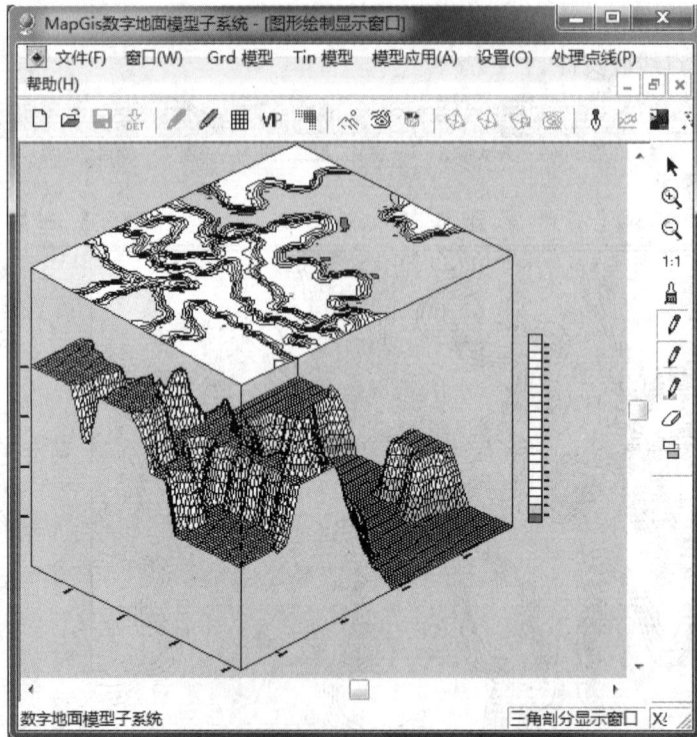

图 3.100　彩色等值立体图

在当前窗口里,单击右键,在弹出的快捷菜单中选择"图形旋转",如图 3.102 所示,可以实现绕 X、Y、Z 轴选择立体模型,而且还可以利用"设置漫游参数""开始键盘漫游"等功能实现三维模型的漫游飞行。

三、GRD 模型分析

(1)规则网沟脊提取分析

该功能用于提取地面高程模型中的沟谷及山脊,进行地貌、汇水等分析。此功能先对原始稀疏数据加密,然后提取模型中的沟谷及山脊,并将结果数据以".BMP"或".GRD"(其高程信息为提取的沟脊系数)格式保存到用户指定的文件中,供制图或分析时使用。并提供数据投影转换功能。

(2)格网日照晕渲图绘制

该功能用于制作地面模型的日照晕渲图。此功能先对原始稀疏数据加密,然后计算各单元的日照参量,并将结果数据以".BMP"或".GRD"(其高程信息为计算日照参量)格式保存到用户指定的文件中,供制图或分析时使用。并提供数据投影转换功能。

(3)格网坡向,坡元图绘制

该功能用于制作地面模型的坡向图或坡元图。以坡向图为例,此功能提供了两种分类方式供用户选择:一种是传统的 9 级坡向分类(请参考相关书籍);另一种是用户自定义的分类方式,允许用户修改分级数目、每级的上下限值。缺省的分级方式是 9 级。执行"GRD 模型"→"格网坡向,坡元图绘制"→"坡向图"命令后,将弹出如图 3.103 所示的对话框。

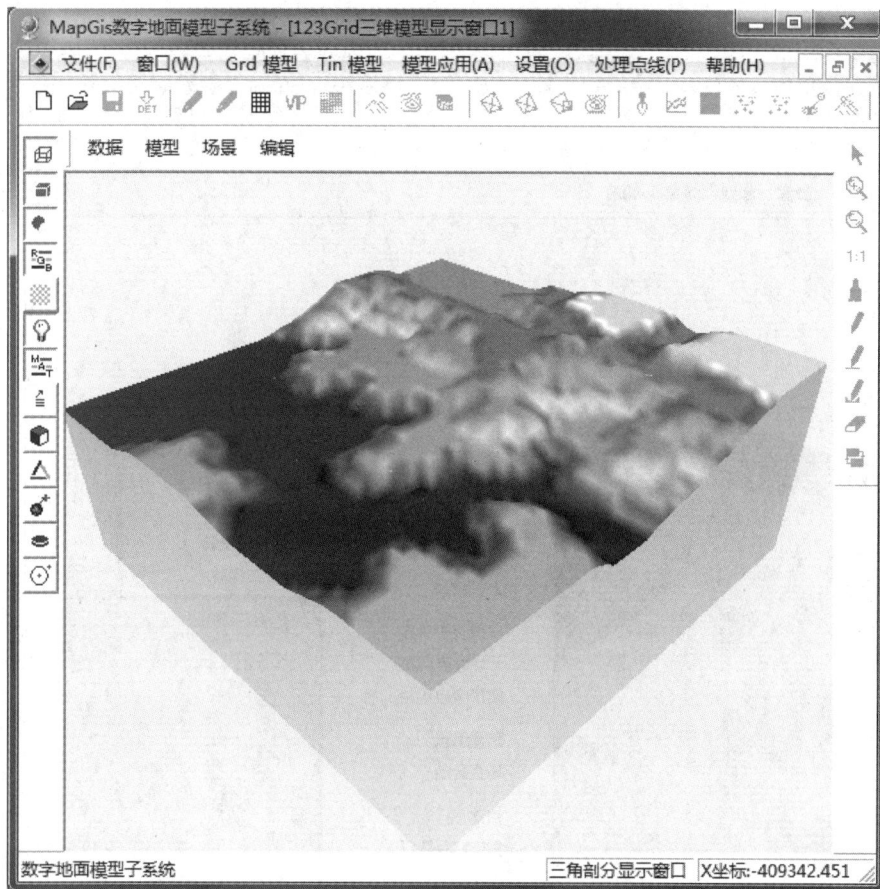

图 3.101　三维立体模型

用户可选择输出结果是否光滑、是否进行滤波处理(指的是小范围的区域是否归并到周围的大范围区域中)。用户在修改完某一级的上下限值后,点取"应用"按钮将引起分类信息的更新显示。用户确认后,坡向图将保存为 MapGIS 的点线面文件中,供制图或分析时使用。

(4)坡度、坡向、粗糙度分析

该功能用于作地面模型的坡度、坡向、粗糙度分析。此功能先对原始稀疏数据加密,然后计算各单元的坡度、坡向或粗糙度,并将结果数据以".BMP"或".GRD"(其高程信息为高程点的坡度、坡向或粗糙度)格式保存到用户指定的文件中,供制图或分析时使用。用户如果想绘制坡度图,可以先用此功能产生坡度 GRD 文件,然后运用"平面等值线图绘制"功能就可以出坡度图了。

四、模型应用

(1)蓄积量/表面积计算

土方量计算在实际工程中经常用到,该功能允许用户指定平面上的一块区域或从MapGIS 区工作区中选取一块区域,计算该区域的水平面积、地表面积;在指定计算高程后,可计算开挖、填充土方量及总土方运输量等。用户在装入规则网数据或三角网数据以后,点取该菜单项,会弹出如图 3.104 所示对话框。

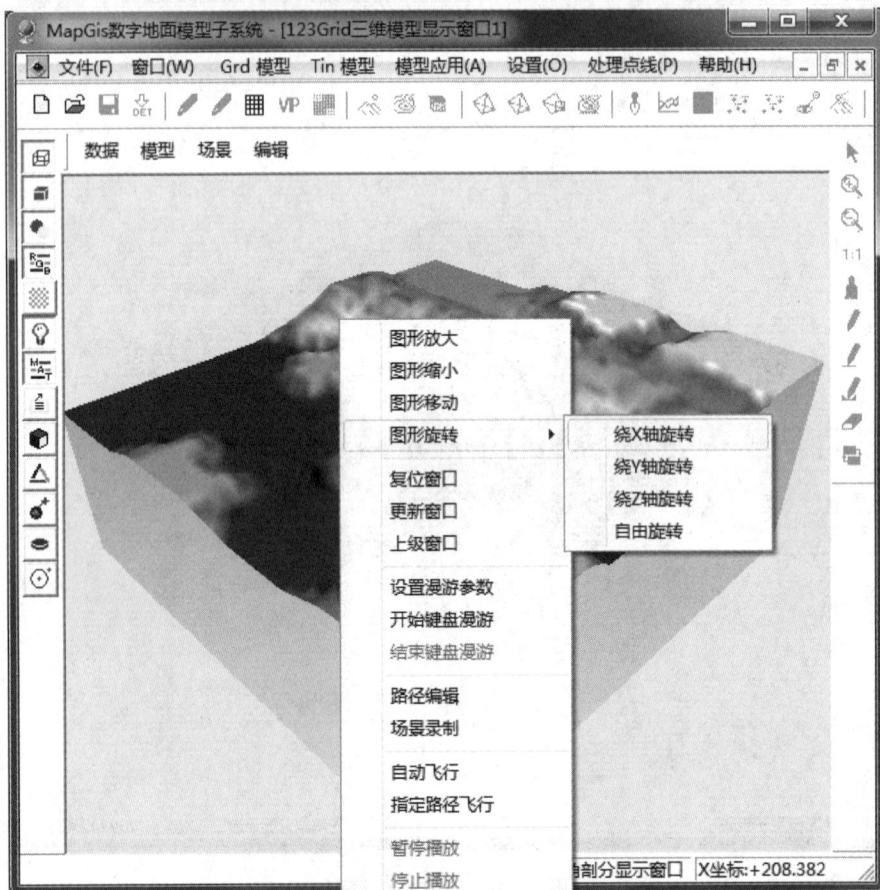

图 3.102　三维立体模型编辑功能(右键菜单)

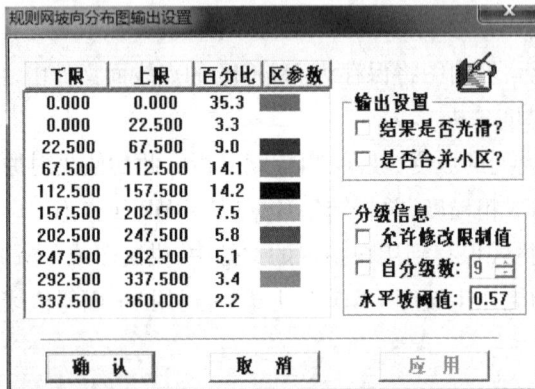

图 3.103　规则网坡向分布图输出设置

　　用户可以通过鼠标在原数据范围上指定计算区域多边形,按鼠标右键结束输入(注意不要输入自相交多边形);若选取"键盘校验点坐标",则鼠标每加入一个点时,会弹出坐标点校验对话框。用户也可以从 MapGIS 区文件中选区一个区实体(可参考略图)。若选取"计算整个区域",则将原始数据范围作为计算对象。

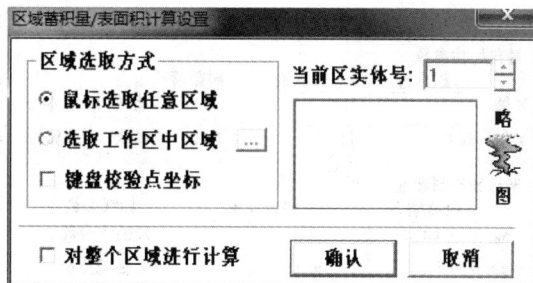

图 3.104　区域蓄积量/表面积计算设置

　　用户确认后,将计算指定区域的水平面积、地表面积,并弹出如图 3.105 所示的对话框。若用户未指定任何高程数据文件,系统将提示选择"Grd"文件,并以整个区域作为计算对象。用户输入"计算高程"和"物质密度"后,还需要指定"计算方法"。系统针对不同需求,提供了两种计算方法:双线法插值用于计算区域较大的情况,计算速度快;三角剖分法用于计算区域小、精度要求高的情况(如道路填挖设计),计算速度较慢,但结果精度高。

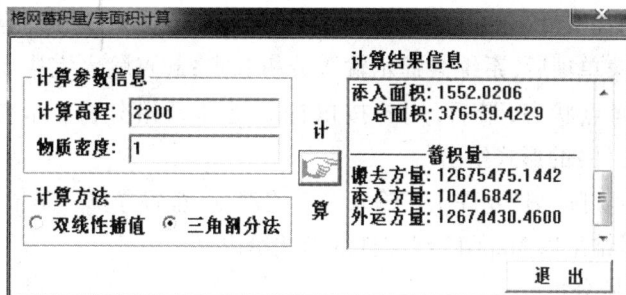

图 3.105　格网蓄积量/表面积计算结果

　　系统计算完毕后,计算信息将显示在右面。注意:当对含有"未知点"的规则网数据进行计算时,系统还会计算含这些"未知点"的"无效区水平面积"。应注意此时"地表面积"与"水平面积"是对应的。计算结果以文本形式保存,用户可复制使用。

　　(2)高程剖面分析

　　该功能允许用户观察与 X-Y 平面垂直的任意剖面的数据分布情况。使用时,选择本菜单项,然后用鼠标左键选择剖面的始点,系统弹出编辑始点位置对话框,供用户修改始点位置。按下"OK"按钮后,平面上显示一"橡皮筋"线,此时用户定位第二点,按下鼠标左键,即弹出编辑终点对话框。按鼠标右键结束输入,弹出"剖面线分析参数设置"对话框,如图 3.106 所示。

　　修改有关参数后,系统即开始处理剖面。处理完成后将有关剖面的形状显示在屏幕上,即可观察到相关的剖面分布情况。值得说明的是:系统可将剖面与线、区工作区中的线或弧段求交并在剖面线上标注出来,由此用户可以生成如地层剖面之类的剖面图。

　　(3)最佳/最短路径分析

　　在实际工程应用中,道路线路的选址设计分析一直是一项给设计人员带来繁重工作量的工作。

　　基于格网 DEM 数据的"最佳/最短路径分析"功能的提供,使得利用计算机进行道路选址成为可能。

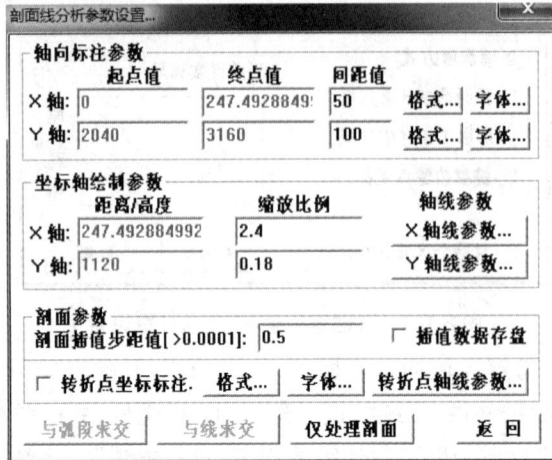

图 3.106　剖面线分析参数设置

①由于 DEM 数据在第三维特征值记录上可赋予不同的含义,最佳路径分析就是找出从指定起点到终点之间耗费最小的一条线路。系统支持多个起点、多个终点的最佳路径分析。具体操作为:点取该菜单项后,系统会提示输入分析起点;起点输入完毕后,用户按鼠标右键即切换到输入分析终点状态,最后,用户按鼠标右键即开始分析。最佳路径分析结果以 MapGIS 线文件(区文件)的形式给出。

②最短路径分析实际上是允许用户输入多个关键点,然后寻找一条依次通过各个关键点的最佳路径。其分析结果以 MapGIS 线文件的形式给出。

(4)水文表面流域分析

此项功能主要是根据格网 DEM 数据建立表面径流及其河网,以进行流域的分析。用户点取本菜单项后,就会弹出流域分析参数设置对话框,其中各项参数设置如图 3.107 所示。

图 3.107　流域分析参数设置对话框

①文件名:是以此为基础作流域分析的原始 DEM 数据。

②最大下陷值:是表示允许的由误差造成的下陷点与周围最低点的最大高程差。

③积流阀值 Grd：是允许用户通过输入一个 Grd 文件来表示每个点所在处的外部因素值。

④河网阀值［单］：形成河网最小需要的值。

⑤河网阀值 Grd：允许用户通过输入一个 Grd 文件来表示每个点是否为河网的一部分的最小值。

⑥生成方向 Grd：生成由数字表示的每一点的流向的 Grd 文件。

⑦生成积流 Grd：生成由数字表示的每一点的积流值的 Grd 文件。

⑧生成河网 Grd：生成 Grd 文件表示河网。

⑨生成河网线：把河网形成 MapGIS 线文件并对其进行分级处理。

⑩河流分级方式：设置河网线的分级方式。

用户可根据不同需要，选择不同分析输出结果。

［**任务实施**］

利用示例数据中的"等高线.wl"文件绘制格网立体图、平面等值线图、彩色等值立体图和三维立体图，绘图参数可自定义。

示例数据路径：\MapGIS 示例数据\任务 3.8\等高线.wl。

学习情境 4

MapGIS6.7 地质制图实训

[情境描述]

MapGIS 软件是 GIS 专业的工具软件之一,在学习软件操作之前,需对 GIS 专业的相关理论基础知识有所了解和掌握,其中包括 GIS 的基本概念、GIS 的组成、GIS 的分类、GIS 的数据结构、GIS 常用工具软件概述以及 GIS 的地理数据基础知识。对 GIS 理论知识的学习,有助力于学生更好地理解和掌握 MapGIS 软件中的功能模块及操作方法。

任务 4.1 地质平面图矢量化

[任务目标]

1.了解利用 MapGIS6.7 软件进行地质平面图矢量化的一般步骤。

2.掌握利用 MapGIS6.7 软件进行地质平面图矢量化的具体操作。

3.在制图过程中能正确运用制图标准与规范。

[任务描述]

在 MapGIS 软件中,以"××幅矿产地质图"为例完成地质平面图的矢量化操作。

[操作步骤]

以"××幅矿产地质图"为例进行地质平面图矢量化,为了保密图幅内容,该图幅的矿点、产状、地层、地名等要素在原图基础上进行了删除、新增、移动等修改操作,此图幅只作为示意图,如图 4.1 所示。

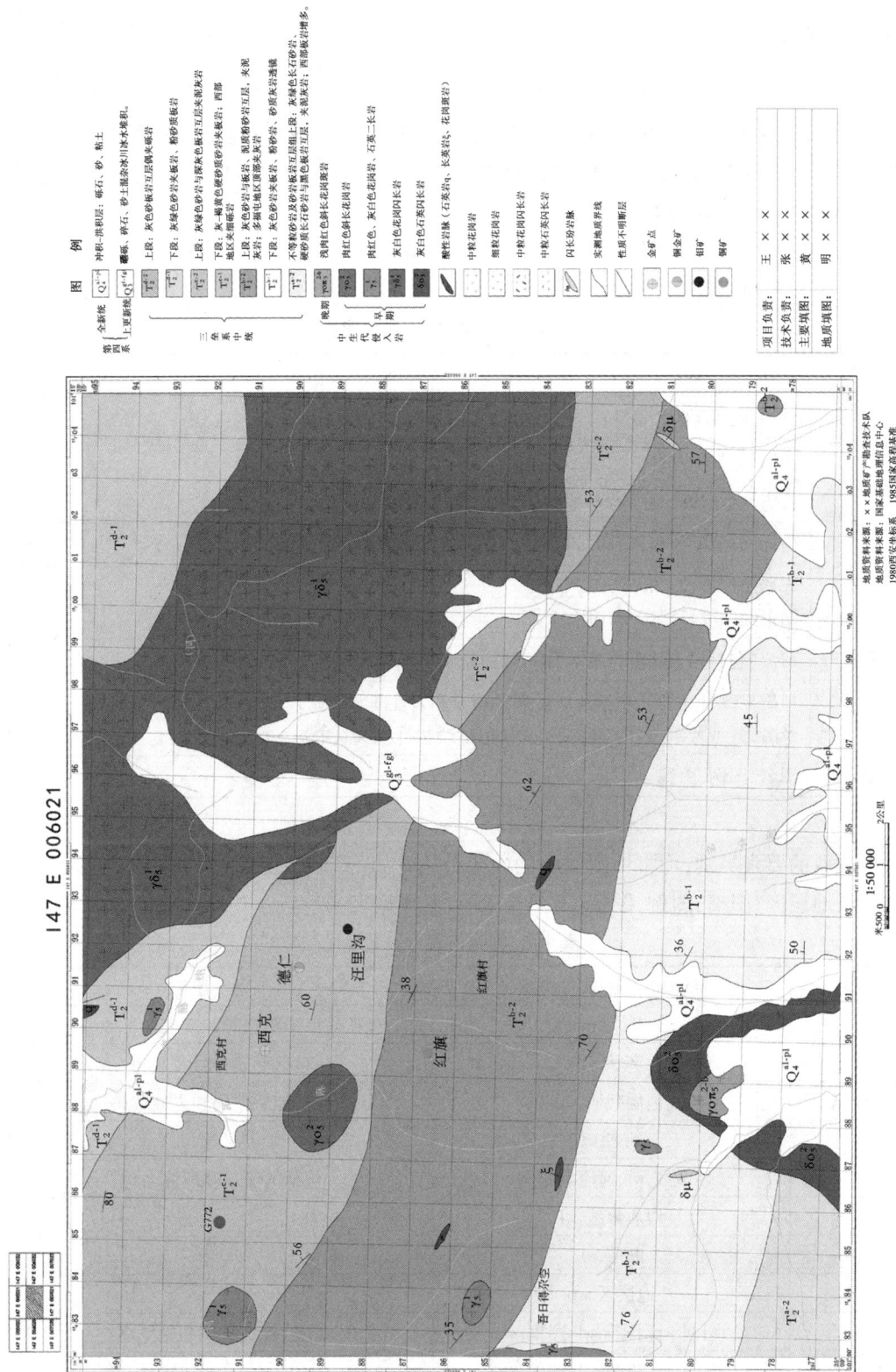

图 4.1　××幅矿产地质图

一、读图分层

读图、分层是地图矢量化非常重要的一步。拿到一幅地图后,首先要读懂图中的每一个要素,一般设计者读取的内容包括图幅号、比例尺、投影参数、公里网、起始经纬度、地理要素、专题要素等信息,并按读取的要素内容进行分层。在 GIS 应用中(不是单纯地进行图形制作),一般要把同一类地理要素存放到同一文件中。

在图 4.1 中,可读取到该图幅号、比例尺、投影参数、坐标网、经纬度范围等数学要素以及基础地理要素和专题要素,本图幅的具体内容见表 4.1。

表 4.1 "××幅矿产地质图"图幅内容列表

类　别	内　容
数学要素	图幅号:I47E006021
	比例尺:1:50 000
	投影参数:1980 西安坐标系,1985 国家高程基准
	坐标网:坐标公里网,网间间距为 1 km,含邻带方里网
	起始经纬度:35°00′N,101°00′E 结束经纬度:35°10′N,101°15′E
地理要素	河流(包括河流线及河流名称)、地名
专题要素	地质界线、地层区(包括地层区底色填充和岩性图案填充)、地层代码(或岩性代码)、矿点及名称(或矿点编号)、断层、产状(包括产状符号及倾角)
辅助要素	图名、图例、图签

根据读取的要素类别,可将该图件中的内容分为矿点、产状、地层代码、地名、河流、地质界线、断层、地层区、图框、图例、图签 11 个要素层,具体见表 4.2。

表 4.2 图幅内容分层

要素名称	MapGIS 中的文件类别	备　注
矿点	矿点.wt	包括矿点子图符号和矿点名称或编号
产状	产状.wt	包括产状符号及倾角
地层代码	地层代码.wt	包括地层代码和岩性代码
地名	地名.wt	
河流	河流线.wl、河流名称.wt	包括河流线和河流名称
地质界线	地质界线.wl	
断层	断层.wl	
地层区	地层区.wp	
图框	图框.wp、图框.wl、图框.wt	图框.wt 文件中包括图名
图例	图例.wp、图例.wl、图例.wt	
图签	图签.wl、图签.wt	

二、生成图框

生成图框是为了后面进行图像校正作准备。根据表 4.1 中读取到的图幅数学要素可知该图幅为 1∶5 万的标准分幅地图(参考前面的地图的分幅与编号内容),因此,可在"投影变换"模块中直接生成 1∶5 万标准图框,具体操作步骤如下所述。

第 1 步:在投影变换模块中选择"系列标准图框"——"生成 1∶50000 图框"功能选项,则系统弹出 1∶5 万图框参数设置对话框。也可选择"根据图幅号生成图框",根据提示输入该图幅的图幅号(I47E006021)后系统弹出 1∶5 万图框参数设置对话框。此时在该对话框中系统根据图幅号将自动生成该图幅的起始经度和纬度,无须手动输入。

第 2 步:设置图框参数,主要包括图框模式、投影参数、椭球参数等。

根据表 4.1 中读取的坐标网参数(公里网,间距为 1 千米)、经纬度范围(起点经纬度:101°00′E,35°00′N)、投影类型(西安 80 坐标系,1985 高程系)进行图框参数设置,并输入图框文件名及保存路径,如图 4.2 所示。设置完成后单击"确定"进行下一步操作。

图 4.2　标准图框参数设置

第 3 步:在系统弹出的"图框参数输入"对话框中输入图框辅助选项及内容。设置内容部分如下:

图幅名称:××幅矿产地质图

资源来源说明:地质资料来源:××地质矿产勘查技术队

地形资料来源:国家基础地理信息中心

1980 西安坐标系 1985 国家高程基准

其他设置如图 4.3 所示。

第 4 步:输入接图表内容。各项参数准备完毕,按"确定"按钮系统弹出"输入接图表内容"对话框,如图 4.4 所示。在该对话框中可输入相邻图幅的名称,以方便图幅拼接。

本图的接图表无须编辑,直接单击"确定"按钮,则系统自动绘制出该图幅的标准图框,如图 4.5 所示。生成的图框文件已被自动保存在前面指定的文件中。

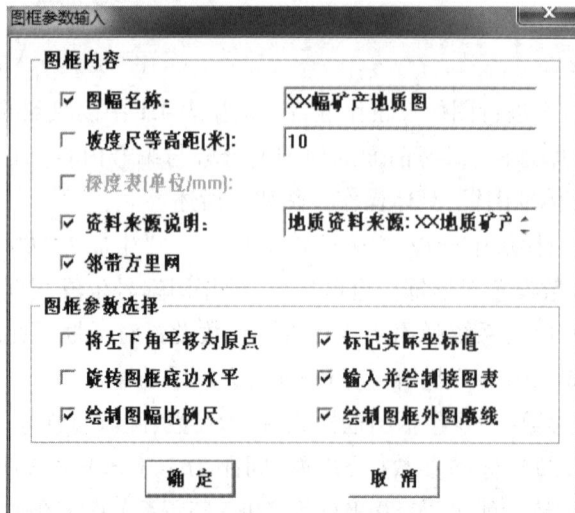

图 4.3　图框辅助参数设置

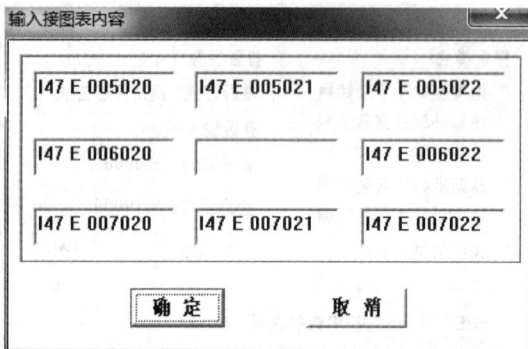

图 4.4　输入接图表内容

三、图像校正

在矢量化之前如果对图像没有进行图像校正,那么矢量化完成后一定要在"误差校正"子系统中进行矢量数据的误差校正。如果进行了图像校正,则误差校正可以省略。

(一) 数据输入

本图幅扫描后为 JPEG 格式文件,要进行图像校正,需要将 JPEG 格式文件转换为 MSI 影像文件,具体操作步骤如下所述。

第 1 步:执行"图像处理"→"图像分析"→"文件"→"数据输入"命令,弹出"数据转换"对话框。

第 2 步:在"数据转换对话框中"进行参数设置,如图 4.6 所示。

第 3 步:设置完成后单击"转换",则系统自动会对转换文件列表中的文件进行转换,当弹出"转换完毕"对话框时,则文件全部转换完毕。转换成功的文件将在转换文件列表中的状态项显示成功,否则显示失败。如果在"数据转换对话框"中未设置"目标文件目录",则系统将转换的 MSI 文件自动保存到 JPEG 原文件所在的文件夹。

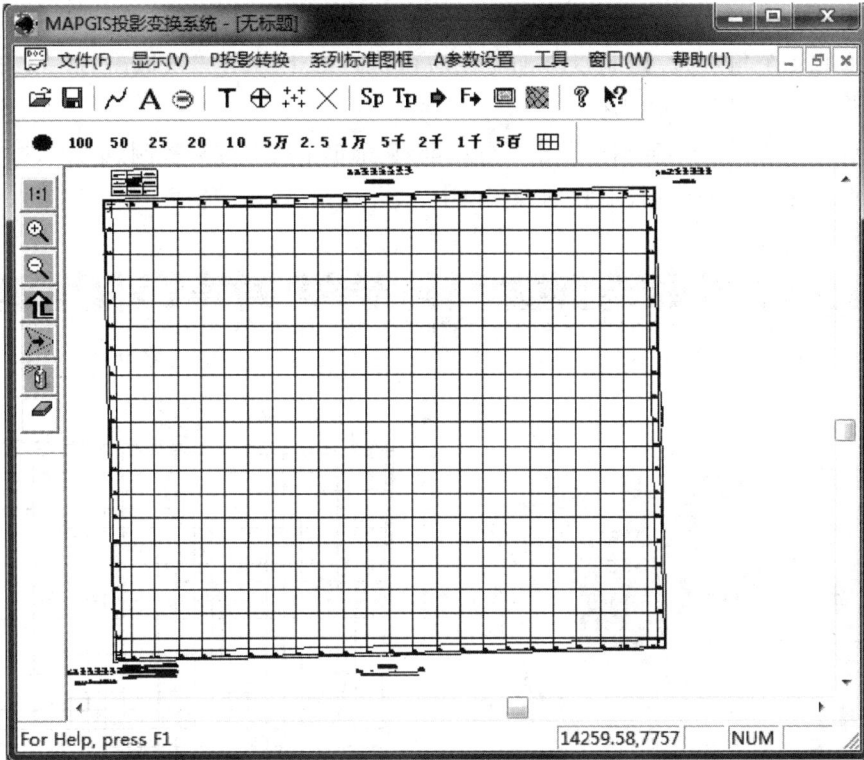

图 4.5　××幅矿产地质图 1:5 万标准图框

(二)标准分幅的图像校正

第 1 步:执行如下命令:"图像处理"→"图像分析"→"镶嵌融合"→"打开参照文件"→"参照线文件(或参照点文件)",加载图像校正所需要的参照点线文件(这里选择前面生成的该图幅的"标准图框.wt""标准图框.wl"文件)。加载参照点线文件后的窗口如图 4.7 所示。

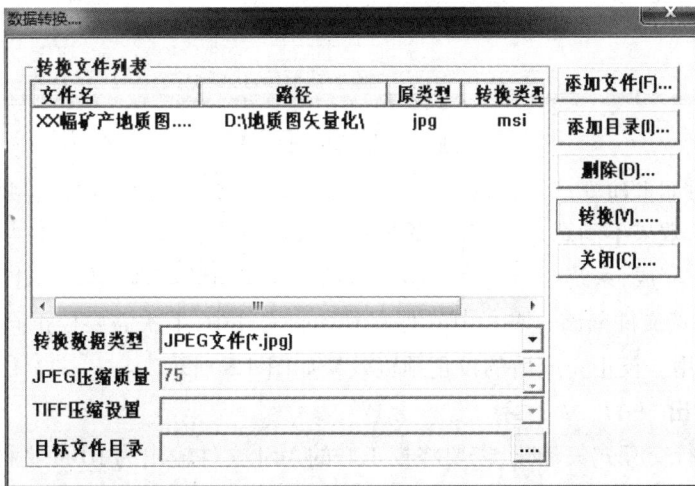

图 4.6　数据转换对话框

第 2 步:执行如下命令:"镶嵌融合"→"删所有控制点",将图幅自动生成的控制点全部删除。

第 3 步:执行如下命令:"镶嵌融合"→"添加控制点",此时可在窗口中添加控制点(可选择图幅内框的 4 个角点)。控制点添加完成后可执行如下命令:"镶嵌融合"→"控制点浏览",系统将所有控制点显示出来。

第 4 步:在控制点列表窗口中单击鼠标右键,从菜单中选取计算控制点残差,则添加点后的残差将重新计算并显示在控制点列表窗口中,残差越小,校正的精度越高,尽量保证残差小于 0.5 个像元。

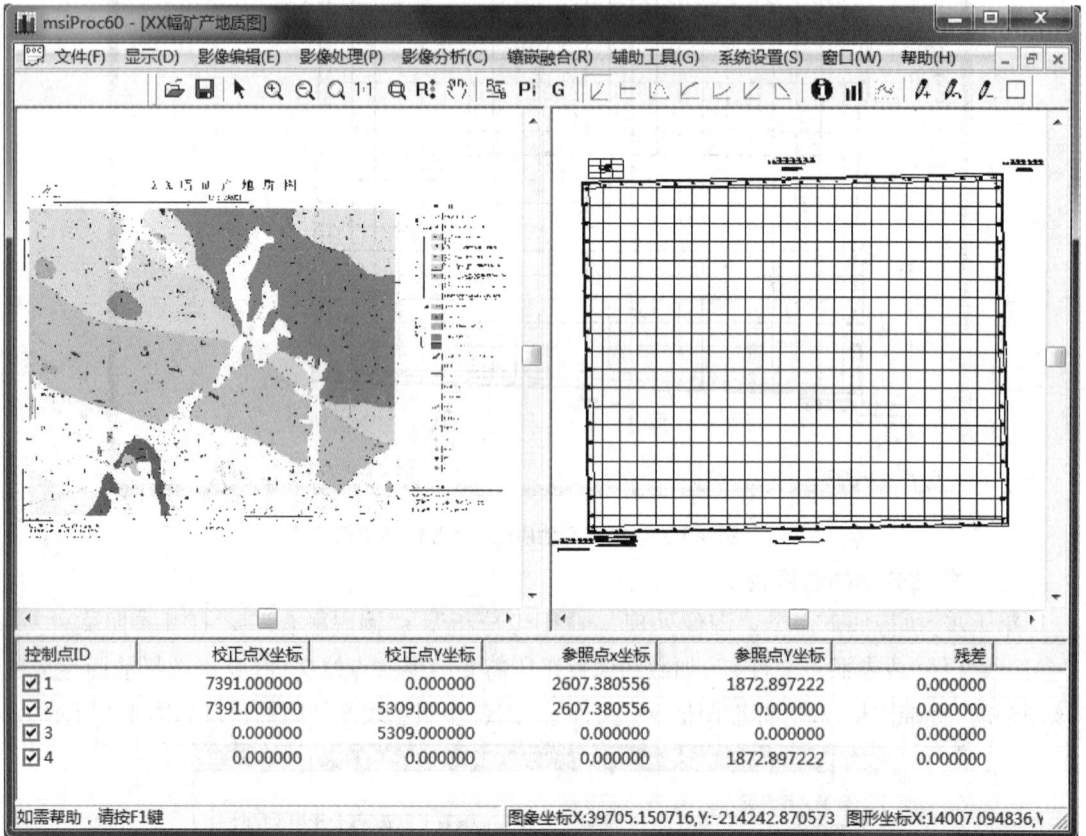

控制点ID	校正点X坐标	校正点Y坐标	参照点x坐标	参照点Y坐标	残差
☑ 1	7391.000000	0.000000	2607.380556	1872.897222	0.000000
☑ 2	7391.000000	5309.000000	2607.380556	0.000000	0.000000
☑ 3	0.000000	5309.000000	0.000000	0.000000	0.000000
☑ 4	0.000000	0.000000	0.000000	1872.897222	0.000000

图 4.7　图像校正窗口

第 5 步:执行如下命令:"镶嵌融合"→"校正预览",可在参照图形窗口预览校正效果,如果校正误差较大,效果不满意,可修改某些控制点或重新校正。

第 6 步:校正完成,系统会自动将控制点信息保存在 MSI 图像文件中,也可执行:"镶嵌融合"→"保存控制点文件",将这些控制点保存到.gcp 文件中,下次需要校正同一图幅的图像时可直接调出来使用。校正完成后的校正预览效果如图 4.8 所示。

(三)数据输出

为了便于进行交互式矢量化,需要将校正好的 MSI 文件输出为 RBM 文件格式,具体操作如下:

第 1 步:执行如下命令:"图像处理"→"图像分析"→"文件"→"数据输出",弹出"数据转换"对话框。

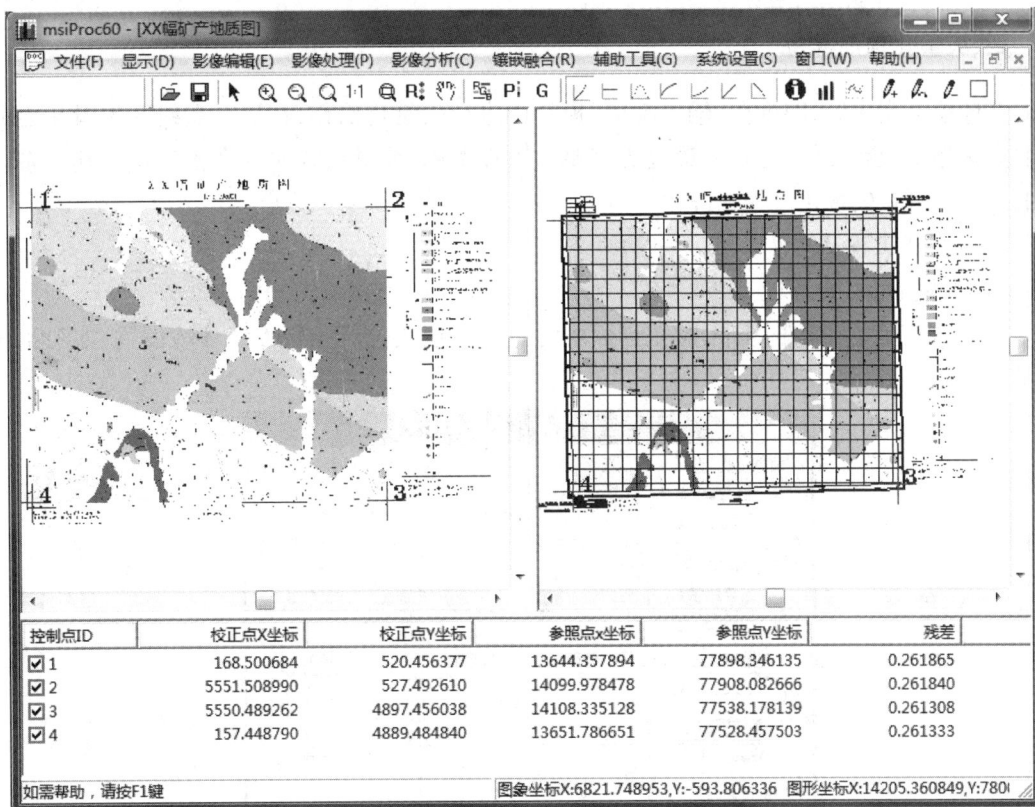

图 4.8　校正预览

第 2 步：在"数据转换对话框中"进行参数设置。

第 3 步：设置完成后单击"转换"，则系统自动会对转换文件列表中的文件进行转换，当弹出"转换完毕"对话框时，则文件全部转换完毕。转换成功的文件将在转换文件列表中的状态项显示成功，否则显示失败，如图 4.9 所示。未设置"目标文件目录"时，系统将转换后的 RBM 文件自动保存到 MSI 原文件所在的文件夹。

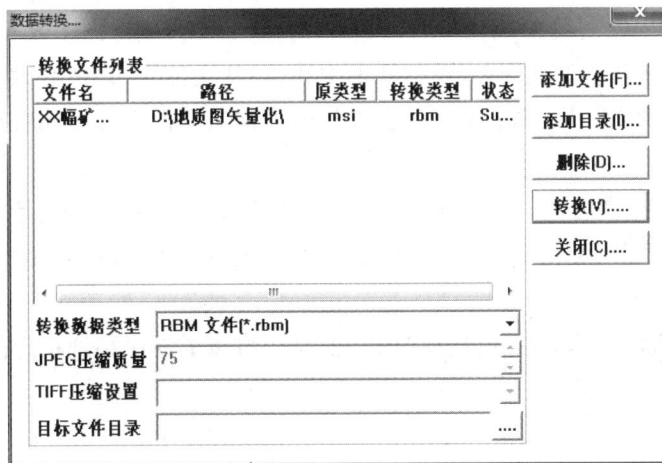

图 4.9　数据输出对话框设置

四、矢量化前期准备

图像校正完成后,即可在"输入编辑"模块中进行矢量化操作,在进行点线区矢量化之前需要先新建工程和文件、建立矢量化所需要的工程图例、编辑系统库等准备工作。其中系统库的编辑也可在矢量化过程中进行。

(一)新建工程及文件

(1)设置 MapGIS 环境

在新建工程之前单击 MapGIS 主界面中的"设置"按钮,进行 MapGIS 环境设置,如图 4.10 所示。

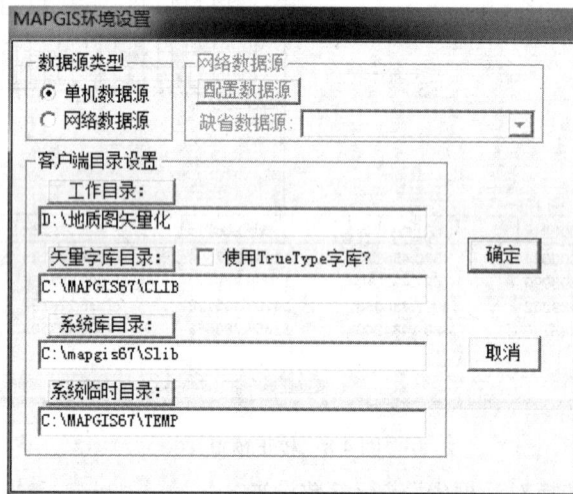

图 4.10　MapGIS 环境设置

(2)新建工程

新建工程具体步骤如下所述。

第 1 步:执行如下命令:"图形处理"→"输入编辑",系统弹出对话框提示新建工程或文件,在此选择"新建工程",单击"确定"后,系统弹出"设置工程的地图参数"对话框。

第 2 步:在"设置工程的地图参数"对话框中选择"从文件导入"按钮,然后选择该图幅的图框文件(图框.wt、图框.wl、图框.wp 任一文件都可),即从图框文件里面自动读取地图参数,结果如图 4.11 所示。

第 3 步:工程的地图参数设置完成后,单击"确定"按钮,在弹出的"定制新建项目内容"对话框中选择"不生成可编辑项",单击"确定"即可新建一个空的名为"NONAME.MPJ"的工程文件。

第 4 步:在左窗口中单击右键,选择"保存工程",将该工程保存到指定的目录中,并命名为"××幅矿产地质图.MPJ"。

(3)新建文件

在"××幅矿产地质图.MPJ"工程中根据"读图分层"时所确定的要素类别(表 4.2)建立对应的点、线、区文件。本图幅需要建立以下文件:矿点.wt、产状.wt、地层代码.wt、地名.wt、河流名称.wt、河流线.wl、地质界线.wl、断层.wl、地层区.wp、图例.wp、图例.wl、图例.wt、图签.wl、图签.wt。

图 4.11　设置工程的地图参数

最后还需要将已生成的"图框.wp""图框.wl""图框.wt"和"××矿产地质图.MSI"图像文件添加到该工程中,并在左窗口"文件名"上单击右键进行"定制排序",选择按"按类型"排序,或直接选取单个文件进行拖动来调整文件的显示顺序,结果如图 4.12 所示。

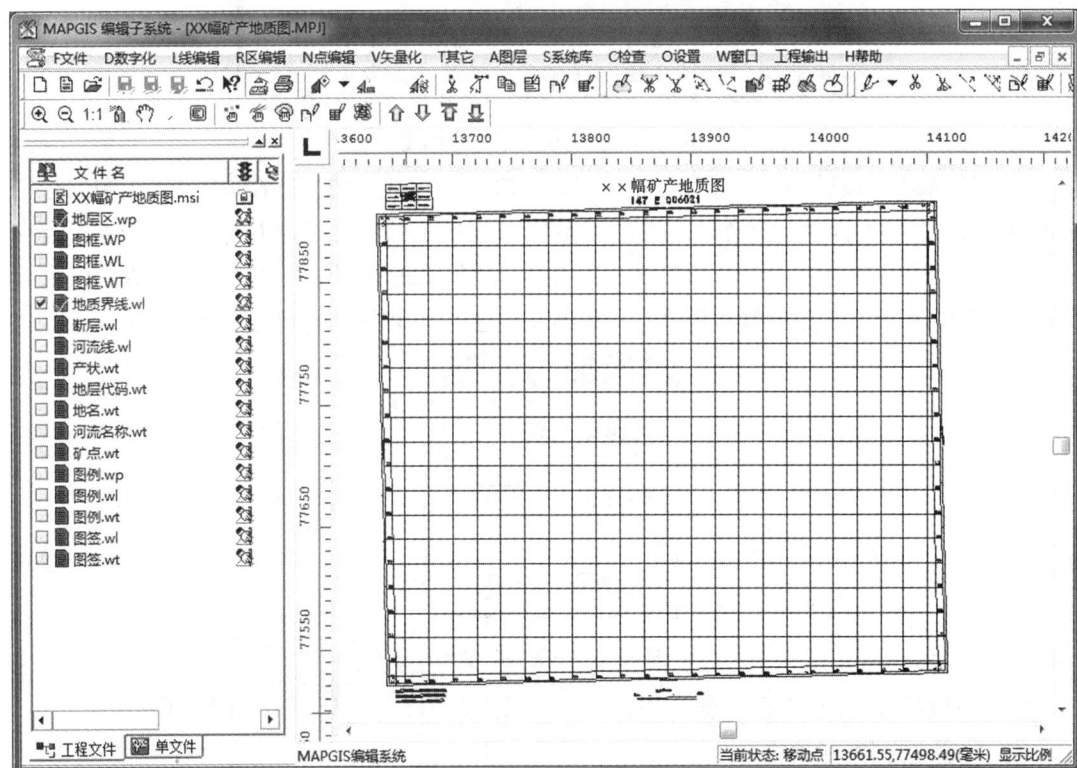

图 4.12　新建工程和文件结果图

（二）编辑系统库

（1）符号库编辑

本图幅中的金矿点和铜金矿在系统自带的 SLIB 文件中是没有的,需要自定义。

在输入编辑子系统中编辑"铜金矿"子图的步骤如下所述。

第 1 步:执行如下命令:"系统库"→"编辑符号库",弹出"符号库编辑"器。

第 2 步:在"符号库编辑"中单击"提取符号",选择子图号为"37"的子图,然后执行"区编辑"→"修改参数"→"修改区参数",将该子图右边区域的颜色改为黄色即可完成,如图 4.13 所示。

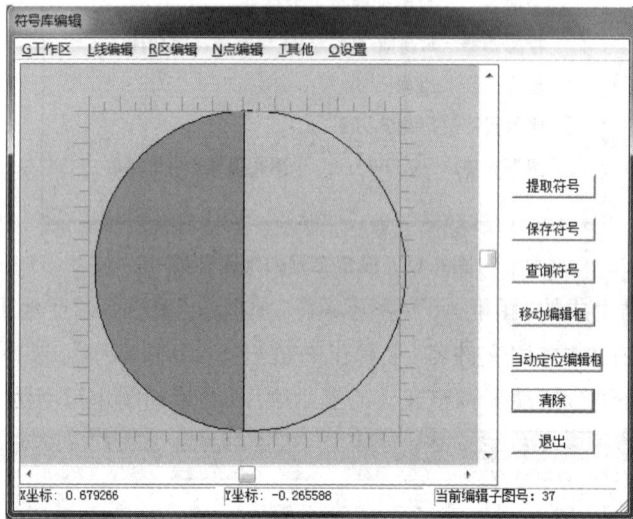

图 4.13　铜金矿子图符号编辑

第 3 步:编辑完成后,单击"保存符号",在弹出的"子图保存参数"对话框中设置子图编号和缺省颜色,如图 4.14 所示。注意子图编号尽量用系统提示的编号顺序往后编号(这里为 514 号),不要将其改为系统库中已有子图的编号,否则会将原来的子图替换掉;另外,缺省颜色只有设置为与图中某区的颜色一致时,那么在以后的使用过程中,该区的颜色才可任意改变。

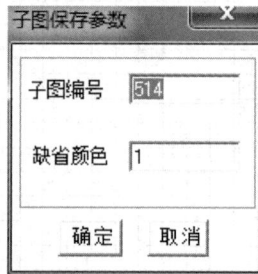

图 4.14　子图保存参数

利用类似的方法创建"金矿点"子图符号,并保存为 515 号,结果如图 4.15 所示。

（2）线型库、图案库编辑

本图幅中的线型可以用 MapGIS 自带的线型,无须自定义。

本图幅中的花岗闪长岩石图案需要自定义,自定义方法请参照子图库和线型库的编辑内容,自定义结果如图 4.16 所示。

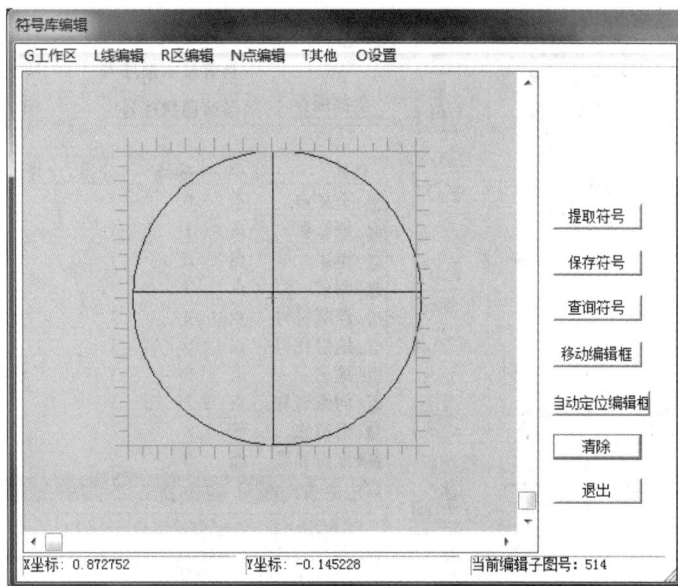

图 4.15　金矿点子图符号编辑

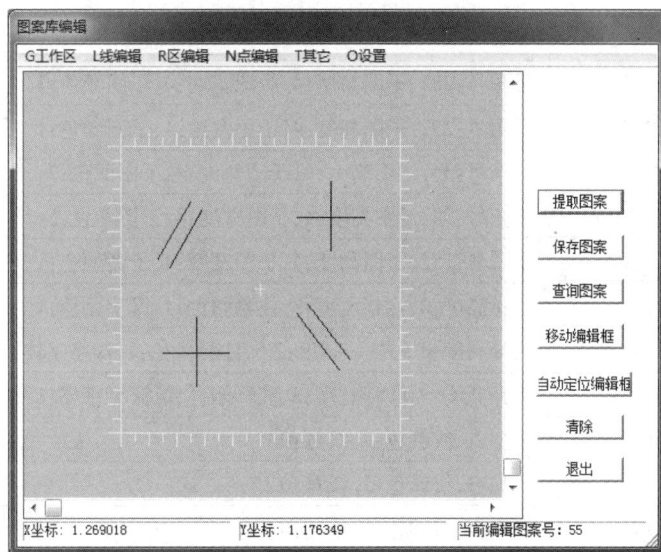

图 4.16　花岗闪长岩图案编辑窗口

(三)工程图例

(1)建立工程图例

在输入编辑的左窗口空白区单击右键,选择"新建工程图例",系统会弹出"工程图例编辑器"对话框,在该对话框中设置本图幅矢量化所需的参数,各参数的设置参考相关规范文档。本图幅所用到的点线图元参数可参考表 4.3。工程图例建立结果如图 4.17 所示。完成后单击"全部保存",将其保存为"工程图例.CLN"文件,然后单击"确定",完成编辑。

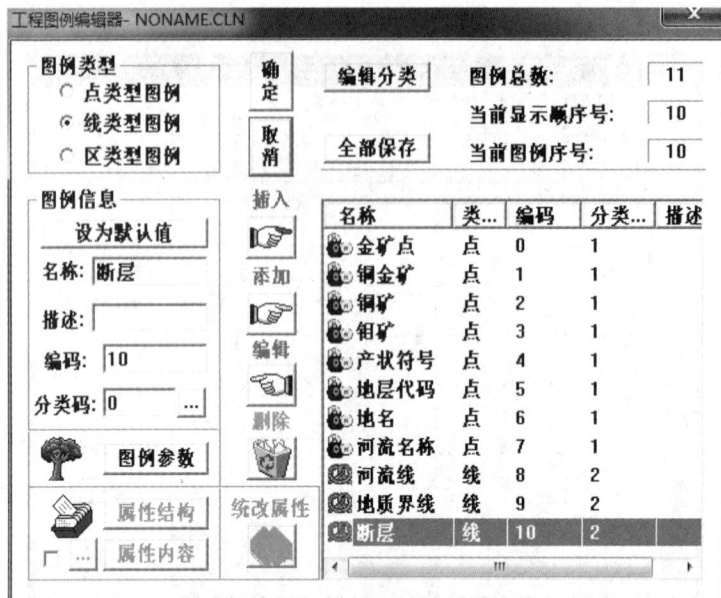

图 4.17　工程图例编辑

表 4.3　××幅矿产地质图图元参数

图例名称	对应文件	备　注
金矿点	矿点.wt	子图号:252,子图高度:4,子图宽度:4,子图颜色:1
铜金矿	矿点.wt	子图号:252,子图高度:4,子图宽度:4,子图颜色:1
铜矿	矿点.wt	子图号:34,子图高度:4,子图宽度:4,子图颜色:7
钼矿	矿点.wt	子图号:34,子图高度:4,子图宽度:4,子图颜色:5
产状符号	产状.wt	子图号:252,子图高度:4,子图宽度:4,子图颜色:1
地层代码	地层代码.wt	注释高度:3,注释宽度:3,注释颜色:1,汉字字体:1
地名	地名.wt	注释高度:3.5,注释宽度:3.5,注释颜色:1,汉字字体:1
河流名称	河流名称.wt	注释高度:3,注释宽度:3,注释颜色:2,汉字字体:1,注释字形:左倾
河流线	河流线.wl、	线型:1,线颜色:2,线宽:0.2
地质界线	地质界线.wl	线型:1,线颜色:1,线宽:0.15
断层	断层.wl	线型:1,线颜色:6,线宽:0.3

（2）关联工程图例

在左窗口的空白区单击右键,选择"关联工程图例",系统会弹出"工程图例文件修改"对话框,单击"修改图例文件",选择已建好的"工程图例.CLN"文件,单击确定即可。如图 4.18 所示。

（3）打开图例板

工程图例与工程文件相关联后,即可打开图例板,在输入数据时,可以直接在图例板中选取所需要输入的图元参数。图例板打开方法:在左窗口空白区域单击右键,选择"打开图例板",结果如图 4.19 所示。

图例板(工程图例.CLN)

图 4.18　关联工程图例　　　　　　图 4.19　××幅矿产地质图图例板

注意:在图例板上利用右键菜单可编辑图例板上的图例,或改变图例板显示方式(如"标题为图例名称")。

五、点的矢量化

(一)子图输入

将"××幅矿产地质图.msi"文件设置为打开状态,将需要输入子图的点文件(如矿点.wt)设为"可编辑状态",然后在图例板上选择需要输入的子图参数,如"铜金矿",然后再单击工具条上的"输入点图元"功能,在 MSI 图像上对应的位置点单击左键进行子图符号的输入,此处图元类型选择为"子图",子图号为前面自定义的 514 号。

子图输入后可利用移动、修改点参数等功能进行编辑(编辑之前需要先去掉图例板上的图例选择)。注意矿点子图具有定位功能,因此,矿点子图符号中心位置应该尽量与栅格底图上的子图符号的中心位置严格对应,否则会造成位置误差。

(二)注释输入

(1)上下标输入

在进行地层代码矢量化时,经常会遇到上下标的输入,如 T2b-2,则其输入方法如下所述。

第 1 步:将"地层代码.wt"设为可编辑状态。

第 2 步:在图例板上选择"地层代码"图例参数,然后利用点工具条上的"输入点图元"命令,选择图元类型为"注释",单击"确定"。

第 3 步:在需要输入地层代码的位置单击左键,在弹出的对话框中输入"T#-2#+b-2",如图 4.20 所示。

图 4.20　上下标输入

（2）希腊字母的输入

希腊字母的输入方式有两种：第一种方法是利用中文输入法中的"希腊字母"软键盘进行输入或从 Word 等编辑中复制粘贴过来；第二种方法是利用 MapGIS 的 Truetype 字体。

利用第一种方法进行希腊字母的输入具有易学、方便等优点，建议初学者可利用此方法进行输入。但这种方法输入的希腊字符串的间隔较大，可利用"修改点参数"功能将其间隔改小（间隔可改为负值，如"-1"），也可在最终整饰输出时将希腊字符串剪成单个希腊字母，再利用"移动"功能进行位置调整。

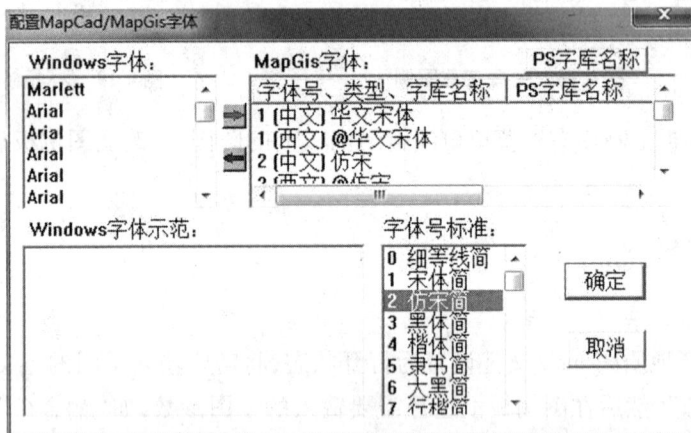

（a）

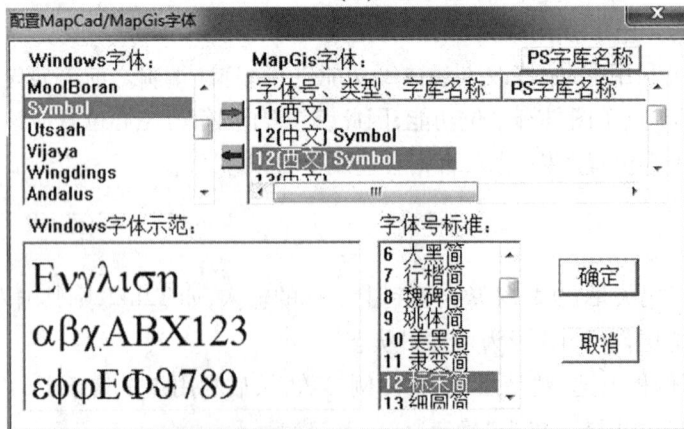

（b）

图 4.21　MapGIS 的 Truetype **字体库配置**

下面详细介绍第二种方法，即利用 MapGIS 的 Truetype 字体进行希腊字母输入。

①Truetype 字体设置。在 MapGIS 主界面中单击"设置"进行字体库设置,主要是设置 Symbol 字体(希腊字体),如图 4.21 所示。

②希腊字母的输入。选择"输入点图元"命令,单击"汉字字体"按钮,在弹出的"选择字体"对话框中选择"Symbol"字体,然后单击"确定",也可直接在"汉字字体"文本框中输入前面所设置的 Symbol 字体的字体号(12)即可,如图 4.22 所示。

图 4.22 Symbol 字体号设置

然后根据希腊字母键盘输入所需字体即可,为了便于用户输入希腊字母,表4.4中整理了英文字母键盘与希腊字母键盘的对应表。如需要输入 $\gamma\delta_5^1$,则在注释的输入文本框中输入:"gd#-5#+1",如图 4.23 所示。

表 4.4 英文字母键盘(小写)与希腊字母键盘的对应表

q	w	e	r	t	y	u	i	o	p
θ	ω	ε	ρ	τ	ψ	υ	ι	o	π
	a	s	d	f	g	h	j	k	l
	α	σ	δ	ϕ	γ	η	φ	κ	λ
	z	x	c	v	b	n	m		
	ζ	ξ	χ	ϖ	β	ν	μ		

注意:利用 Truetype 字体输入的希腊字母串间隔合适、外形美观,一般不需要再修改间隔,但如果更换了计算机,而别人的计算机上未使用 Truetype 字体或其 Truetype 字体中 Symbol 字体号与自己设置的不同,则图中的希腊字母将不能正常显示,这时需要重新修改图中注释的字体号或在 Truetype 字体库重新设置 Symbol 的字体号。

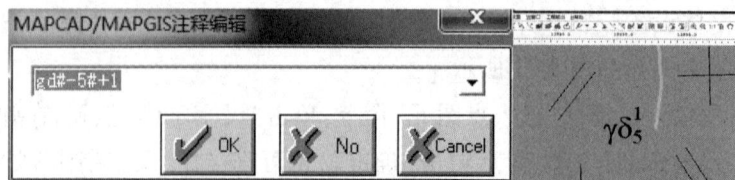

图 4.23　希腊字母输入

点图元输入完成后,利用修改点参数、移动、对齐坐标等功能进行编辑。

六、线的矢量化

本图幅中的要素较多,干扰较大,用"自动矢量化"功能的效果不理想,因此,此幅图的线要素的矢量化建议用"交互式矢量化"方法或全手动追踪矢量化方法。下面以地质界线为例介绍两种矢量化方法的步骤。

(一)全手动追踪矢量化

第 1 步:将"××幅矿产地质图.msi"文件设置为打开状态,将"地质界线.wt"设置为"可编辑状态"。

第 2 步:在图例面板中选择"地质界线"图例参数,然后在线工具条或线编辑菜单中选择"输入线"命令,在弹出的窗口中系统会自动读取图例板上的线参数,单击"确定"按钮,然后用 F5 快捷命令放大窗口至合适比例,然后单击左键(或按 F8 加点)沿着栅格数据线的中央开始跟踪,完成后单击右键结束,或按住 Ctrl+右键形成封闭线。

(二)交互式矢量化

第 1 步:在左窗口中将"××幅矿产地质图.msi"文件设置为关闭状态,或将其从工程中删除。然后在"矢量化"菜单中选择"装入光栅文件"命令,将"××幅矿产地质图.msi"文件装载进来。

第 2 步:将"地质界线.wt"设置为"可编辑状态",在图例板中选择"地质界线"图例参数,然后在"矢量化"菜单中"设置矢量化参数",一般可采用默认设置。

第 3 步:参数设置完成后选择"矢量化"菜单下的"交互式矢量化",然后系统就会进入矢量化跟踪状态,沿着栅格数据线的中央进行跟踪,在有交叉点或其他要素干扰的情况下需要单击左键(或按 F8)来确定下一步矢量化方向和路径。当一条线跟踪完毕后,按鼠标的右键,即可以终止一条线,此时可以开始下一条线的跟踪。按 Ctrl+右键可以自动封闭选定的一条线。

××幅矿产地质图的所有点、线要素矢量化结果如图 4.24 所示。

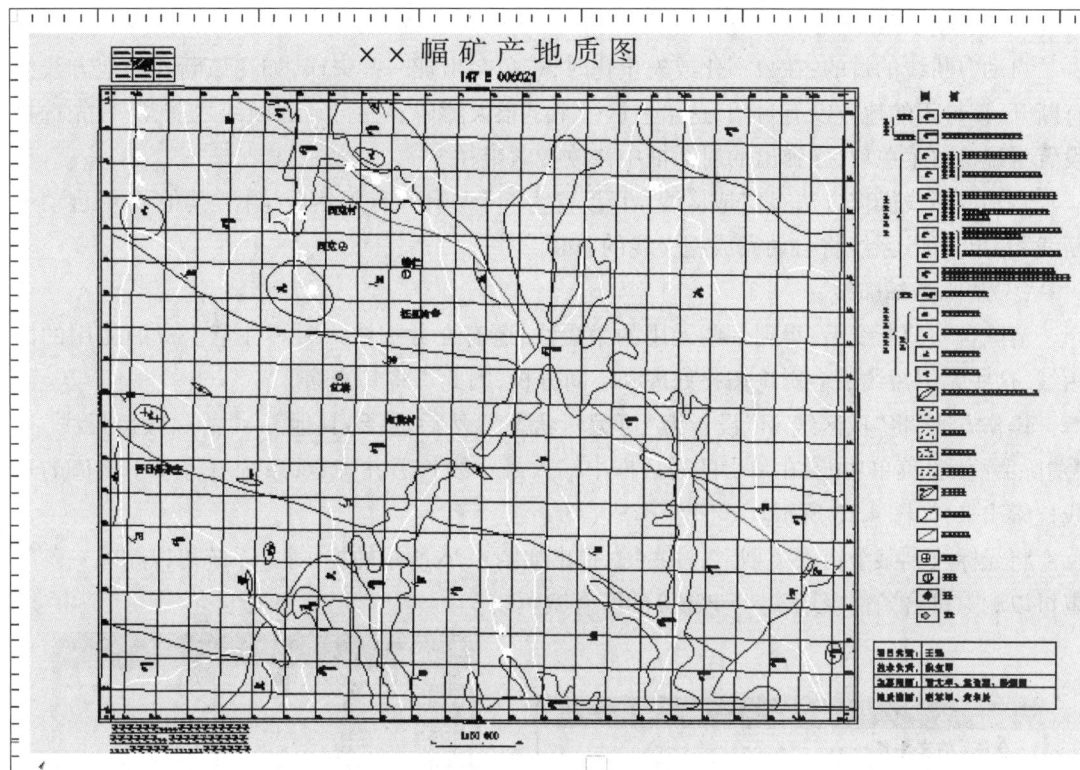

图 4.24　××幅矿产地质图点线要素矢量化结果

七、区的矢量化

(一)拓扑成区

本图幅需要成区的文件有"地层区.wp"和"图例.wp"。区的输入有两种方式：一是光标选择成区；另一种是拓扑造区。本图幅的"地层区.wp"将利用前面绘制的地质界线进行拓扑造区，图例中的区文件即可利用选择成区方式，也可利用拓扑造区方法。

拓扑处理最大的特点是自动化程度高，在拓扑处理过程中一般不需要人工干预。利用拓扑处理可以进行普染色，其核心是建立拓扑关系。为了便于区的自动建立，系统提供了一系列拓扑预处理功能。当然，如果前期工作做得比较好，后期的许多工作(如弧段编辑、自动剪断等)就可以省掉，建立拓扑也得心应手，具体步骤如下所述。

(1)线数据准备

由于本图幅中有部分断层线即是地层分界线，因此，先将前面矢量化的"地质界线.wl"和"断层.wl"两个线文件进行合并，合并方法：将这两个线文件设置为编辑状态，然后单击右键，选择"合并所选项"，在系统弹出的对话框中设置合并后的文件保存路径及文件名(这里保存为"成区线.wl")，并选择一个文件作为合并后文件的属性结构，并在"把合并后的文件添加到工程中"复选框上打钩，如图 4.25 所示，设置完成后单击"确定"完成两个线文件的合并。后面将利用合并后的"成区线.wl"文件进行拓扑造区。

（2）自动剪断线

自动剪断线的目的：在数字化或矢量化时，难免会出现一些失误，如在该断开的地方线没有断开，该封闭的地方没有封闭，这给造区带来了很大障碍。在自动剪断线之前，应首先选择设置系统参数菜单项，在弹出的对话框中修改搜索半径。

自动剪断线操作方法：将"成区线.wl"设置为"可编辑状态"，然后选择"其他"→"自动剪断线"菜单功能，系统将自动完成相交线的剪断。

（3）清除微短弧线

清除自动剪断线后，得到一些无用的微短线，还有在数据输入时不注意生成的无用的微短线，这些无用短线头会影响拓扑处理和空间分析，因此可将其清除。

操作方法：将"成区线.wl"设置为"可编辑状态"，然后选择"其他"→"清除微短弧线"→"清除微短线"菜单功能，在弹出的对话框中输入最小线长后并确定，系统就将小于该值的短线检索出来，如图 4.26 所示。

将光标放到某个错误类型上，按右键，弹出如图 4.26 所示的提示框，系统可以删除一条线也可以删除符合条件（线长小于该值）的所有微短线。

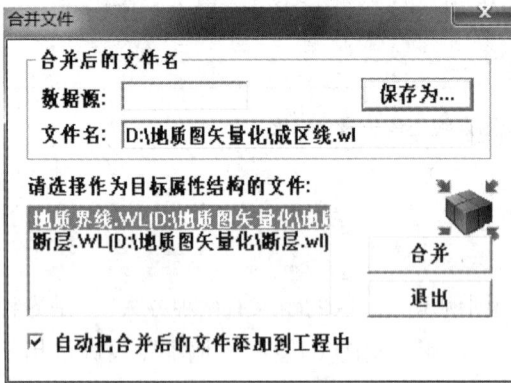

图 4.25　合并线文件

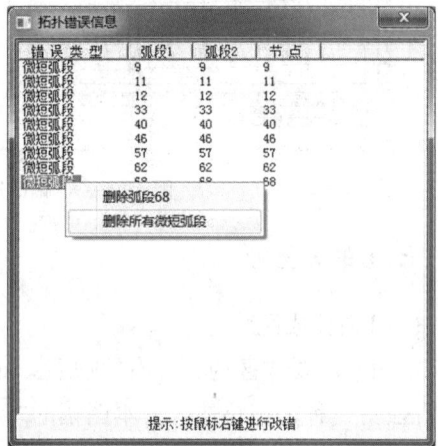

图 4.26　微短线提示框

（4）清除重叠坐标及自相交

执行"其他"→"清除重叠坐标及自相交"→"清线重叠坐标及自相交"命令，利用此功能可清除线段上重叠在一起的多余坐标点并剪断自相交的线。

（5）检查重叠弧线

执行"其他"→"检查重叠弧线"→"重叠线检查"命令，可检查线或弧段是否有重叠现象。

（6）自动结点平差

执行"其他"→"自动结点平差"→"自动线结点平差"命令，在此利用结点平差可以使区封闭。

在自动剪断线之前，首先选择设置系统参数菜单项，在弹出的对话框中修改搜索半径。注意：自动结点平差时应正确设置"结点搜索半径"。半径过大，会使相邻结点掇合在一起造成乱线的现象。反之半径过小，则起不到结点平差作用。

在此建议不要用"自动结点平差"功能,而用"线编辑"中的"线结点平差"进行手动连接。

(7)线拓扑错误检查

执行"其他"→"拓扑错误检查"→"线拓扑错误检查"命令。若有错误,则修改有错误的线,再执行"自动剪断线"→"线拓扑错误检查",直至无错误,方可进行下一步操作。

拓扑错误检查是拓扑处理的关键步骤,只有数据规范没有错误后,才能建立正确的拓扑关系。利用此功能可以很方便地找到错误,并指出错误类型及出错位置。查错可以检查重叠坐标、悬挂弧段、弧段相交、重叠弧段,结点不封闭等严重影响拓扑关系建立的错误,在错误信息显示窗口的每一条错误类型上单击鼠标右键,系统将出现修改提示菜单,如图 4.27 所示。

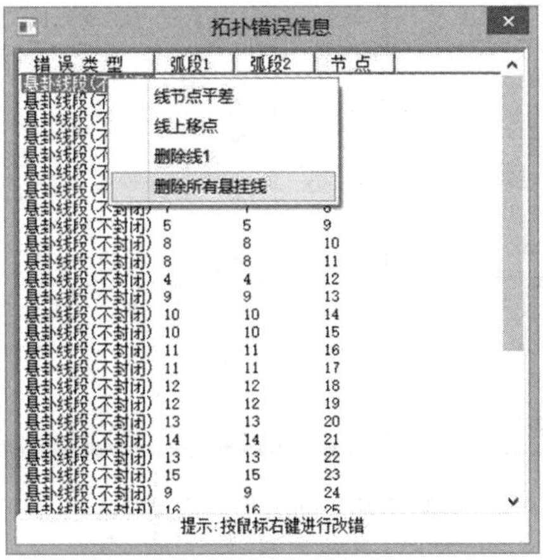

图 4.27　拓扑错误信息提示

在该窗口中,移动光标到相应的信息提示上,按鼠标左键,系统自动将出错位置显示出来,并将出错的线段用亮色显示。同时,在错误点上有一个小黑方框不停地闪烁。按鼠标右键,则会弹出错误修改菜单。在修改错误时,不必关闭错误显示窗口即可进行相应的操作。

重叠坐标:若出现坐标重叠现象,执行清除线段重叠坐标或清除所有线段重叠坐标即可。

悬挂弧段:若该线段较长且是多余的,删除线段或删除所有线段功能将该线段删除;若较短,也可以执行线上移动点功能移动伸出去的点。若该线段是有用的线段,则执行线结点平差。

线段相交:线段相交,则不能正确地建立结点,出现这种现象,若是两条线段相交,只要剪断线段即可。若是线段自相交,则需执行剪断自相交线段或剪断所有自相交线段。

重叠线段:按鼠标右键,执行"清除重叠线段"或"清除所有重叠线段"命令。

结点不封闭:利用结点平差或弧段移点功能使其封闭。

(8)线转弧段

执行"其他"→"线转弧段"命令,系统提示将转换的弧段保存到文件中(地层区.wp),这个文件只有弧段而没有区。

如果之前已经建立了一个空的"地层区.wp"文件,也可将该区文件设置为"可编辑状态",执行"区编辑"→"线工作区提取弧"命令,如图 4.28 所示。选择所有需要成区的线段即可将线段转成弧段存入区文件中。线转弧段完成后,将该区文件添加到工程中,并且使它处于"可编辑状态"。

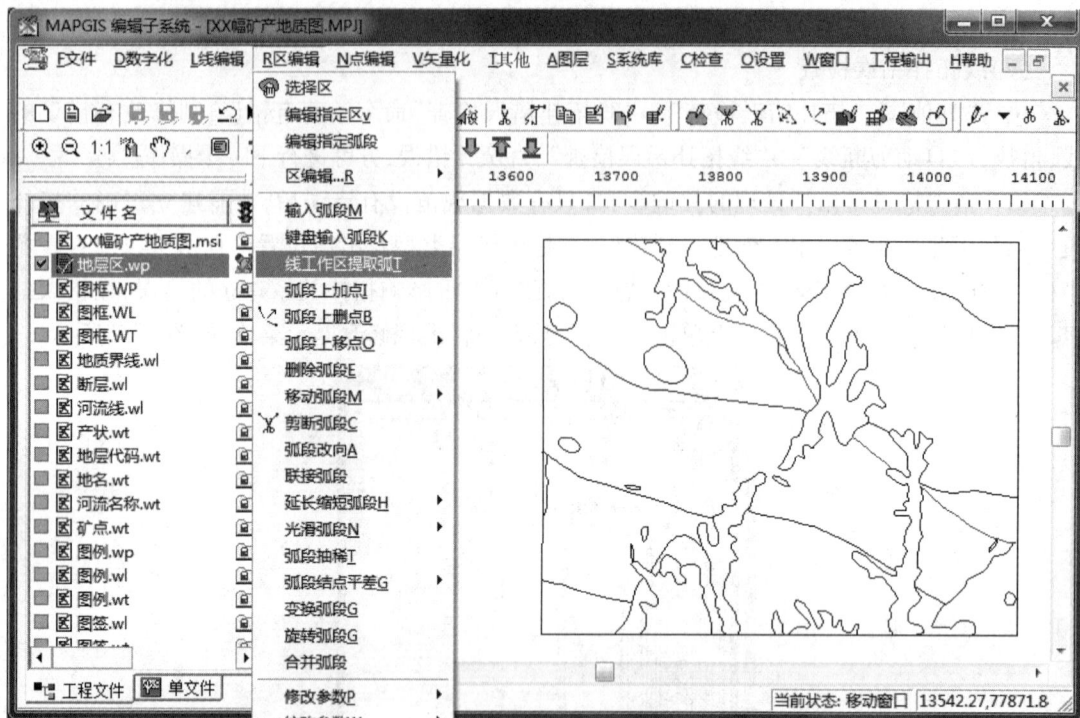

图 4.28　线工作区提取弧

（9）拓扑重建

执行"其他"→"拓扑重建"命令，系统将自动建立结点和弧段间的拓扑关系以及弧段所构成的区域之间的拓扑关系，同时给每个区域赋予属性，并自动为区域填色，如图 4.29 所示。

拓扑关系建好后，若发现数据有问题，可利用相应的修改功能（如分割区、合并区等）进行修改，也可重新修改线数据后，再重建拓扑。

（二）区参数编辑

根据栅格底图或"1:5万地质图填色标准与规范"，利用"修改区参数"功能可修改每个区域的颜色和图案。××幅矿产地质图区参数修改后如图 4.29 所示。

八、误差校正

如果在矢量化点线区之前没有进行"图像校正"，则矢量化完成后需要对结果数据进行误差校正，误差校正方法参考"任务 3.4　误差校正"的内容。

九、图幅整饬与输出

将所有要素矢量化完成后，基于 1:5万地质图制图的相关标准与规范，对图中的要素再进一步进行整饰、美化（如修改点大小、修改图名、图例、图签位置等）。最后根据需要可将矢量化结果数据进行"工程裁剪""文件转换"操作，或进行空间分析操作，最后可将结果图进行输出为 JPEG 图片或直接利用打印机进行 Windows 打印输出。

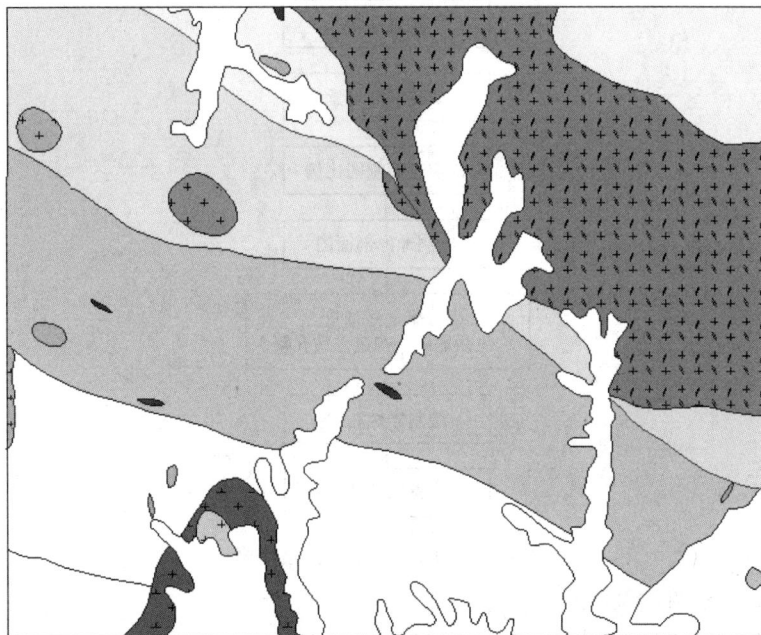

图 4.29　××幅矿产地质图拓扑造区结果图

任务 4.2　MapGIS 绘制地质剖面图

[任务目标]

1.掌握图切剖面的方法及操作流程。

2.熟练运用 MapGIS6.7 软件进行图切剖面操作。

[任务描述]

利用 MapGIS 中的高程自动赋值、DTM 分析等功能在地质平面图上进行图切剖面操作。

[知识准备]与[操作步骤]

一、MapGIS 图切剖面步骤

MapGIS 自动图切地质剖面图的步骤如图 4.30 所示。

（1）数据准备

在"输入编辑模块"准备需要进行图切剖面的地质平面图[等高线、地层分界线（或区）、地层或岩性代码、产状等信息必不可少]，并对等高线文件进行高程自动赋值，然后在"DTM分析"模块将等高线数据转换成 GRD 格网文件，以便后续处理。

（2）确定剖面位置

在分析图区地形特征、地层的出露、分布和产状变化以及构造特点的基础上，在"DTM 分析"模块确定需要进行图切的剖面线位置，该剖面线要尽量垂直于区内地层走向，通过地层出露较全和图区主要构造部位，或者选在阅读地质图所需要作剖面的地方。

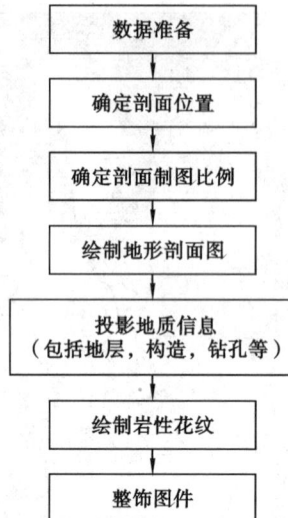

图 4.30 MapGIS 图切剖面步骤

（3）确定剖面绘图比例尺

在"DTM 分析"模块确定剖面图的横向和纵向比例尺，尽量保持横纵向比例尺一致。

（4）绘制地形剖面图

在"DTM 分析"模块进行地形剖面图的自动投影，并将投影生成的地形剖面文件进行保存。

（5）投影地质信息

在"输入编辑"模块将地质图上的地质界线按照产状重新绘制，并手动投影其中的钻孔、探槽等信息。

（6）绘制岩性花纹

对各岩层应按其岩性绘制花纹图案，并按照地质图注明相应的地层代号和产状。

（7）整饰出图

按下列要求对地质剖面图进行图幅整饰：

①剖面图比例尺与地质图的比例尺尽量一致，两端标出地形等高标高。

②注明剖面方位、主要地形地貌控制点。

③图例、图签及剖面图中相应内容的绘制与调整。

④剖面图放置：左北右南、左东右西，左北西右南东、左南西右北东。

⑤剖面图图名一般放置在剖面图上方正中间位置或正下方。

二、数据准备

首先要准备进行图切剖面的地质平面图，平面图应包括等高线（含高程信息）、地层分界线（或区）、地层产状、地层（岩性）代码、地质构造信息、钻孔、探槽、比例尺、图框等要素，其中地理要素中的等高线（含高程信息），专题要素中的地层分界线（或区）、地层产状、地层（岩性）代码、地质构造，以及比例尺、图框等数学要素是必不可少的内容。下面将以"××幅地质平面图"为例介绍 MapGIS 图切地质剖面图的方法，如图 4.31 所示。

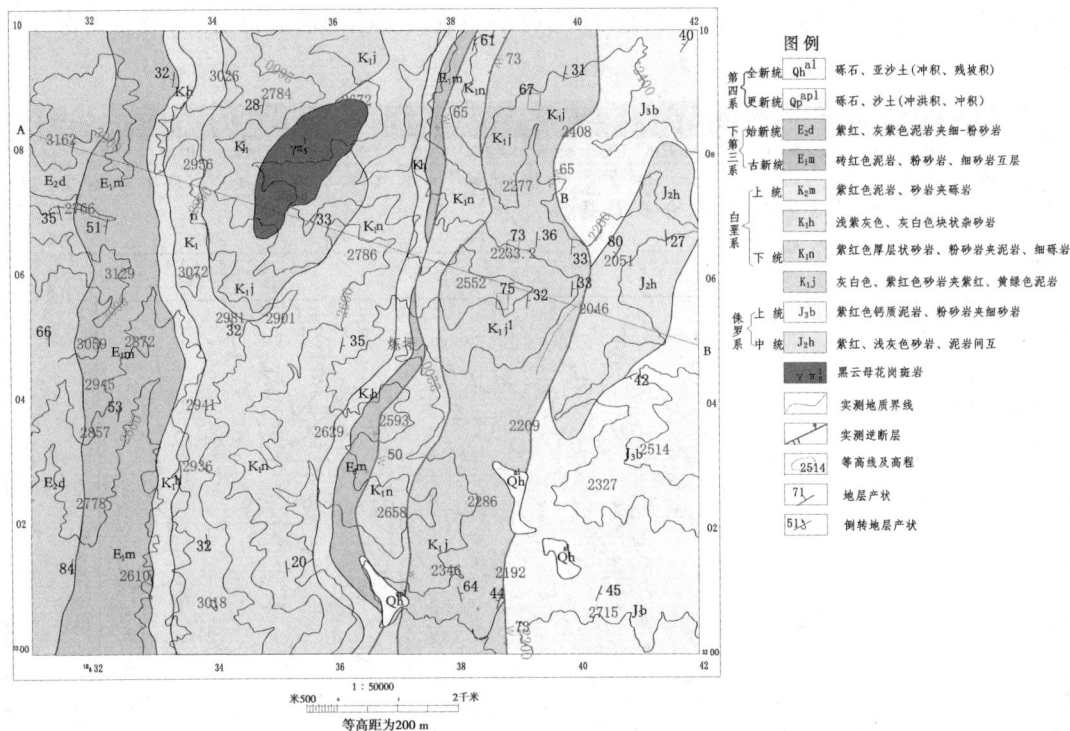

图 4.31 ××幅地质平面图

该地质平面图中高程信息是以注释的形式进行标注的,而并没有将高程值作为等高线的属性值进行存储,因此,首先需要对等高线进行自动赋值,将每条等高线的高程值作为一个属性赋值到每条等高线中。MapGIS 图切剖面是在"DTM 分析"模块中完成的,因此还需要将"等高线.wl"文件进行格网化处理。

(一)等高线自动赋值

(1)打开等高线文件

在 MapGIS"输入编辑"子系统中打开"××幅地质图.MPJ",并将其中的"等高线.wl"文件设置为当前编辑状态(即可编辑状态),并将"高程.wt"文件打开,其他无关的文件可设置为关闭状态,如图 4.32 所示。

(2)编辑线属性结构

单击"线编辑"菜单下"参数编辑"命令中的"编辑线属性结构"命令,则系统弹出"编辑属性结构"对话框,给"等高线.WL"线文件添加一"高程"属性字段,如图 4.33 所示,完成后单击"OK"选项。

(3)高程自动赋值

单击"矢量化"菜单下的"高程自动赋值"命令,然后将鼠标放在等高线的中央,按住左键拖动,然后再次单击左键,则系统会弹出"高程增量输入"对话框,在对话框中输入当前高程及高程增量,如图 4.34 所示。

然后单击"确定"按钮,即可实现等高线自动赋值,赋值后的等高线会以高亮黄色显示,赋值后的结果如图 4.35 所示。赋值完成后可以通过查阅线的属性来查看每条等高线的高程值,如果个别等高线的高程值存在漏赋或错赋,则可手动输入正确的值进行更正,最后要保存赋值后的等高线文件。

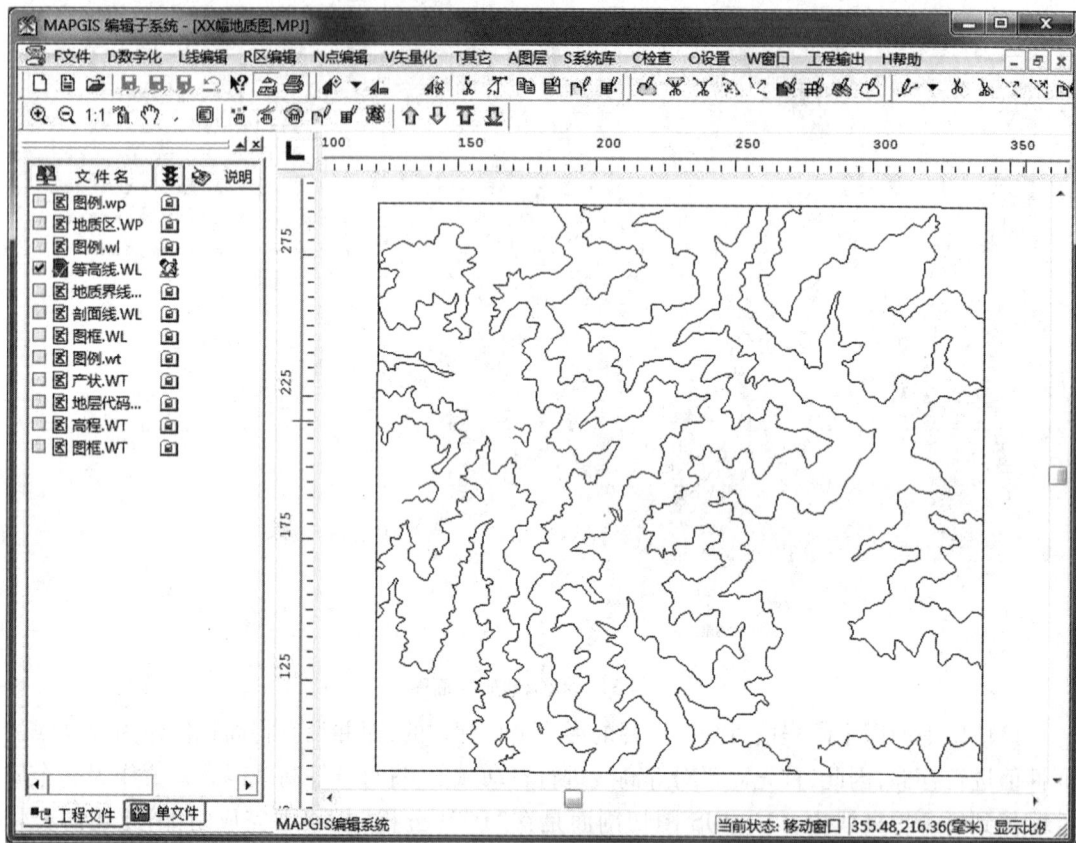

图 4.32　打开等高线文件

图 4.33　等高线文件属性结构编辑

(二)等高线文件格网化

(1)打开已赋值的等高线文件

单击系统主界面中"空间分析"菜单下的"DTM 分析"子系统,单击"文件"菜单下的"打开数据文件/线数据文件"命令,则系统弹出打开文件对话框,找到等高线赋值后的文件"等高线.wl",然后单击"打开"按钮。

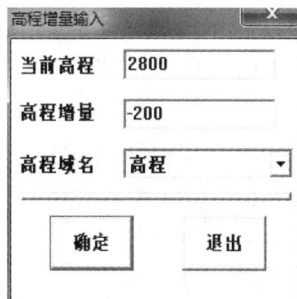

图 4.34　"高程增量输入"对话框

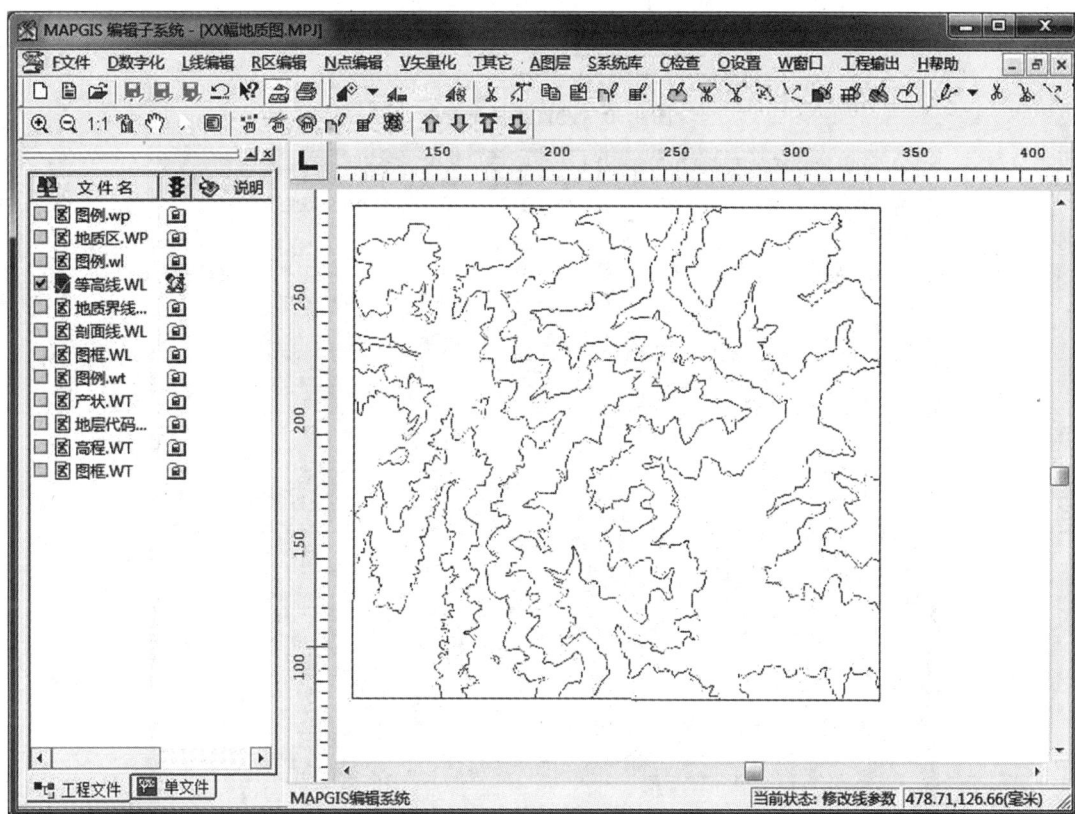

图 4.35　已赋值等高线

（2）线数据高程点提取

单击"处理点线"菜单下的"线数据高程点提取"命令，则系统弹出"设置线抽稀提取高程数据点参数"对话框，如图 4.36 所示。

其中，"抽稀提点"参数越小，则在等高线上提取的高程点就会越多，则后面生成的 GRD 数据的精度就会越高，即对实际的地形拟合也就越精确；需注意的是"线属性高程数据域"要选择高程值所在的字段。

设置好各项参数后，单击"确定"按钮，提点后的结果如图 4.37 所示。

（3）离散数据网格化

单击"GRD 模型"菜单下的"离散数据网格化"命令，系统弹出"离散数据网格化"对话框,在此可设置网格参数和网格化方法,单击对话框中的"文件换名"按钮,可对生成的 GRD 文件进行换名存盘(这里存储为 123Grid.GRD),如图 4.38 所示。然后单击"确定"按钮,即可生成 GRD 数据。

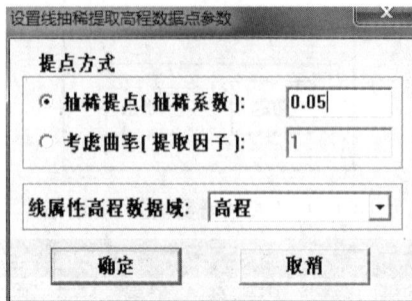

图 4.36   设置线抽稀参数

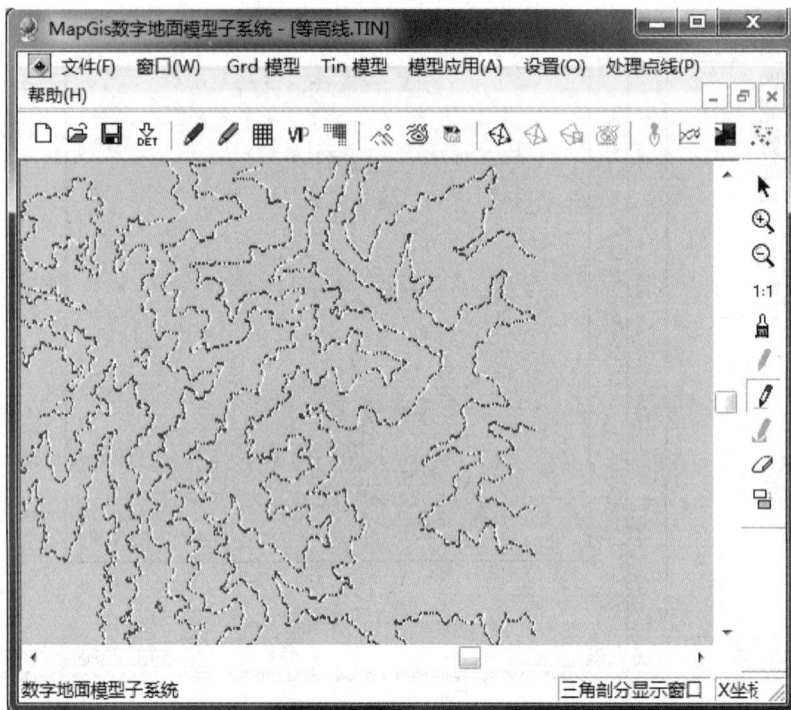

图 4.37   高程点提取结果

三、确定剖面位置

在"DTM 分析"子系统中单击"文件"菜单下的"打开三角剖分文件"命令,系统弹出打开文件对话框,选中上一步生成的"123Grid.GRD"文件,单击"打开"按钮,结果如图 4.39 所示。

(一)打开地层文件

在 DTM 模块中打开 GRD 文件后,将其他附有地层的线或者区文件一并打开,这里打开"地质区.wp"文件,如图 4.40 所示。

图 4.38　离散数据网格化参数设置

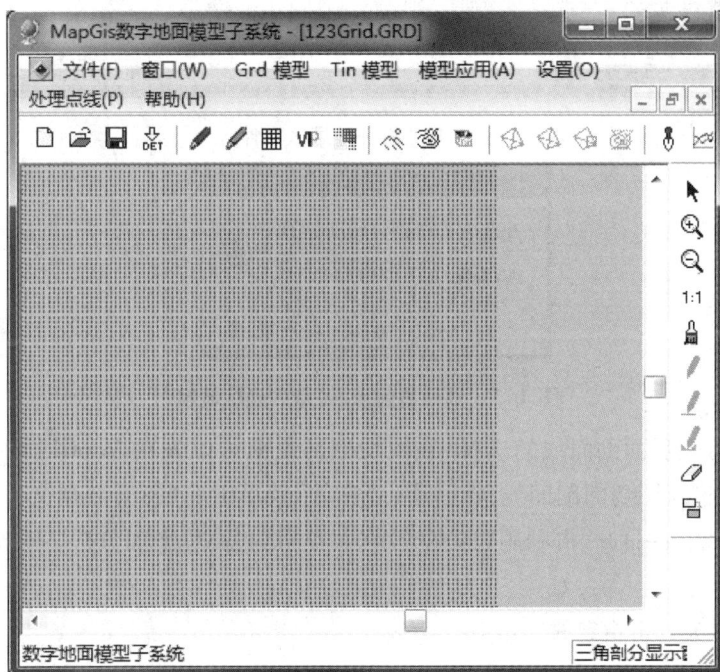

图 4.39　等高线格网化后的数据

(二)确定剖面线

在"模型应用"菜单中,单击"高程剖面分析"→"交互造线"命令进行剖面线的绘制。

交互造线方法:左键选择剖面线的起点,然后移动鼠标拉一条直线(即剖面线),再右键确定剖面线的终点,在该过程中会弹出"二维分量编辑"对话框(图 4.41),在该对话框中可修改剖面线起点或终点的坐标。

单击右键确定剖面线后,系统会弹出"系统信息提示"对话框,提示用户是否保存输入的线数据,单击"是"保存刚绘制的剖面线,保存的线文件名称为"剖面线.wl",结果如图4.42所示。

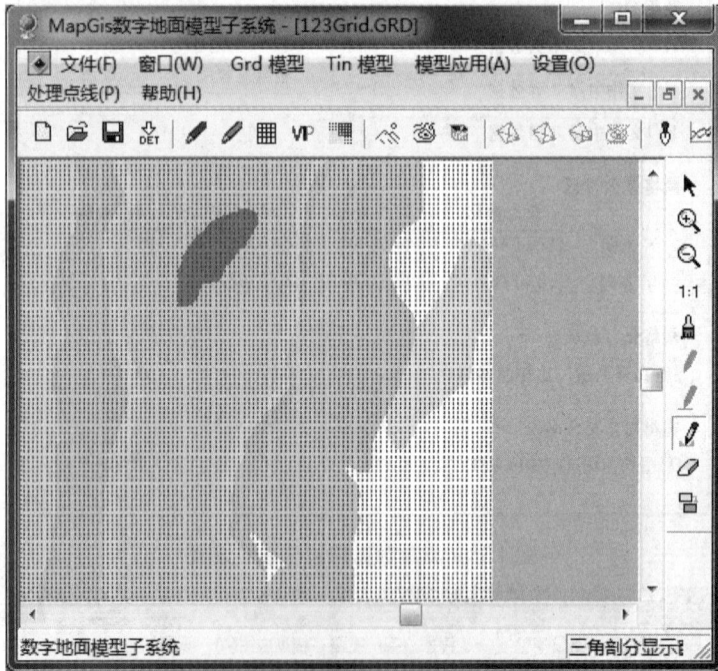

图4.40　打开地层区文件

图4.41　剖面线起点、终点的坐标调整

注意,为了方便后面剖面线的选择,在图切剖面之前可以先在MapGIS的"输入编辑"模块中绘制好需要进行图切的剖面线,然后通过"文件"菜单中的"打开数据文件"→"打开线数据文件"将剖面线文件打开,再利用"模型应用"菜单中的"高程剖面分析"→"分析指定线"功能来确定剖面线。

图4.43所示为分析指定线。

四、确定剖面比例尺

剖面线保存成功后会弹出"剖面线分析参数设置"对话框,进行一些参数的选择,在此主要设置剖面图的间距值及比例尺等参数。

间距值:用来确定在坐标轴上的坐标刻度每隔多少间距进行标刻。

缩放比例:用来确定绘制的地质剖面图的横向和纵向比例尺,横向(X轴)代表剖面线的长度,纵轴(Y轴)代表高程,如果要让X、Y轴显示数据是同一比例尺的话,则需要将X、Y轴缩放比例设置为"1:1 000/比例尺分母"。

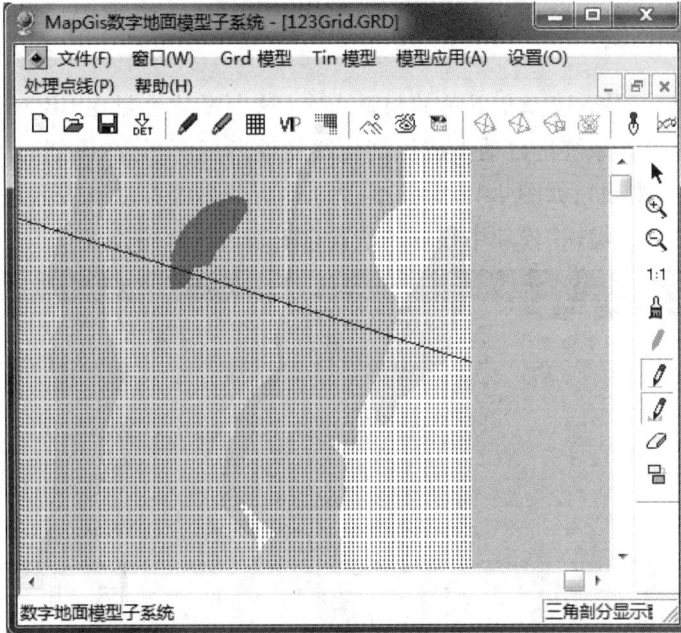

图 4.42　交互造线结果(黑色的为剖面线)

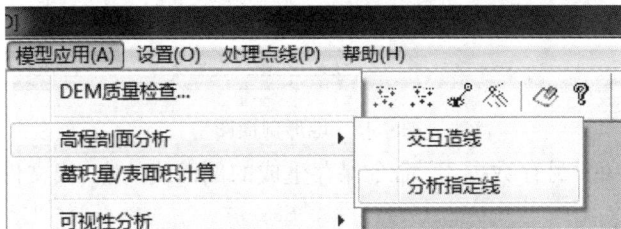

图 4.43　分析指定线

这里 X 轴的缩放比例设置为 1(即与原图同比例,为 1∶5万),则纵向(Y 轴)缩放比例设置为 0.02(与原图同比例,为 1∶5万),如图 4.44 所示。

图 4.44　设置剖面线分析参数

五、绘制地形剖面图

参数设置完成后,最后选择左下角的与弧求交(这个弧就是附在 GRD 上的地质区文件,弧段就是地层的界线),系统将自动生成该剖面线的地形剖面图,在该剖面图上,实际上也生成了地层分界线(短横线),如图 4.45 所示,但是该地层分界线并没有按照地层的产状进行绘制,因此还需要在"输入编辑"模块中根据产状要素重新编辑地质界线。

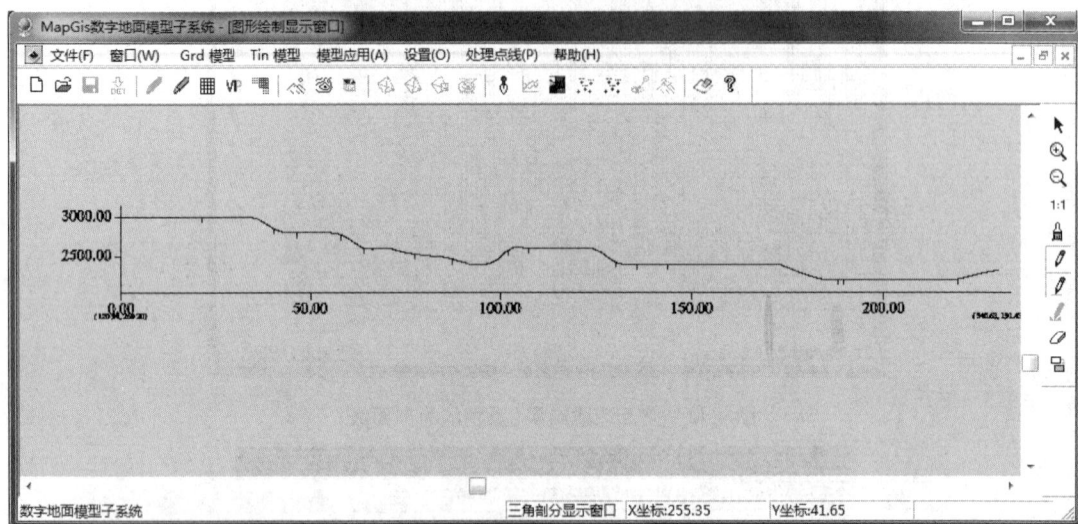

图 4.45　地形剖面图

最后单击文件中的"另存数据于"命令保存生成的剖面线的点、线文件。

六、投影地质信息

在"输入编辑"模块中打开生成的点线文件,在该工程中根据地层产状对地层分界线进行修改,如有钻孔、探槽等地质信息,则可手工进行投影。

注意:为了方便编辑,也可将自动生成的 MapGIS 剖面图点线文件转换成 AutoCAD 格式,在 AutoCAD 软件中进行后续编辑。

最后还需要根据地质制图标准与规范对剖面图中的地层岩性进行底色和图案填充(参考区编辑内容)。

七、整饬出图

补全剖面图的图名、图例、图签、剖面线方向、地层(岩性)代码、比例尺等内容,并进行图幅整饬,最后可打印输出成 JPEG 图片或进行 Windows 打印输出,图切剖面最终结果如图 4.46 所示。

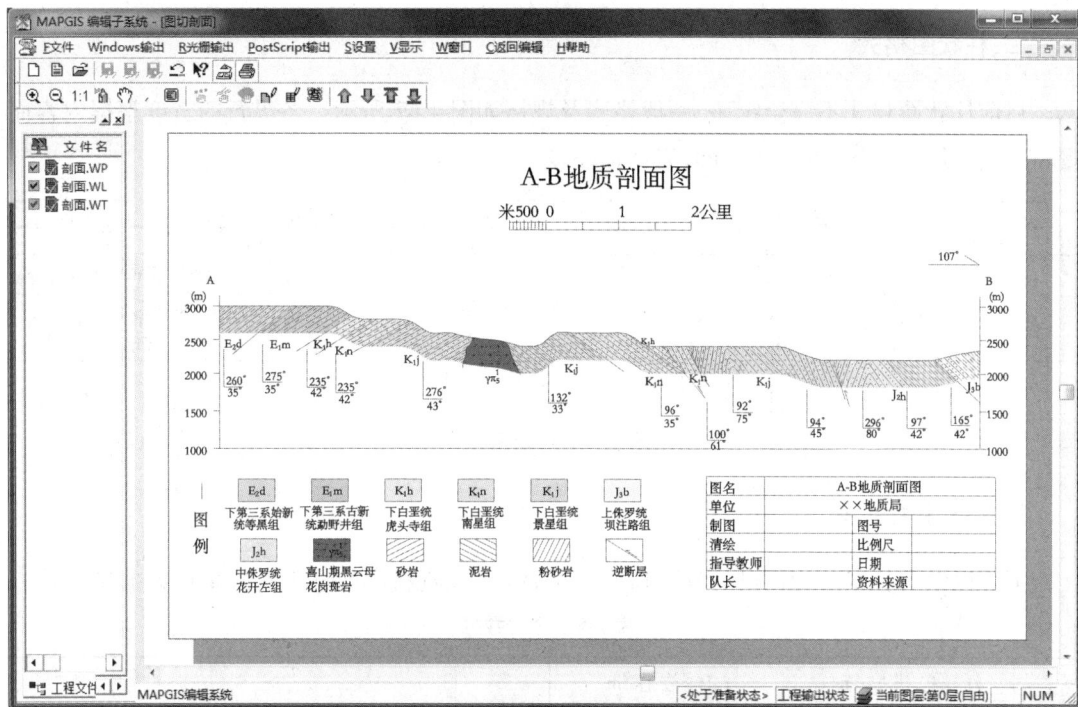

图 4.46　××地区 A—B 地质剖面图

任务 4.3　MapGIS 绘制地质柱状图

[任务目标]

1.熟悉柱状图绘制一般格式及规格要求。

2.掌握利用 MapGIS6.7 软件绘制地质柱状图的具体操作。

[任务描述]

在 MapGIS 软件中,利用"直接绘制法"和"投影变换法"完成地质钻孔柱状图的绘制。

[知识准备]与[操作步骤]

一、绘制方法

利用 MapGIS 软件绘制地质柱状图最常用的有 3 种方法,如下所述。

①直接绘制法:在"输入编辑"子系统中利用点、线、区等编辑功能直接进行绘制。

②投影变换法:利用"投影变换"子系统中的"用户文件投影转换"功能进行点的投影。

③明码文件转换法:将柱状图中的点、线数据编辑成明码文件格式,再利用"文件转换"子系统中的"装入 mapgis 明码格式文件"功能进行绘制。

本学习任务主要介绍直接绘制法和投影变换法的操作流程,明码文件转换方法需要编辑点、线明码文件,操作较为烦琐且比较费时,在此暂不作介绍。

二、柱状图格式

目前柱状图格式不完全统一，一般格式及规格如图 4.47 所示。各纵行的宽度根据内容而定，岩性符号填充栏一般宽 25 mm，岩性描述最宽。

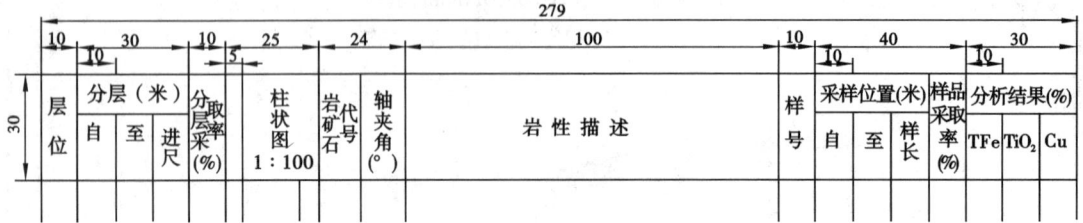

图 4.47　柱状图格式

三、钻孔数据准备

下面以钻孔柱状图为例进行软件操作演示，××钻孔资料内容见表 4.5，采样数据见表 4.6。

表 4.5　分层数据

层位	进尺/m			岩芯/m		轴夹角/(°)	岩性描述
	自	至	视厚度	长度	采取率/%		
D_3	12.85	15.47	2.62	2.49	95	77	闪长岩:灰白色,中细粒全晶质结构,块状构造,主要成分有斜长石、辉石、角闪石,风化程度弱,岩芯较完整,可作为建筑材料
D_2	15.47	18.45	2.98	2.74	92	80	流纹岩:灰黄色,斑状结构,基质为隐晶质结构,块状构造,主要成分为石英长石,风化程度弱,岩芯较完整,主要分布于我国东部沿海地区
D_1	18.45	21.81	3.36	3.23	96	85	煤层:灰黑色,泥质结构,页理构造,主要成分为黏土矿物、有机质。形成于强还原环境下的湖泊、沼泽环境中
S_2	21.81	24.54	2.73	2.73	100	77	安山岩:灰黑色,斑状结构,块状构造,主要成分为斜长石、角闪石。岩芯较完整,常与流纹岩,玄武岩共生
S_1	24.54	26.12	1.58	1.50	95	76	玄武岩:暗黑色,细粒-隐晶质结构,块状构造,主要成分为斜长石、辉石、偶尔含橄榄石斑晶,可作为建筑材料
O_3	26.12	29.61	3.49	3.00	86	95	凝灰质砂岩:灰白色,凝灰质结构,斑杂构造,主要成分为石英、长石、云母。风化程度较弱,黏土基质,基地胶结

续表

层位	进尺/m			岩芯/m		轴夹角/(°)	岩性描述
	自	至	视厚度	长　　度	采取率/%		
O_2	29.61	31.74	2.13	1.26	59	98	大理岩:灰白色,粒状变晶结构,块状构造,主要成分为方解石、白云石。风化程度弱,岩芯较完整,是一种良好的建筑材料
O_1	31.74	34.35	2.61	2.45	94	89	白云岩:灰白色,微晶结构,块状构造,主要成分为白云石、方解石,风化程度弱,与冷稀盐酸不起反应

表 4.6　采样数据

样品编号	进尺/m			岩芯/m	
	自	至	进尺	长度	采取率/%
H1	17.25	18.45	1.20	1.14	95
H2	18.45	19.65	1.20	1.15	96
H3	19.65	20.85	1.20	1.12	93
H4	20.85	21.81	0.96	0.96	100
H5	21.81	23.01	1.20	1.18	98

四、直接绘制法

(一)新建工程及文件

柱状图应包含图框线、文字、图案填充、图名、图例、图签、比例尺等要素。

在"输入编辑"子系统中建立"柱状图.MPJ"工程,并在该工程中建立"图框.wl""文字.wt""图案填充.wp""图例.wt""图例.wl""图例.wpl""图签.wl""图签.wt"等文件,如图4.48所示。

(二)绘制图框线

(1)绘制横线

将"图框线.wl"设置为可编辑状态。为了方便绘制,可从柱状图最底端的横线进行绘制。横线的总长度根据图4.49中标注的格式和数据进行计算,计算结果为279 mm。

第1步:绘制底端第一条横线。

利用"线编辑"→"输入线"→"键盘输入线"菜单命令绘制第一条横线,在弹出的对话框中输入线的起点坐标(0,0),然后单击"下一点"按钮,输入终点坐标(279,0),如图4.49所示,然后单击"下一点",再单击"完成",系统将生成第一条横线。

第2步:绘制其他横线。

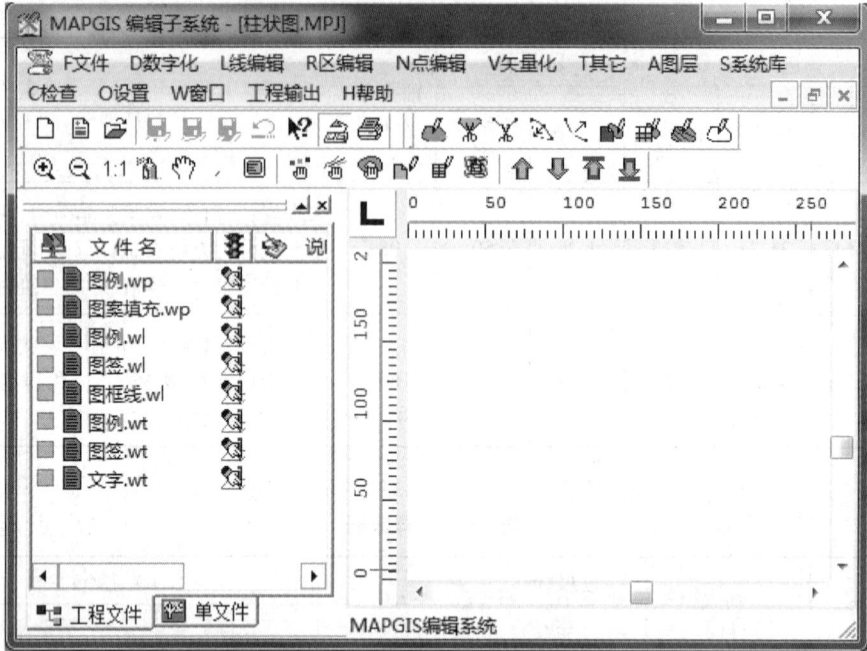

图 4.48　建立柱状图工程、文件

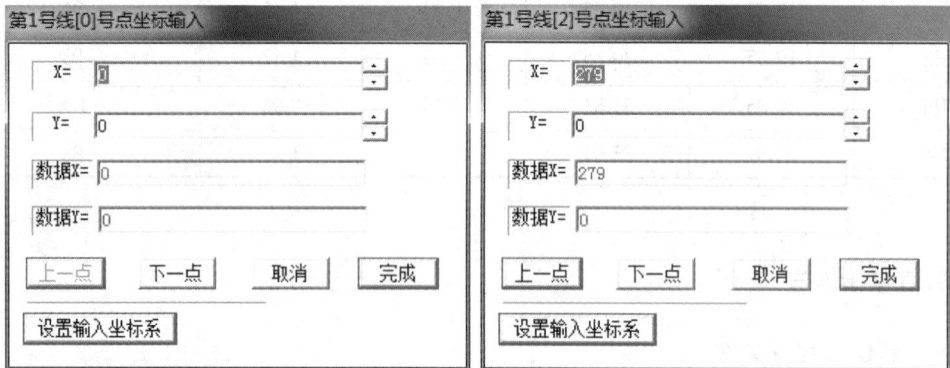

图 4.49　第一条横线坐标输入界面

其他横线可利用"造平行线"或者"阵列复制"功能进行绘制,其中两条横线间的间距以分层厚度的图面距离(mm)为准[分层厚度(m)×1 000/比例尺分母],此例中的柱状图比例尺为 1∶100,则分层厚度的图面距离(mm)= 分层厚度(m)×1 000/100。

例如绘制第二条横线时,最后一行的分层厚度为 2.61 m,则第二条横线与底部第一条横线的间距为 26.1 mm,则对第一条横线进行线的"阵列复制",其参数设置如图 4.50 所示,单击"OK"即可绘制第二条横线,利用相同方法完成其他横线的绘制。

(2)绘制纵线

执行"输入线"命令,利用快捷键 F12 的"捕捉线头线尾"功能将第一条直线和最后一条直线的左边端点连接起来即可完成第一条纵线的绘制。

然后利用"线编辑"菜单中的"阵列复制"功能或"造平行线"功能绘制其他纵线,方法与绘制横线类似,纵线绘制完成后,再对表头中的短横线进行绘制、编辑,图框线最终结果如图

4.51 所示。

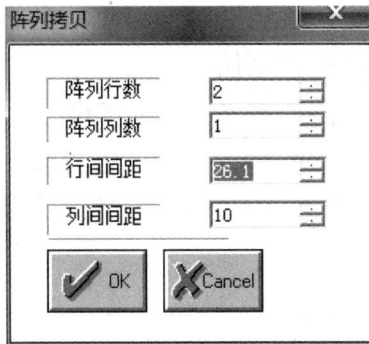

图 4.50　线阵列复制参数设置

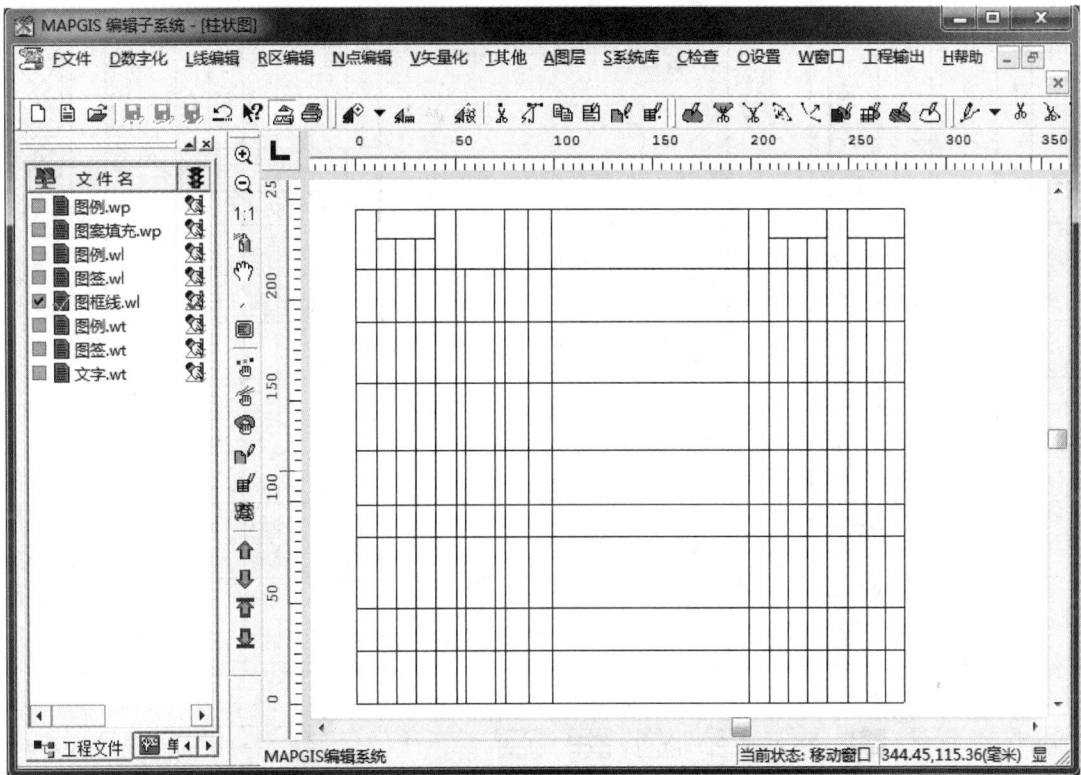

图 4.51　图框线绘制结果

（三）输入文字

柱状图图框线绘制完成后，便可根据钻孔数据资料在图中输入相应的文字，文字输入与编辑请参考"点编辑"相关内容。

建议：为了提高文字输入的速度，请充分利用点编辑中的"版面输入"方式、"阵列复制"、"对齐坐标"、"统改点参数"、"修改文本"等功能。

（四）图案填充

文字输入完成后便可对"柱状图"列进行"拓扑造区"，然后进行岩性填充。对于 SLIB 系统库中没有的图案，需要利用"编辑图案库"功能进行自定义。

（五）图幅整饰与工程输出

主图内容编辑完成后，还需要绘制图名、图例、图签、外图框等内容，并对图幅进行排版、美化，最后打印输出，输出结果如图 4.52 所示。

ZK-1　　钻孔柱状图

开孔日期:2016.11.5　　　　孔　号:ZK-1　　　　　　　　设计倾角:××　　　　　　　　　孔口坐标: X=123456
终孔日期:2016.11.5　　　　终孔深度: 34~35 m　　　　　　设计方位:××　　　　　　　　　　　　　　　Y=1234567
　　　H=232

层位	分层/m 自/m	分层/m 至/m	进尺/m	分层取采率/%	柱状图 1:100	岩矿石	代号	轴夹角/(°)	岩性描述	样号	采样位置 自/m	采样位置 至/m	样长/m	样品采取率/%	分析结果/% TFe	分析结果/% TiO₂	分析结果/% V₂O₃	钻孔倾角/(°)	钻孔结构情况及封孔
D₃	12.85	15.47	2.62	95		闪长岩	δ	77	闪长岩:灰白色,中细粒全晶质结构,块状构造,主要成分有斜长石,辉石,角闪石,风化程度弱,岩芯较完整。可作为建筑材料。									90°	
D₂	15.47	18.45	2.98	92		流纹岩	λ	77	流纹岩:灰黄色,斑状结构,基质为隐晶质结构,块状构造,主要成分为石英质,风化程度弱,岩芯较完整,主要分布于我国东部沿海地区。	H1	17.25	18.45	1.2	95	××	××	××		
D₁	18.45	21.81	3.36	96		煤层	Cb	77	煤层:灰黑色,泥质结构,页理构造,主要成分为黏土矿物,有机质。形成于强还原环境下的湖泊、沼泽环境中。	H2	18.45	19.65	1.2	95	××	××	××		
										H3	19.65	20.85	1.2	95	××	××	××		
										H4	20.85	21.81	0.96	95	××	××	××	90°	
S₂	21.81	24.54	2.73	100		安山岩	α	77	安山岩:灰黑色,斑状结构,块状构造,主要成分为斜长石、角闪石,岩芯较完整,常与流纹岩、玄武岩共生。	H5	21.81	23.01	1.2	95	××	××	××		
S₁	24.54	26.12	1.58	95		玄武岩	β	77	玄武岩:暗黑色,细粒-隐晶质结构,块状构造,主要成分为斜长石、辉石、偶尔含橄榄石斑晶。可作为建筑材料。										
O₃	26.12	29.61	3.49	86		凝灰质砂岩	Ss	77	凝灰质砂岩:灰白色,凝灰质结构,斑杂构造,主要成分为石英、长石、云母。风化程度较弱,黏土基质,基地胶结。										
O₂	29.61	31.74	2.13	59		大理岩	Mb	77	大理岩:灰白色,粒状变晶结构,块状构造,主要成分为方解石、白云石。风化程度弱,岩芯较完整,是一种良好的建筑材料。	B1	31.0	31.1	0.1	95	××	××	××		
O₁	31.74	34.35	2.61	94		白云岩	Dm	77	白云岩:灰白色,微晶结构,块状构造,主要成分为白云石、方解石,风化程度弱,与冷稀盐酸不起反应。									90°	

图例：流纹岩　玄武岩　煤层　闪长岩　凝灰质砂岩　安山岩　大理岩　白云岩

图名	××矿区ZK-1钻孔柱状图		
单位	××地质局		
编录人	×××	审核人	××
编录时间	2016.11.5	审核时间	2016.11.5
制图人	××	审核人	××
制图时间	2016.11.5	审核时间	2016.11.5

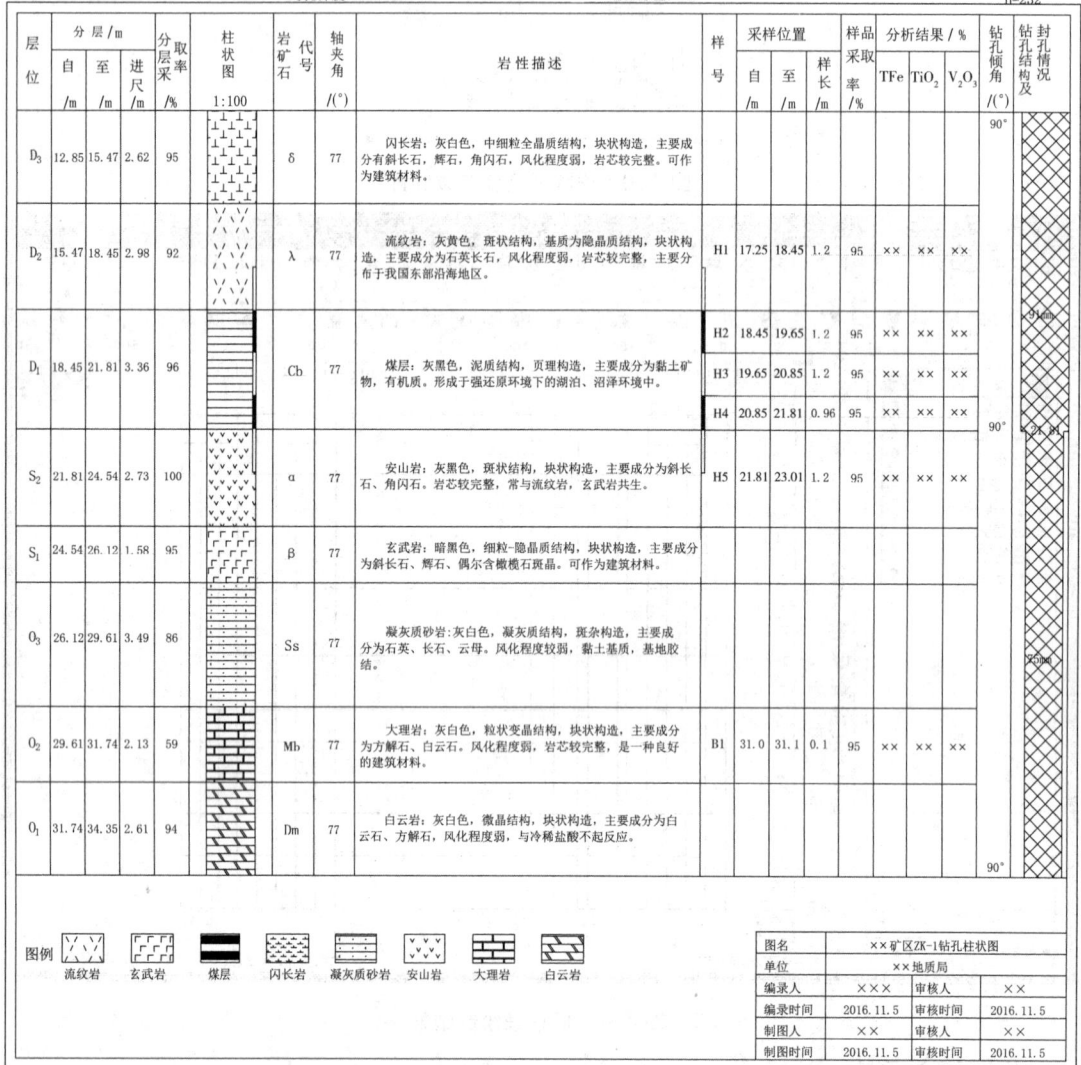

图 4.52　××钻孔柱状图

五、投影变换法

利用投影变换法绘制地质柱状图的步骤包括:"新建工程及文件"→"绘制图框线"→"投影点数据"→"图案填充"→"图幅整饰与工程输出"。可见该步骤绝大部分与前面的直接绘制法相同,唯一不同的是对于文字的处理,直接绘制法是利用"输入点"功能直接绘制点图元,而投影变换法是利用投影变换中的"用户文件投影转换"功能将文本文件(.txt)中的文字直接投影到 MapGIS 的点文件中。因此,这里只介绍点数据的投影操作,其他步骤请参考"直接绘制法"中的相关内容。

注意:为了方便点图元的投影,在绘制图框线时,可将岩性分层的起始分割线的起点设为(0,0),然后从上往下绘制其他岩性分层分割线(即横线)。

(一)编辑钻孔数据

在 Excel 表格编辑钻孔数据,见表 4.7。其中 X,Y 列为投影点的坐标,将所有点的 X 坐标设置为 0,而 Y 坐标为累计进尺图面距离的负值。图面距离需要根据比例尺(1:100)进行换算。

表 4.7　编辑钻孔数据

X 坐标	Y 坐标	层　　位	自	至	进　尺	岩芯采取率/%	轴夹角/(°)
0	−26.20	D_3	12.85	15.47	2.62	95	77
0	−56.00	D_2	15.47	18.45	2.98	92	80
0	−89.60	D_1	18.45	21.81	3.36	96	85
0	−116.90	S_2	21.81	24.54	2.73	100	77
0	−132.70	S_1	24.54	26.12	1.58	95	76
0	−167.60	O_3	26.12	29.61	3.49	86	95
0	−188.90	O_2	29.61	31.74	2.13	59	98
0	−215.00	O_1	31.74	34.35	2.61	94	89

转换文件格式:数据编辑完成后将 Excel 表格另存为"文本文件(制表符分隔)"文件格式(.txt)。

(二)用户文件投影转换

第 1 步:执行"MapGIS 主菜单"→"投影变换"→"P 投影变换"→"U 用户文件投影转换"命令,在弹出的对话框中打开刚才转换完成的 txt 文件,如图 4.53 所示。

第 2 步:设置分隔符。在"设置用户文件选项处"单击"按指定分隔符",然后单击"设置分隔符号",在弹出的对话框中进行分隔符设置,此处选择"Tab 键",并选择属性名称所在行,如图 4.54 所示,最后单击"确定"。

第 3 步:指定数据起始位置(第二行),并设置点图元参数(子图号 260,高度 8、宽度为 8),然后选中"不需要投影",单击"数据生成"按钮,如图 4.55 所示,再单击"确定",系统将根据 txt 文件中的数据自动生成 MapGIS 点图元。

第 4 步:在窗口中单击右键,选择"复位窗口",将生成的点文件选中,系统将结果显示在图形编辑窗口,如图 4.56 所示,最后保存点文件为"层位.wt"。

(三)根据属性标注释

第 1 步:复制点文件。将刚才投影生成的"层位.wt"点文件复制 5 个点文件,分别命名为:自、至、进尺、岩芯采取率、轴夹角。并添加到"柱状图.MPJ"工程文件中。

第 2 步:调整各点图元位置。对各个点文件("层位.wt""自.wt""至.wt""进尺.wt""岩芯采取率.wt""轴夹角.wt")中的子图位置进行调整,放到适合的位置,如图 4.57 所示。

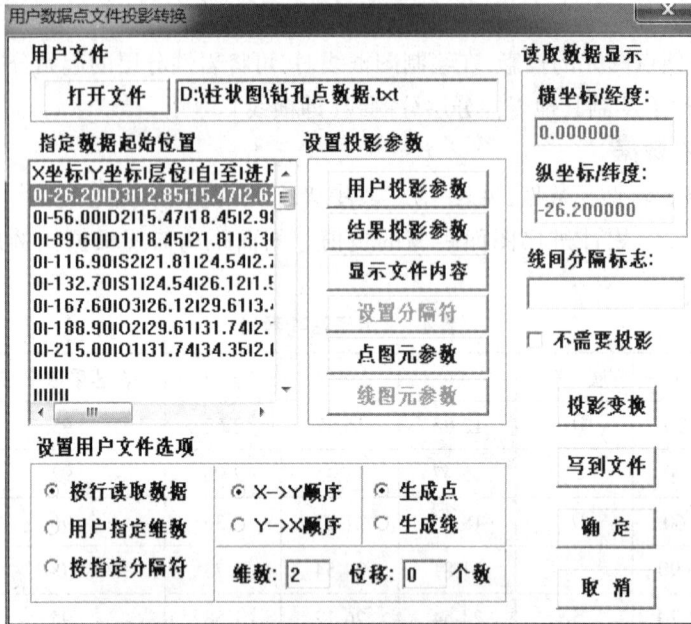

图 4.53　用户数据点文件投影转换参数设置

图 4.54　设置分隔符

第 3 步:根据属性标注释。分别对 6 点文件执行"点编辑"→"根据属性标注释"命令,在弹出的"标注属性选择"对话框中设置注释参数,如图 4.58 所示。

第 4 步:编辑注释文字。最后将所有子图设置为尽量小或直接删除即可,并对注释进行进一步编辑(层位中的下标数字需要重新编辑),点文件投影最终结果如图 4.59 所示。

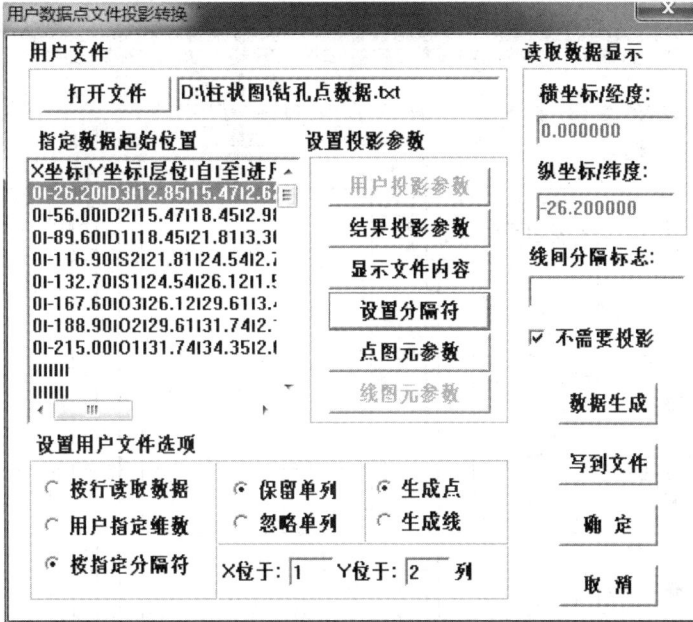

图 4.55　用户数据点文件投影转换参数设置结果

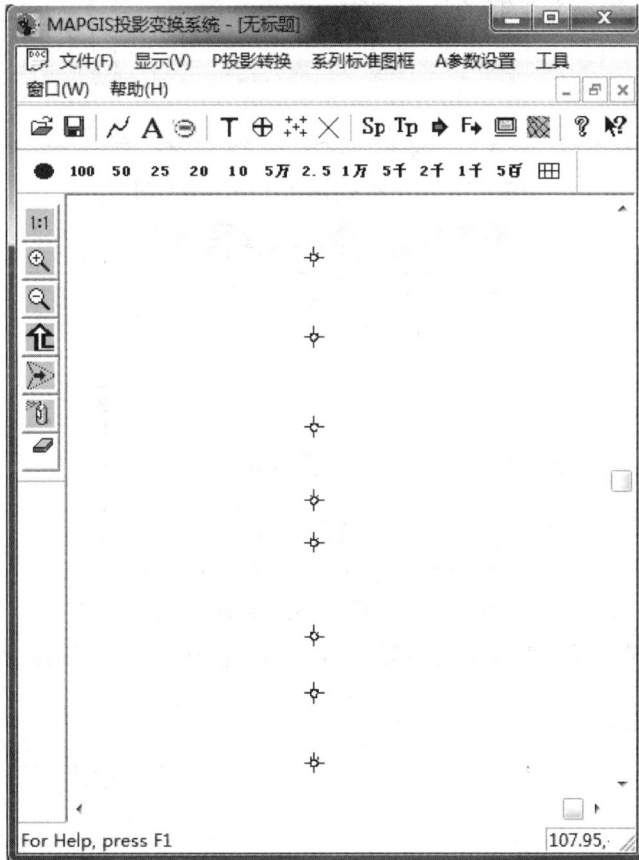

图 4.56　点文件投影结果

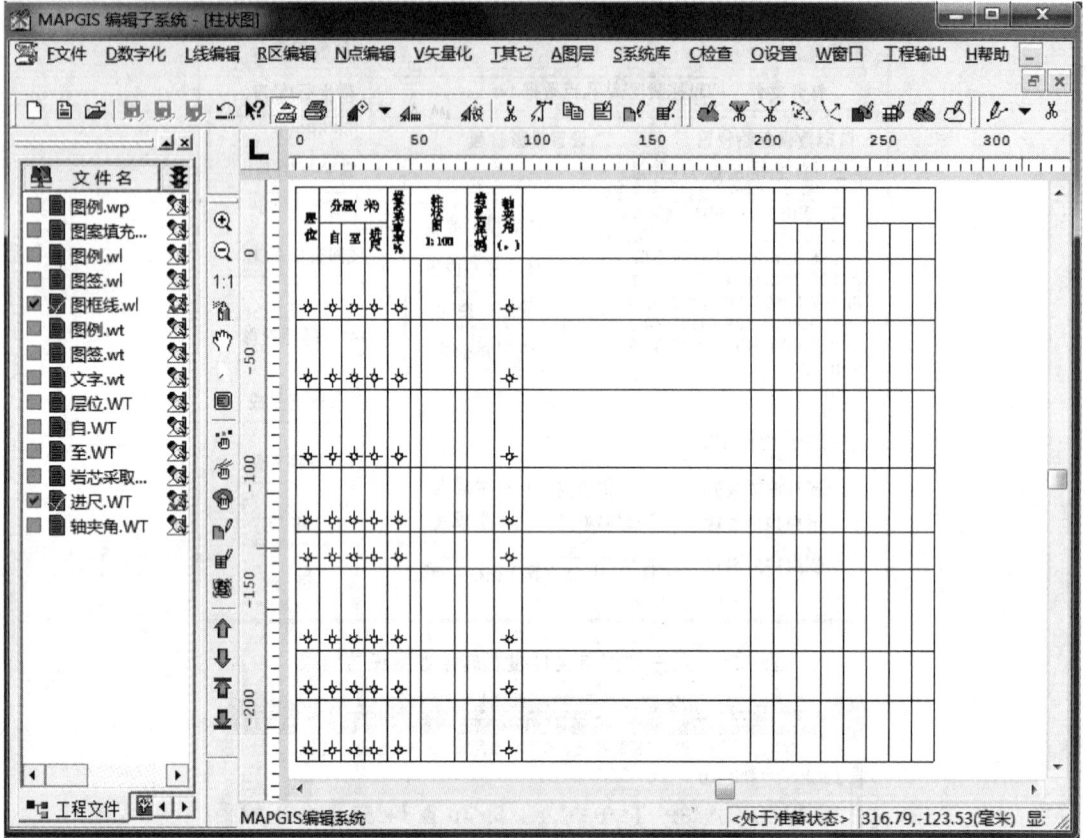

图 4.57　6 个点文件中的子图编辑结果

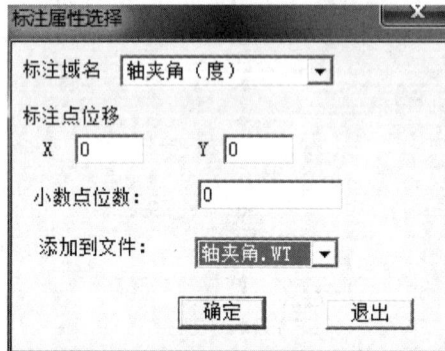

图 4.58　根据属性标注释参数设置

采用以上方法对采样数据点进行投影,而岩性描述列的文字可不用此方法,直接输入更为方便。

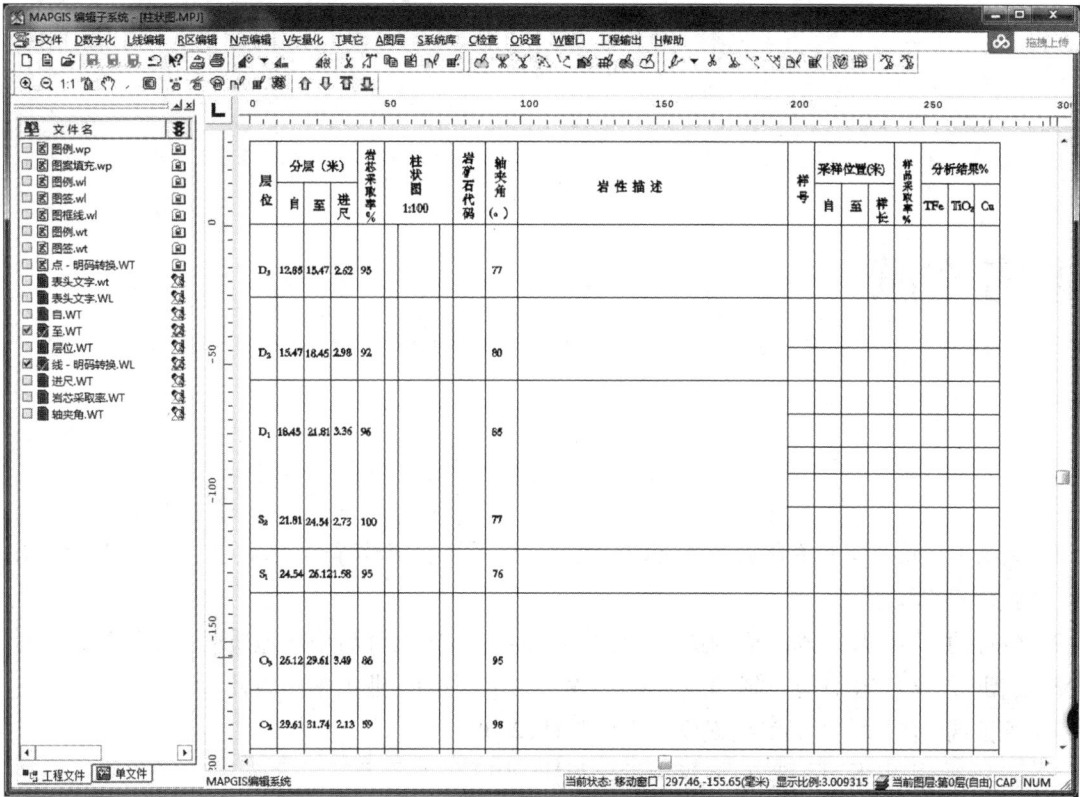

图 4.59　点文件投影部分结果

参考文献

[1] 武汉中地信息工程有限公司.MapGIS 地理信息系统实用教程[M].武汉:中国地质大学出版社,2002.

[2] 曾佐勋,樊光明,刘强,等.构造地质学实习指导书[M].武汉:中国地质大学出版社,2008.

[3] 谢洪波,文广超.计算机辅助地质制图[M].徐州:中国矿业大学出版社,2015.

[4] 祝国瑞.地图学[M].武汉:武汉大学出版社,2004.

[5] 王琴.地图制图[M].武汉:武汉大学出版社,2013.

[6] 马耀峰.地图学原理[M].北京:科学出版社,2004.

[7] 邬伦,等.地理信息系统——原理、方法和应用[M].北京:科学出版社,2000.

[8] 刘建平,等.CAD 地质制图[M].徐州:中国矿业大学出版社,2014.